行为驱动的电力能源系统
需求侧灵活性建模与优化

曾 博 张 硕 王良友 董厚琦 著

科学出版社

北 京

内 容 简 介

本书重点研究电力能源系统中基于行为驱动需求侧灵活性的建模分析优化方法，深化需求侧管理与电力能源系统之间的关系，推进需求侧灵活性资源与电力能源系统的集成与分析理论研究。本书的研究成果有望促进电气工程学科关于需求侧响应与灵活性的理论体系发展，促进电力能源系统向具有更强灵活调节能力的新型综合能源系统稳步迈进。

全书共 10 章，第 1 章为绪论，第 2 章对电力能源系统需求侧灵活性进行建模与模拟，第 3 章分析利用需求侧灵活性对电力能源系统的影响与效益评价，第 4 章对电力能源系统需求侧灵活性资源的置信容量进行计算，第 5～8 章提出多形态需求侧灵活性资源与电力能源系统的集中协调优化方法，第 9 章提出需求侧灵活性资源与电力能源系统的分散聚合优化方法，第 10 章研究需求侧灵活性参与多能源市场机制设计。

本书可供电力系统规划、调度、市场交易与营销等领域研究人员或管理人员阅读参考，也可作为电力能源领域相关专业研究生和本科生的参考书。

图书在版编目（CIP）数据

行为驱动的电力能源系统需求侧灵活性建模与优化 / 曾博等著. — 北京：科学出版社，2024.6
ISBN 978-7-03-078448-3

Ⅰ. ①行… Ⅱ. ①曾… Ⅲ. ①电力系统－能源需求－研究 Ⅳ. ①TM7

中国国家版本馆 CIP 数据核字（2024）第 087664 号

责任编辑：闫　悦 / 责任校对：胡小洁
责任印制：师艳茹 / 封面设计：蓝正设计

科 学 出 版 社 出版
北京东黄城根北街 16 号
邮政编码：100717
http://www.sciencep.com

北京天宇星印刷厂印刷
科学出版社发行　各地新华书店经销
*

2024 年 6 月第 一 版　　开本：720×1000　1/16
2024 年 6 月第一次印刷　印张：17　插页：2
字数：323 000

定价：159.00 元
（如有印装质量问题，我社负责调换）

前　　言

随着全球范围能源安全、气候变化等问题的日益突出，减少对传统化石能源的依赖，大力发展以风、光为代表的可再生能源，已成为国际社会的普遍共识。作为可再生能源利用的主要方式，电力能源系统既是承载大规模可再生能源高效利用的重要媒介，同时也是助力全社会节能减排和推动未来全球经济可持续发展的主战场。

不同于传统能源，风、光等可再生能源发电大多具有显著的间歇性和波动性。因此，其大规模并网将为未来电力能源系统的规划和运行带来严峻挑战。为有效应对可再生能源不确定性带来的影响，一方面，可从供给侧入手，通过提高现有电源的出力灵活性及可再生发电并网友好性，进而增加能源系统对供需不平衡的容许能力；另一方面，还可从需求侧切入，通过采取合适的技术经济手段激励用户调整自身用电计划，以主动适配系统实时运行状态的波动。较之前者，由于需求侧灵活性涉及用户用电活动的调整，作用过程复杂且影响因素众多，因此长期以来始终是电力能源系统学科的热点研究方向。

目前，国内外学者已在电力需求侧灵活性领域开展了大量研究工作，内容涉及需求侧特征分析、负荷预测、资源规划、运行控制、市场设计和效益评价等方面。虽然这些工作的侧重点各有不同，但针对需求侧灵活性的分析方法却大体可分为两类：一是以深度学习为代表的先进数据挖掘技术，通过建立需求侧精准预测模型，以力图提高研究分析的有效性；二是以博弈论为代表的建模技术，通过将用户简化为一系列具有完全理性、自主趋优的个体，以形成对需求侧行为的合理刻画。

然而，我们经过长期研究实践发现，在实际工程中，电力能源系统中的需求侧灵活性潜力通常具有高度的社会驱动性，即和终端用户的主观行为选择密切相关(市场环境下此现象尤为明显)。而现有需求侧分析方法由于均未从技术-社会耦合视角来认识或理解需求侧灵活性背后的产生机理，因此当这些方法在实际工程应用时，所得结果往往与真实情况差距较大。鉴于此，研究新的需求侧灵活性建模理论并探索有关分析方法，已成为破解上述难题的必然选择。

本书正是基于上述背景，旨在围绕市场环境下需求侧行为驱动及其引发的系列性科学问题，从信息-物理-社会耦合的全新视角，通过发展理论方法与分析工具，从而为未来电力能源系统下需求侧灵活性研究提供新的思路。

全书共 10 章。第 1 章为绪论,主要阐述电力能源系统下需求侧灵活性的概念、内涵、研究现状及行为要素的影响机制。第 2~4 章分别围绕行为驱动下的需求侧灵活性建模、与电力能源系统的交互影响和效益评价、需求侧灵活性置信容量计算三个方面,系统地介绍了考虑"人在环"的需求侧灵活性建模及分析框架。第 5~8 章和第 9 章分别针对集中规划和分散聚合两类典型场景,给出了信息-物理-社会多域耦合视角下多形态需求侧灵活性资源与电力能源系统集成优化模型。第 10 章进一步讨论了行为驱动下需求侧灵活性参与电力能源市场机制设计有关问题。

本书特点主要体现在以下三个方面。

(1)多学科深度交叉与融合。

由于需求侧用能活动具有天然的行为驱动性,外加市场环境下不同主体之间存在的复杂信息交互,使得需求侧灵活性在表现形式上具备了复杂信息-物理-社会系统(cyber-physical-social system,CPSS)的一般特征——宏观上表现为数据流、能量流、价值流的深度耦合共生;微观上表现为信息-物理-社会多域因素对电力能源需求侧灵活性潜力的协同牵制及控制手段的拓展丰富。鉴于此,本书内容融合了电气工程、经济学、社会学、心理学、工业工程等多学科理论方法,具有鲜明的学科交叉特征,力图通过多学科知识产出科学突破,并为这些学科知识在电力能源需求侧领域的融合应用提供典范。

(2)理论联系实际,原理描述和实证应用并举。

本书注重理论联系实际,将需求侧灵活性建模、影响分析与效益评价、灵活性资源与电力能源系统的集成优化、需求侧灵活性市场机制等理论介绍及工程应用相结合,有序展开内容叙述。力图既能有助于读者更好地理解相关理论方法,也能有助于阐释本书理论如何与工程应用相结合,最终实现落地与推广。

(3)内容体系的自洽性与开放性。

行为驱动的需求侧灵活性建模优化是当前国内外前沿研究课题,目前尚未形成成熟完善的理论体系与研究框架。因此,本书主要结合笔者研究基础和对该领域的粗浅认识而形成。在内容组织上,一方面,我们力图确保相关知识体系的自洽性,通过将需求侧行为的社会性与"人在环"引发的科学问题映射到本书特性建模、计算分析、模型构建、影响评估、市场设计等各章节内容设计中,以期形成一个逻辑自洽的电力能源需求侧灵活性研究体系,从而为现阶段相关研究工作的开展提供依据。另一方面,我们还努力最大限度地保留内容体系的开放性,旨在为研究行为驱动的需求侧灵活性问题提供一个开放、包容的技术框架,更多内容仍需后人不断填充完善。因此,希望本书能够起到抛砖引玉的作用。

本书由华北电力大学曾博、张硕、董厚琦与中国长江三峡集团有限公司王良友合著完成。其中，第 1、2、4～9 章由曾博撰写（共计 23 万字），第 3 章由董厚琦与王良友撰写，第 10 章由张硕与王良友撰写。

本书内容部分取材于近年来所培养研究生的学术/学位论文，他们是朱溪、武赓、王俐英博士，以及白婧萌、冯家欢、卫璇、刘裕、徐富强、徐豪、罗旸凡、王文诗、杨富麟、范小克硕士。课题组马浩天、张家祎、周吟雨、吴晨、张卫翔、胡品端、张云霄、杨欣宇、徐心竹、孟自帅、蔡丹婷、梁晨、王源、王涵、雷乐意、周惠怡、董嘉路、刘龙飞等同学协助参与了本书整理及校对工作。此外，中国长江三峡集团科学技术研究院苏一博博士亦为本书内容提出了宝贵意见。在此向他们的辛勤付出表示衷心感谢。

本书研究工作得到了国家重点研发计划（2021YFB2400700）、国家自然科学基金（52177082、51507061）、北京市科技新星计划（20220484007）和中央高校基本科研业务费专项资金（2022FR001）等项目的资助，在此一并致谢。

尽管在本书撰写过程中已尽可能对内容安排做到精益求精，但受作者自身水平所限，书中难免存在不足之处，真诚期待广大读者的批评和指正。

作 者
2023 年 12 月于北京

目　　录

前言

第 1 章　绪论 ⋯⋯⋯⋯⋯⋯⋯⋯⋯⋯⋯⋯⋯⋯⋯⋯⋯⋯⋯⋯⋯⋯⋯⋯⋯ 1

1.1　电力能源系统发展与趋势 ⋯⋯⋯⋯⋯⋯⋯⋯⋯⋯⋯⋯⋯⋯⋯⋯⋯ 1

1.1.1　电力能源系统发展历史概要 ⋯⋯⋯⋯⋯⋯⋯⋯⋯⋯⋯⋯ 1

1.1.2　现代电力能源系统的主要特点 ⋯⋯⋯⋯⋯⋯⋯⋯⋯⋯ 2

1.1.3　未来电力能源系统发展趋势和挑战 ⋯⋯⋯⋯⋯⋯⋯ 3

1.2　电力能源系统对灵活性的需求 ⋯⋯⋯⋯⋯⋯⋯⋯⋯⋯⋯⋯⋯ 4

1.2.1　灵活性的基本概念 ⋯⋯⋯⋯⋯⋯⋯⋯⋯⋯⋯⋯⋯⋯⋯⋯ 4

1.2.2　灵活性的刻画描述 ⋯⋯⋯⋯⋯⋯⋯⋯⋯⋯⋯⋯⋯⋯⋯⋯ 4

1.2.3　灵活性的来源与分类 ⋯⋯⋯⋯⋯⋯⋯⋯⋯⋯⋯⋯⋯⋯⋯ 7

1.3　电力能源系统需求侧灵活性及其行为驱动力 ⋯⋯⋯⋯⋯⋯ 8

1.3.1　需求侧灵活性的定义 ⋯⋯⋯⋯⋯⋯⋯⋯⋯⋯⋯⋯⋯⋯⋯ 8

1.3.2　典型需求侧灵活性资源及其分类 ⋯⋯⋯⋯⋯⋯⋯⋯ 8

1.3.3　需求侧灵活性的利用形式 ⋯⋯⋯⋯⋯⋯⋯⋯⋯⋯⋯⋯ 9

1.3.4　需求侧灵活性中的行为因素与作用 ⋯⋯⋯⋯⋯⋯ 10

1.4　国内外电力能源需求侧灵活性研究综述 ⋯⋯⋯⋯⋯⋯⋯⋯ 11

1.4.1　电力能源系统灵活性辨识与特性建模 ⋯⋯⋯⋯⋯ 11

1.4.2　电力能源系统灵活性价值评估 ⋯⋯⋯⋯⋯⋯⋯⋯⋯ 12

1.4.3　电力能源系统灵活性资源集成与利用 ⋯⋯⋯⋯⋯ 12

1.4.4　电力能源系统灵活性市场与商业模式 ⋯⋯⋯⋯⋯ 13

1.5　本书内容体系 ⋯⋯⋯⋯⋯⋯⋯⋯⋯⋯⋯⋯⋯⋯⋯⋯⋯⋯⋯⋯⋯ 14

参考文献 ⋯⋯⋯⋯⋯⋯⋯⋯⋯⋯⋯⋯⋯⋯⋯⋯⋯⋯⋯⋯⋯⋯⋯⋯⋯⋯ 15

第 2 章　行为驱动的电力需求侧灵活性建模与模拟 ⋯⋯⋯⋯⋯⋯ 17

2.1　概述 ⋯⋯⋯⋯⋯⋯⋯⋯⋯⋯⋯⋯⋯⋯⋯⋯⋯⋯⋯⋯⋯⋯⋯⋯⋯⋯ 17

2.2 行为驱动的需求侧灵活性特征分析 ················· 18

2.3 建模原理 ·· 19

    2.3.1 机理驱动的模型构建 ································ 19

    2.3.2 数据驱动的模型构建 ································ 20

    2.3.3 机理-数据混合驱动的模型构建 ················· 21

2.4 行为驱动的电力需求侧灵活性动态建模与分析 ··· 22

    2.4.1 负荷需求特性 ······································· 22

    2.4.2 长时行为分析 ······································· 23

    2.4.3 短时行为分析 ······································· 25

    2.4.4 输出模块 ·· 26

2.5 模拟框架 ·· 26

2.6 有效性检验 ··· 27

    2.6.1 核密度估计 ··· 27

    2.6.2 假设检验 ·· 29

2.7 本章小结 ·· 29

参考文献 ·· 29

第3章 行为驱动的需求侧灵活性对电力能源系统影响与效益评价 ··· 31

3.1 概述 ·· 31

3.2 需求侧灵活性效益评价指标体系 ······················ 31

    3.2.1 构建思路 ·· 31

    3.2.2 指标设计 ·· 31

3.3 需求侧灵活性对电力能源系统的影响评价方法 ····· 35

    3.3.1 指标计算模型 ······································· 36

    3.3.2 综合效益评价模型 ································· 38

3.4 需求侧灵活性价值的影响因素分析 ··················· 42

    3.4.1 实证研究 ·· 42

    3.4.2 场景设置 ·· 42

    3.4.3 分析与讨论 ··· 43

3.5 本章小结 ·· 45

参考文献 ·· 46

第 4 章　行为驱动的电力需求侧灵活性置信容量计算 ································· 47
　4.1　概述 ··· 47
　4.2　电力需求侧灵活性的置信容量评估指标 ·································· 47
　　　4.2.1　有效载荷容量 ·· 47
　　　4.2.2　等效固定容量 ·· 48
　　　4.2.3　等效常规容量 ·· 48
　4.3　计及需求侧灵活性的电力系统可靠性建模 ····························· 49
　　　4.3.1　发电机组建模 ·· 49
　　　4.3.2　用电负荷建模 ·· 50
　　　4.3.3　行为驱动的需求侧响应建模 ·· 52
　4.4　计算方法 ·· 53
　　　4.4.1　可靠性计算 ·· 53
　　　4.4.2　置信容量指标计算 ·· 56
　4.5　算例分析 ·· 57
　　　4.5.1　参数设置 ··· 57
　　　4.5.2　需求侧特性的影响 ·· 60
　　　4.5.3　Z-number 方法有效性 ··· 61
　4.6　本章小结 ·· 62
　参考文献 ··· 63

第 5 章　面向协同增效的集中式灵活负荷与电网交互集成 ·················· 64
　5.1　概述 ··· 64
　5.2　交互式集成的基本框架 ·· 64
　5.3　计及动态热耗散的 DC 需求响应建模 ··· 66
　　　5.3.1　能耗特性 ··· 66
　　　5.3.2　热环境特性 ·· 67
　　　5.3.3　数据负载特性 ··· 69
　5.4　基于改进 CVaR 的需求侧风险刻画 ··· 70
　5.5　计及电-碳风险价值的集成模型构建 ·· 72
　　　5.5.1　目标函数 ··· 72
　　　5.5.2　约束条件 ··· 73

5.6　算例分析 ·· 76

　　5.6.1　交互式集成的效益分析 ··· 76

　　5.6.2　DC 热环境特性的影响分析 ··· 78

5.7　本章小结 ·· 79

参考文献 ··· 79

第 6 章　需求侧多能耦合赋能的城市电力能源系统低碳规划 ············· 80

6.1　概述 ·· 80

6.2　多时间尺度下的需求侧不确定性建模 ···································· 80

6.3　计及相关性的场景生成与削减 ··· 83

6.4　优化模型构建与求解 ·· 86

6.5　算例分析 ·· 90

6.6　本章小结 ·· 94

参考文献 ··· 94

第 7 章　需求侧灵活性赋能的城市配电网高可靠性规划 ··················· 96

7.1　概述 ·· 96

7.2　规划框架——以 PTH 为例 ·· 96

7.3　考虑多域约束的 PTH 需求响应建模 ······································ 98

　　7.3.1　交通域模型 ·· 98

　　7.3.2　能量域模型 ·· 98

7.4　集成 PTH 灵活性的配电网多模态运行模拟 ···························· 99

　　7.4.1　正常运行调度模型(P1) ··· 100

　　7.4.2　紧急运行调度模型(P2) ··· 101

7.5　优化模型构建 ·· 102

　　7.5.1　目标函数 ··· 102

　　7.5.2　约束条件 ··· 103

7.6　基于多层 Benders 分解的模型求解 ····································· 105

7.7　算例分析 ·· 110

7.8　本章小结 ·· 117

参考文献 ··· 117

第 8 章　计及需求侧不确定性的电力能源系统多目标区间优化 ···········118
　8.1　概述 ··118
　8.2　面向源-荷互动的多目标规划框架 ···································118
　8.3　基于区间多面体的不确定性刻画 ···································119
　8.4　多目标区间优化模型构建 ··120
　8.5　求解方法 ···122
　8.6　高维多目标问题的处理 ···124
　8.7　算例分析 ···125
　8.8　本章小结 ···131
　参考文献 ···132

第 9 章　多形态需求侧灵活性与电力能源系统的分散聚合优化 ·········133
　9.1　概述 ··133
　9.2　基于实时电价的需求响应与配电网集成优化 ····················133
　　9.2.1　引言 ··133
　　9.2.2　智能表计与需求响应资源可用性关系 ·······················134
　　9.2.3　行为驱动下需求侧响应的多阶段与不确定性 ···············135
　　9.2.4　基于 Taguchi 正交法的场景生成与削减 ····················136
　　9.2.5　模型构建与求解 ···138
　　9.2.6　算例分析 ··144
　　9.2.7　小结 ··149
　9.3　面向时间转移的需求侧灵活性聚合优化 ··························149
　　9.3.1　引言 ··149
　　9.3.2　面向时间转移的需求侧灵活性聚合框架——以电动汽车充电负荷
　　　　　为例 ···149
　　9.3.3　基于双层鲁棒优化的聚合模型构建 ··························152
　　9.3.4　问题重构 ··155
　　9.3.5　基于行列生成算法的模型求解 ·······························158
　　9.3.6　算例分析 ··162
　　9.3.7　小结 ··167
　9.4　面向空间转移的需求侧灵活性聚合优化 ··························167

9.4.1 引言 ··· 167

9.4.2 面向空间转移的需求侧灵活性聚合框架——以电动汽车停车场为例 ·· 167

9.4.3 需求侧响应特性建模 ·· 169

9.4.4 基于节点边际效用的需求侧激励模式设计 ······················ 170

9.4.5 聚合优化模型构建与求解 ··· 171

9.4.6 算例分析 ··· 177

9.4.7 小结 ··· 181

9.5 面向用能替代的需求侧灵活性聚合优化 ······························· 181

9.5.1 引言 ··· 181

9.5.2 面向用能替代的需求侧灵活性聚合框架——以新能源汽车共享租赁站
为例 ··· 181

9.5.3 基于演化博弈的用户租赁行为选择 ······························ 183

9.5.4 基于区间-随机优化的聚合模型构建 ····························· 186

9.5.5 多类型不确定性的统一化与问题求解 ···························· 187

9.5.6 算例分析 ··· 191

9.6 本章小结 ··· 195

参考文献 ··· 196

第 10 章　需求侧灵活性参与电力能源市场机制设计 ························· 197

10.1 概述 ·· 197

10.2 灵活性产品与辅助服务市场运营机制 ································· 197

10.2.1 储能等灵活性资源参与的国外辅助服务市场 ··················· 197

10.2.2 储能等灵活性资源参与的我国电力辅助服务市场 ·············· 200

10.2.3 需求侧资源参与辅助服务市场 ·································· 201

10.3 需求侧参与辅助服务市场的系统调度优化 ··························· 202

10.3.1 FRP 概念与交易机制 ··· 202

10.3.2 考虑 FRP 的辅助服务市场出清模式 ····························· 204

10.3.3 灵活性资源需求容量的确定 ····································· 205

10.3.4 基于区间预测的需求侧实时价格不确定性建模 ················· 208

10.3.5 考虑出清价格不确定性的 IES 调度模型 ························· 212

10.3.6 算例分析 ··· 220

10.4 面向储能等分散资源能量共享的需求侧激励设计 ················ 231

　　10.4.1 能量共享与 Peer-to-Peer 交易机制 ···················· 231

　　10.4.2 基于纳什议价的需求侧资源 P2P 交易模型 ·············· 232

　　10.4.3 去中心化求解与实现 ······························ 236

　　10.4.4 算例分析 ······································· 238

10.5 需求侧灵活性资源容量补偿机制设计 ···················· 243

　　10.5.1 储能等需求侧灵活性资源的容量补偿 ················ 243

　　10.5.2 需求侧灵活性资源容量补偿分摊模型 ················ 244

　　10.5.3 测试系统和仿真框架 ···························· 249

10.6 本章小结 ··· 255

参考文献 ··· 255

彩图

第 1 章 绪 论

1.1 电力能源系统发展与趋势

1.1.1 电力能源系统发展历史概要

电力系统经历了从早期的直流供电系统到现代的交流供电系统和智能电网的发展过程，电力系统的规模和技术水平得到了极大的提升。

19 世纪末，随着第二次工业革命的兴起，电力作为一种新的能源形式开始进入人们的视野。直流发电机和电力输送系统的发明，标志着电力系统的诞生。直流供电系统由于其结构简单、输送功率有限，主要应用于早期的小型电力系统，但由于直流电的技术局限性，特别是难以远距离传输，这阻碍了其更大规模的应用。自三相交流供电系统的研制成功后，电力系统得到了革命性的发展。交流供电系统具有输送功率大、电能质量高等优点，迅速取代了直流输电，成为电力系统的主要形式。同时，随着超高压输电技术的发展，电力系统的规模和覆盖范围不断扩大，形成了现代电网的基本框架。

20 世纪初至中叶，随着工业化的加速和城市的迅速扩张，对电力的需求也随之增长。大型发电站开始在各地建设，从煤炭、水力、天然气等多种能源中进一步开发电力资源。电力公司也开始横跨国家和大陆，形成庞大的输电和配电网络。在电力系统发展的这一阶段，诸多的新型工程及管理技术开始涌现，包括电力系统的自动化控制、运行及管理技术。

20 世纪中后期，为了满足日益增长的电力需求，电力系统开始采用高压输电技术，通过长距离输电来连接发电站和用户。电力系统的规模进一步扩大，形成了大区电网，这使得不同地区的电力资源可以相互补充，提高了电力供应的可靠性和稳定性。同时，特高压输电技术的发展也使得电力系统的运行更加高效和可靠。特高压输电技术具有输送功率大、距离远等优点，能够有效地解决能源分布不均衡的问题。

20 世纪后期至今，随着环保意识的提升和能源结构的转型，新能源并网成为电力系统的一个重要发展方向。风能、太阳能等新能源的并网为电力系统注入了新的活力，同时也对电力系统的运行和管理提出了新的挑战。为了应对这些挑战，电力系统引入先进的传感技术、通信技术和数据分析技术等，实现了对电网的实时监控、优化运行和故障诊断，大大提高了电力系统的效率和可靠性，助力可再生能源的高效利用。

1.1.2 现代电力能源系统的主要特点

现代电力系统是以确保能源电力安全为基本前提，以满足经济社会高质量发展的电力需求为首要目标，以高比例新能源供给消纳体系建设为主线任务，以源-网-荷-储多向协同、灵活互动为坚强支撑，以坚强、智能、柔性电网为枢纽平台，以技术创新和体制机制创新为基础保障的新时代电力系统。现代电力系统具备安全高效、清洁低碳、柔性灵活、智慧融合四大主要特点，其中，安全高效是基本前提，清洁低碳是核心目标，柔性灵活是重要支撑，智慧融合是基础保障，共同构建了现代电力系统的"四位一体"框架体系。

安全高效是现代电力系统的基本前提。现代电力系统中，新能源通过提升可靠支撑能力逐步向系统主体电源转变。煤电仍是电力安全保障的"压舱石"，承担基础保障的"重担"。多时间尺度储能协同运行，支撑电力系统实现动态平衡。"大电源、大电网"与"分布式"兼容并举、多种电网形态并存，共同支撑系统安全稳定和高效运行。适应高比例新能源的电力市场与碳市场、能源市场高度耦合共同促进能源电力体系的高效运转。

清洁低碳是构建现代电力系统的核心目标。现代电力系统中，非化石能源发电将逐步转变为装机主体和电量主体，核、水、风、光等多种清洁能源协同互补发展，化石能源发电装机及发电量占比下降的同时，在新型低碳零碳负碳技术的引领下，电力系统碳排放总量逐步达到"双碳"目标要求。各行业先进电气化技术及装备发展水平取得突破，能源转型在工业、交通、建筑等领域得到较为充分的发展。电能逐步成为终端能源消费的主体，助力终端能源消费的低碳化转型。绿电消费激励约束机制逐步完善，绿电、绿证交易规模持续扩大，以市场化方式发现绿色电力的环境价值。

柔性灵活是构建现代电力系统的重要支撑。现代电力系统中，不同类型机组的灵活发电技术、不同时间尺度与规模的灵活储能技术、柔性交直流等新型输电技术广泛应用，骨干网架柔性灵活程度更高，支撑高比例新能源接入系统和外送消纳。同时，随着分布式电源、多元负荷和储能的广泛应用，大量用户侧主体兼具发电和用电双重属性，终端负荷特性由传统的刚性、纯消费型向柔性、生产与消费兼具型转变，源-网-荷-储灵活互动和需求侧响应能力不断提升，支撑现代电力系统安全稳定运行。辅助服务市场、现货市场、容量市场等多类型市场持续完善、有效衔接融合，体现灵活调节性资源的市场价值。

智慧融合是构建现代电力系统的必然要求。现代电力系统以数字信息技术为重要驱动，呈现数字、物理和社会系统深度融合特点。为适应现代电力系统海量异构资源的广泛接入、密集交互和统筹调度，"云大物移智链边"等先进数字信息技术在电力系统各环节广泛应用，助力电力系统实现高度数字化、智慧化和网络化，支撑源-网-荷-储海量分散对象协同运行和多种市场机制下系统复杂运行状态的精准感知和调节，推动以电力为核心的能源体系实现多种能源的高效转化和利用。

1.1.3　未来电力能源系统发展趋势和挑战

伴随着多重因素的影响、新兴技术的应用以及多元主体的参与，未来电力系统将面临多重因素叠加、新能源快速发展等趋势和挑战，具体如下。

一是多重因素叠加，部分地区电力供应紧张，保障电力供应安全面临突出挑战。新能源装机比重持续增加，但电力支撑能力与常规电源相比存在较大差距，未能形成可靠替代能力。需要始终坚持底线思维，全力保障能源安全，推动构建适应大规模新能源发展的源-网-荷-储多元综合保障体系。

二是新能源快速发展，系统调节能力和支撑能力提升面临诸多掣肘，新能源消纳形势依然严峻。近年来，虽然全国新能源利用率总体保持较高水平，但消纳基础尚不牢固，局部地区、局部时段弃风弃光问题依然突出。未来，新能源大规模高比例发展要求系统调节能力快速提升，但调节性资源建设面临诸多约束，区域性新能源高效消纳风险增大，制约新能源高效利用。

三是高比例可再生能源和高比例电力电子设备的"双高"特性日益凸显，安全稳定运行面临较大风险挑战。随着高比例新能源、新型储能、柔性直流输电等电力技术快速发展和推广应用，系统主体多元化、电网形态复杂化、运行方式多样化的特点愈发明显，对电力系统安全、高效、优化运行提出了更大挑战。

四是电力系统可控对象从以源为主扩展到源-网-荷-储各环节，控制规模呈指数级增长，调控技术手段亟待升级。电网控制功能由调控中心向配电、负荷控制以及第三方平台前移，电网运行控制难度增加，同时安全防护能力亟须提升。

五是电力关键核心技术装备尚存短板，电力系统科技创新驱动效能还需持续提升。需要加强政策引导，激发创新潜力，打造现代电力系统多维技术路线，推动能源电力全产业链融通发展。

六是电力系统转型过程中面临诸多改革任务，适应现代电力系统的体制机制亟待完善。新形势下的电力行业管理体制仍需健全优化，适应高比例新能源和源-网-荷-储互动的电力设计、规划、运行方法有待调整完善，电力监管机制需要创新改革，电力企业治理效能亟待持续提升。

1.2　电力能源系统对灵活性的需求

前文详细阐述了电力系统的主要特点与发展趋势。随着大规模风、光可再生能源发电和分布式电源的不断发展,电力系统的不确定性与日俱增。系统安全、可靠运行需要充分调动"源-网-荷-储"各类资源的灵活性,才能保证系统在供给或需求发生变动时及时做出反应。本节深度聚焦电力系统的灵活性需求,分别从灵活性的基本概念、灵活性的刻画描述、灵活性的来源与分类三个角度对系统灵活性的内涵进行概述。

1.2.1　灵活性的基本概念

电力系统灵活性(flexibility)的概念于 2015 年左右才被正式提出,并得到国际能源署(International Energy Agency,IEA)和北美电力可靠性委员会(North American Electric Reliability Council,NERC)等国际组织的认可。IEA 认为灵活性是电力系统对供应或负荷大幅波动做出快速响应的能力。NERC 则定义灵活性为利用系统资源满足负荷变化的能力。与此同时,学术领域也开展了大量关于电力系统灵活性的研究。本书在现有研究的基础上,总结电力系统灵活性的定义为:在所关注时间尺度的有功平衡中,电力系统通过优化调配各类可用资源,以一定的成本适应发电、电网及负荷随机变化的能力。

系统灵活性可分为"上调节"和"下调节":"上调节"即通过增加发电机组出力或削减负荷来向系统提供额外的功率供给;"下调节"即通过降低发电机组出力或增加负荷来削减系统中多余的功率。伴随当前电力系统不确定性的大幅提高,灵活性已成为衡量系统运行特性不可缺少的重要指标。

1.2.2　灵活性的刻画描述

根据上述定义,结合实际电力系统的运行特性,可以总结得到电力系统灵活性特征,如表 1-1 所示。类比电力供给与负荷需求平衡的思路,本节通过定义灵活性供给与需求的概念,来实现对灵活性的量化描述。

表 1-1　电力系统灵活性的特征

特征	含义	举例
方向性	向上调节功率和向下调节功率	因可再生能源发电功率波动,造成系统净负荷增加或减少
多时空特性	灵活性供给和需求均与时间尺度相关,并受空间约束	调频(不大于15min)、爬坡(15min~4h)、调峰(24h);空间尺度上,灵活性资源不能自由流动

续表

特征	含义	举例
状态相依性	灵活性供给和需求均与系统状态有较强相关性	常规机组、储能的调节特性与其出力水平、历史状态有关；灵活性需求与负荷水平、可再生能源出力等条件相关
双向转化性	在一定条件下，灵活性供给和需求可以相互转化	需求响应、弃风/弃光等运行操作
不确定特性	受源-荷波动的影响，灵活性供给和需求均具有不确定性	采用概率等方法对灵活性不确定性进行描述

（1）灵活性方向。

在给定时间尺度下，系统需求（如净负荷）的变化正负性称为灵活性方向，用符号 A 表示。如果变化为正，则称灵活性方向为上调，用"+"表示；反之，则称灵活性方向为下调，用"–"表示，即 $A \in \{+,-\}$。

（2）灵活性量纲。

量化灵活性的物理量量纲称为灵活性量纲。对于电力系统有功平衡的衡量，主要有几个维度：①电力供给容量调节能力 $X_\pi^\pm$ 和功率调节需求 $Y_\pi^\pm$（MW）；②电力爬坡容量供给 $X_\rho^\pm$ 和爬坡需求 $Y_\rho^\pm$（MW/min）；③电量供给调节能力 $X_\varepsilon^\pm$ 和电量调节需求 $Y_\varepsilon^\pm$（MW·h）。电力系统灵活性度量指标示意图如图 1-1 所示[1]，各类指标均为相对于系统正常运行点的增量，具有状态相依特性和时间尺度特性，并且具有上调(+)和下调(–)两个方向。如果指标大于 0，代表元件向电网输送功率；若指标小于 0，则代表元件从电网汲取功率。爬坡持续时间指标 $\delta = \pi / \rho$，可以由其他指标导出，因此在指标体系中不再考虑。可见，采用容量 π、电量 ε 和爬坡 ρ

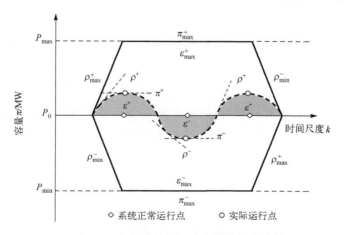

图 1-1　电力系统灵活性度量指标示意图

三个维度即能实现对电力系统灵活性的表征。

容量 π、电量 ε 和爬坡 ρ 三类指标之间在时域上具有紧密联系，存在微分或积分关系：电量是容量在时间轴上的积分，同时容量是爬坡的积分，如式 (1-1) 所示。三个指标构成了电力系统灵活性的三维评价体系。

$$
\begin{array}{ccc}
\text{爬坡型} & \text{功率型} & \text{能量型} \\
(\text{MW/min}) & (\text{MW}) & (\text{MW·h})
\end{array}
\tag{1-1}
$$

$$
\rho \;\; \xrightleftharpoons[\frac{\mathrm{d}}{\mathrm{d}t}]{\int \mathrm{d}t} \;\; \pi \;\; \xrightleftharpoons[\frac{\mathrm{d}}{\mathrm{d}t}]{\int \mathrm{d}t} \;\; \varepsilon
$$

(3) 灵活性需求。

给定时间尺度 τ，电力系统波动性或不确定性源的集合设置为 D，那么对于该集合中某一个源 $i \in D$ 带来的有功功率调节量 y_i 称为灵活性需求。相应的波动源或不确定性源称为灵活性需求源。考虑到时刻 t、灵活性的多时间尺度、方向性和多量纲性，灵活性需求可采用更加一般的数学形式，记为 $y_{v,i}^{A}(t;\tau), v \in \{\rho, \pi, \varepsilon\}, A \in \{+,-\}, \forall t, \tau$。常见的灵活性需求源是负荷及可再生能源，对于含有多个需求源的系统，系统级灵活性需求按照式 (1-2) 计算。

$$
y_v^A(t, \tau) = \sum_{i \in D} y_{v,i}^A(t, \tau), \;\; v \in \{\rho, \pi, \varepsilon\}, \;\; A \in \{+,-\}, \;\; \forall t, \tau
\tag{1-2}
$$

(4) 灵活性供给。

给定时间尺度 τ，将应对波动性或不确定性的电力系统资源集合设置为 S，那么资源 $i(i \in S)$ 能够提供的最大有功功率调节量 x_i 称为灵活性供给。相应的资源称为灵活性资源。类似地，灵活性供给可采用更加一般的数学形式描述，记为 $x_{v,i}^A(t;\tau), v \in \{\rho, \pi, \varepsilon\}, A \in \{+,-\}, \forall t, \tau$。常见的灵活性需求源是传统电源、储能、可再生能源等，随着电力市场的发展，需求侧响应也逐渐能够为系统提供灵活性。对于含有多个灵活性资源的系统，系统级灵活性供给按照式 (1-3) 计算。

$$
x_v^A(t, \tau) = \sum_{i \in S} x_{v,i}^A(t, \tau), \;\; v \in \{\rho, \pi, \varepsilon\}, \;\; A \in \{+,-\}, \;\; \forall t, \tau
\tag{1-3}
$$

(5) 灵活性裕量。

给定时间尺度 τ，电力系统灵活性供给与需求的差，称为灵活性裕量，记为 $z_{v,i}^A(t;\tau)$，其计算公式为

$$z_{v,i}^{A}(t;\tau) = \sum_{i\in S} x_{v,i}^{A}(t;\tau) - \sum_{i\in D} y_{v,i}^{A}(t;\tau), \ v \in \{\rho, \pi, \varepsilon\}, \ A \in \{+, -\}, \ \forall t, \tau \qquad (1\text{-}4)$$

1.2.3 灵活性的来源与分类

新型电力系统灵活性资源是指具备灵活调节能力、维持系统动态供需平衡的各类资源。传统电力系统灵活性资源以火电和抽水蓄能电站为主。随着可再生能源、储能等新兴技术的发展以及需求响应等机制的不断完善,灵活性资源可来源于电源侧、电网侧、需求侧与储能侧各环节。从而逐步形成源-网-荷-储多元灵活性资源库,以更广泛的类型、更强大的调节性能保障电力系统的实时动态供需平衡与安全稳定。

(1) 源侧灵活性资源。

在未来由新能源主导的电力系统中,经灵活性改造的火电机组将以其经济优势承担更多系统调节的保障作用。未来煤电仍将是灵活性资源的供应主体。燃气发电以热电联产为主,但热电联产机组爬坡速度较慢,调节能力有限,不适用于提供快速辅助服务。水电机组响应速度快、调节能力强,在电力系统中起调频、调峰和备用作用。作为灵活性需求的关键驱动因素,风电、光伏等可再生能源通常因其自身波动性与不确定性被认为是不可调节资源,但目前已有研究表明风、光等可再生能源具备提供辅助服务的能力。

(2) 网侧灵活性资源。

电网侧灵活性资源种类少,技术要求较高,主要通过电网互联互济、微电网与柔性输电技术来提升灵活性。电网互联互济允许在某地发电资源已经达到最大输出时,由邻近地区的发电资源来满足负荷需求,利用各地区用电的非同时性进行负荷调整,实现跨区灵活性资源共享,减少装机容量和备用容量。柔性输电技术可以在不改变网络结构的情况下,提升电压和潮流的可控性。微电网并网运行时,可以作为大小可变的智能负荷,在数秒内响应系统的灵活性需求。

(3) 需求侧灵活性资源。

需求侧灵活性资源主要包括可调节负荷、电动汽车等小型且分散的"产消者",随着用户侧智能化、自动化水平的不断提升,需求侧资源可更大程度地发挥其灵活可控潜力。但由于需求侧资源分散、用户用能差异性较大、可调负荷规模小等问题,需求侧灵活性资源难以直接参与集中市场,因此,需要通过聚合商代理、虚拟电厂等形式提供辅助服务,以先进通信技术实现内部分散式资源的统一管理与调度。

(4) 储能侧灵活性资源。

储能作为灵活快速的调节资源,具有一次调频效率高的优势。不仅可以平抑负荷波动,还可与新能源电站联合运行,显著提高新能源的利用效率。现有的储能技术主要包括电池储能、抽水蓄能、飞轮储能、压缩空气储能等。目前储能具有提供短期灵活性服务的巨大潜力,同时许多国家正在探索储能满足中长期灵活性需求的解决方案。

1.3　电力能源系统需求侧灵活性及其行为驱动力

电力市场化改革需要进一步提高资源利用效率、开放电力市场、促进电能动态平衡、推动新能源消纳。随着电力市场建设工作的不断推进,辅助服务市场、需求响应市场、现货市场等试点相继建立,强化了需求侧资源的利用,为需求侧资源的灵活利用创造了条件。

现有关于灵活性资源的研究多从源侧、网侧、储能侧等方面入手,相关技术已经渐趋完善,但是从需求侧入手的灵活性资源研究需要得知的原理及利用方法更为多样且复杂,相关研究仍亟待深入探索。

为解决该问题,本章首先明确电力需求侧灵活性的定义;并对典型需求侧灵活性资源进行总结分类;在此基础上,探索了需求侧灵活性的利用形式;最后,针对需求侧灵活性中的行为因素进行了探究。

1.3.1　需求侧灵活性的定义

需求侧灵活性(demand-side flexibility, DSF)通常是指电力用户可以根据电力系统运行的需求而调整自身用电行为的能力,是电力需求侧管理的重要组成部分。由国家发改委等 6 部门于 2023 年发布的《电力需求侧管理办法(2023 年版)》指出,需求侧管理是指加强全社会用电管理,综合采取合理可行的技术、经济和管理措施,优化配置电力资源,在用电环节实施需求响应、节约用电、电能替代、绿色用电、智能用电、有序用电,推动电力系统安全降碳、提效降耗。其中,绿色用电要求需求侧提供灵活性以促进可再生能源消纳,实现能源绿色转型;而智能用电则是通过信息通信技术与用电技术的融合,来帮助电力用户挖掘需求侧灵活性资源。

1.3.2　典型需求侧灵活性资源及其分类

终端负荷在物理形态及使用习惯方面的显著差异使需求侧用户具有多样化的响应能力与响应特性。基于不同角度,可以把电力需求侧资源划分为多种类型,如图 1-2 所示。

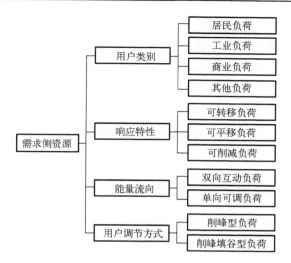

图 1-2 电力需求侧资源及其分类

（1）按照用户类别，可以划分为居民负荷、工业负荷、商业负荷和其他负荷。

（2）按照响应特性，可以分为可转移负荷、可平移负荷和可削减负荷。可转移负荷可在特定周期内（如 1 天）总用电量不变，而各时段的用电量可灵活调节，这类资源包括电动汽车换电站以及冰蓄冷储能等；可平移负荷通常受生产生活流程约束，只能将用电曲线在不同时段间平移，这类资源包括工业流水线设备等；可削减负荷是指可根据需要对用电量进行部分或全部削减的负荷，这类资源包括居民空调、大型洗衣和农村灌溉设备等。

（3）按照能量流向，可以划分为双向互动负荷和单向可调节负荷。前者是指具有一定电能输出功能的广义负荷（如分布式电源、电动汽车、储能设备等），而后者则是在运行时间或用电功率上具有一定可控性的纯用电单元。

（4）按照调节目标，可以分为削峰型负荷和削峰填谷型负荷。削峰型资源可以在用电高峰期直接减少电力消费量，但改变不涉及高峰期以外的其他时段；削峰填谷型资源则可将部分高峰用电负荷推迟或转移到低谷时间段。

1.3.3 需求侧灵活性的利用形式

按照需求响应信号类型可以将需求响应机制分为价格型需求响应机制和激励型需求响应机制，在图 1-3 中对常见的各种需求响应机制进行了分类汇总。

在价格型需求响应（demand response，DR）机制中，电力终端用户直接面对批发市场价格或与批发市场价格挂钩的零售市场价格，并对价格信号做出响应，从而改变自身的电能消费方式或消费行为（表现是消费数量或者消费时间的变化，或者二者同时变化)。这一类需求响应机制的基本目标是将反映潜在生产成本的批发市场价格信号传递给终端消费者，让一部分消费者承担这种价格信号，实现资源更为有效的配置。价格型需求响应机制包括：分时电价机制(time of use，TOU)、实时电价机制(real-time pricing，RTP)、尖峰价格机制(critical peak pricing，CPP)以及尖峰电价回扣机制(critical rebates peak，CRP)。这些需求侧响应机制在一些电力市场化程度较高的国家中已经有了广泛的实践。

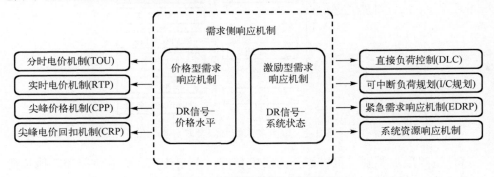

图 1-3　需求侧响应机制分类

　　在激励型需求响应机制中，系统运营者在需要维护系统稳定性时，以电价的形式向所有市场参与者发出购买的需求侧响应信号，有条件并愿意接受这一信号的市场参与者在做出回应并执行相应的用电负荷调整后，可以获得事前约定的负荷改变补贴。在竞争的电力市场环境中，系统的安全稳定运行和系统的绩效标准挂钩，所以激励型需求响应机制经常是由监管机构督促提供，并且系统监管机构会对做出响应的市场参与者给予相应的市场外补贴(即负荷改变补贴)。该补贴一方面用于激励需求侧用户在市场中更加有效地做出响应；另一方面补偿电力公司因执行负荷削减项目导致的净收益损失。具体的激励型负荷响应机制包括直接负荷控制(direct load control，DLC)、可中断负荷规划(interruptible/control，I/C)、紧急需求响应机制(emergency demand response process，EDRP)，以及系统资源响应机制。其中，系统资源响应机制包括容量资源响应机制、电能资源响应机制，以及辅助服务资源响应机制。

1.3.4　需求侧灵活性中的行为因素与作用

　　虽然需求侧灵活性具有电力系统灵活性的普遍特点，但在实际应用中，由于需求侧响应特性与终端用户的行为选择密切相关，进而引出一系列重要的科学问题和关键技术挑战。

　　首先，电力系统中可调节负荷涉及了不同的市场参与主体(如用户、电网、政府、负荷集成商），其形态多样、用户偏好各异，不同主体的利益诉求不同、资源的控制方式多样，使得对于需求侧灵活性潜力的精准画像（即需求侧灵活特性建模与刻画）变得十分困难。其次，由于需求侧灵活性的开发利用涉及信息、物理、社会等多域因素的影响，且电力系统运行场景多变、时空强耦合以及用户行为具有的天然内外生不确定性，还会造成需求侧灵活性与电力系统的集成利用面临着模型建立难的问题。上述因素共同作用导致针对需求侧灵活性的影响成效评估变得愈加复杂，对于电网运营商来说，负荷侧主体参与灵活性资源调度的积极性直接影响了优化调度效果；对于用户来说，合理利用自身负荷灵活性将会为自己带来更高的经济利益。

因此，电网通过合理设置激励机制，可以引导和调用需求侧灵活性资源。合理的激励措施能够促进更多的需求侧资源参与到辅助服务市场，如建立信用评价机制、参考互联网经济引入市场信用积分激励模式等。

1.4 国内外电力能源需求侧灵活性研究综述

1.4.1 电力能源系统灵活性辨识与特性建模

需求侧灵活性资源具备动态调整的能力，在规划运行中考虑该特性可以有效激发需求侧资源支撑电网灵活安全运行的潜力。此过程中，对需求侧灵活性进行精确建模是关键。本节分别对需求侧灵活性辨识与特性建模开展综述。

需求侧灵活性辨识利用需求侧端口监测设备采集到的电流电压等波形数据进行分析，获取用户负荷特征，对模型特性实现高效识别与精确拟合。主要包括需求侧用电规律解析与参数辨识两方面内容。在用电规律分析方面，文献[2]分别从基于非侵入式负荷检测的用电设备负荷分解，以及用户用电行为规律解析两个视角，实现对终端用户灵活性的深入挖掘。文献[3]归纳了供需双向互动环节下用户用电特征规律，激励价格、舒适度偏好等需求响应项目与用户行为关系的敏感分量。该部分研究多基于机理驱动针对典型场景识别灵活性关键环节，方法模型的泛化能力较弱。参数辨识是基于测量的实时数据，在给定的目标误差函数下，采用智能算法优化模型参数，使得目标误差函数最小。文献[4]提出一种模型参数的辨识策略：将低灵敏度且非时变的参数固定为聚合值，对于高灵敏且时变的参数，在聚合值附近采用遗传算法进行辨识。参数辨识方法无须终端负荷组成，拟合效果佳。但当待辨识参数过多时，部分参数不能被唯一辨识。基于人工智能的学习算法被应用于需求侧灵活性辨识研究中，可以实现多参数的精确快速辨识[5,6]。

文献[7]提出一种基于物理-数据融合思路的数字化楼宇用电模型构建方法，可通过真实量测数据修正楼宇用电物理模型，实现精细化的楼宇用电能效分析。文献[8]提出了基于虚拟电池模型的需求侧资源聚合模型，并采用数据驱动方法进行参数评估。传统的机理驱动模型"自上而下"直接从机理分析构建，模型可解释度较强，但未关注需求侧用户的有限理性、模型参数的获取等实际问题。数据驱动模型依据客观数据，计及用户有限理性，构建符合实际的需求侧模型，但没有考虑能源系统运行优化等应用场景对准确、定量的用户模型的需求。机理-数据混合驱动方法兼顾二者的优点，可以在保证较高建模精度的前提下，显著降低负荷侧资源优化模型的求解时间。

1.4.2　电力能源系统灵活性价值评估

需求侧灵活性资源可以为电力能源系统各环节带来可观的效益：对于电网公司，有效降低新发电并网带来的不利影响，延缓扩容建设需求，同时，改善电网资产利用率；对于发电商，可以降低机组的调峰成本和发电碳排放；对于用户，通过需求响应项目可减少自身用电支出，甚至获得额外经济收益；对于全社会，源-荷互动可促进新能源发电并网，推动实现真正意义上的电能低碳化。

当前国内外学者对需求侧灵活性价值评估主要是基于技术经济评估的成本效益分析。文献[9]定量分析了不同市场激励下需求响应对电力系统的贡献。文献[10]构建了计及效果指标及经济指标的需求侧资源规划评估指标。文献[11]通过分析当前电力市场环境下参与主体及其利益需求，构建了涵盖技术、经济、环境等多方面在内的需求侧资源综合效益评价指标体系。文献[12]基于各类需求侧响应资源的价值特性，构建了需求侧响应资源的价值评价体系，明确了其评价过程与评价内容。此外，还有学者对利用需求侧灵活性资源提高电力市场运营效率的问题进行了深层探讨[13]。

针对需求侧灵活性资源的效益评价问题，当前研究大多从特定参与主体(如电网公司、发电商或用户)的角度展开，而要对灵活性资源贡献进行客观的量化，还需从全社会的高度提炼和设计能反映所有市场参与主体需求的评价指标体系。中国新一轮"电改"启动后，参与新能源电力系统投资运营的主体进一步趋于多样化，必须关注新形势下不同市场主体之间存在的利益博弈关系，研究适应于协同群决策要求的新型评价方法。

1.4.3　电力能源系统灵活性资源集成与利用

电力能源系统灵活性资源的集成与利用主要集中于兼容需求侧灵活性的综合资源规划技术、需求侧互动模式下发用电一体化调度技术与需求侧负荷的协调优化控制技术三个方面。

在兼容需求侧灵活性的综合资源规划技术方面，按照涉及对象的不同，大致可分为需求侧独立规划、源-荷联合规划以及源-网-荷联合规划三类。所考虑的需求侧灵活性资源包括电动汽车、暖通空调及可转移负荷等。现有研究成果表明，需求侧资源对新能源发电的贡献作用与其在电网中的位置及特性密切相关，充分利用不同负荷可调能力的互补性对改善规划方案的成本效益具有重要作用。

在需求侧互动模式下发用电一体化调度技术方面，与传统电力系统类似，需求侧调控手段可分为基于电价、基于合同和基于市场竞价三种方式。电价模式主要通过引入动态电价信号引导用户进行负荷削减或转移。由于对相关指令的执行在一定程度上取决于用户行为，缺乏强制性，基于合同或市场竞价的模式则赋予了运行者对负荷的直接调控权，不易受外部市场环境的影响，且便于实施。从模型构建角度，针对输电系统，现有研究主要涉及互动模式下发用电资源的日前及实时调度或广义机组组合等问题[14]。

在需求侧负荷的协调优化控制技术方面，需求侧灵活性资源可有效补充常规机组快速调节能力的不足，并用于参与电网稳定或调频控制。该方面的研究主要集中在单一需求响应资源的控制策略设计以及多种灵活性资源的协调配合这两个方面。对于前者，现有文献针对各类潜在灵活性资源(如空调、电加热、电动汽车、蓄热及温控负荷等)提出了各具特点的控制策略[15]。常用的控制目标包括平抑新能源发电波动、提高系统运行经济性或安全裕度等。相关研究表明，借助合理的调控策略，需求侧灵活性资源能够有效平抑新能源发电波动，提高系统应对外部不确定性的能力。对于后者，现有研究主要面向关注不同类型灵活性资源之间的互补性及其蕴含的潜在效益。例如，文献[16]从负荷集成商的角度，提出了综合利用混合动力汽车、热电联产及可控热负荷共同提供辅助调频的控制方法，并从机理上验证了多种资源协同应用的优越性。

现有研究中，采用何种激励规则和调控策略来整合需求侧灵活性资源，目前缺乏明确的指导原则。相关规划不能仅考虑源-荷互动效益，还必须关注需求侧开发的经济代价和用户违约风险。需要加快研究针对需求侧灵活性资源调用的配套补贴机制，切实鼓励用户通过参与需求响应，为电力能源系统趋优运行创造有利条件。

1.4.4 电力能源系统灵活性市场与商业模式

目前关于提升灵活性的市场机制设计的研究主要可分为两个方面，其一是通过设计相应的灵活性产品或灵活性市场，通过直接交易的方式实现灵活性价值；其二是改进已有的成熟市场模式(日前市场、平衡市场、容量市场、跨区市场)，激励灵活性资源提供灵活性支撑，同时弱化系统不确定性以降低系统灵活性需求。

在灵活性产品与市场机制设计方面，欧美国家通过引入新的市场机制、标准化能源存储和虚拟电厂的规则，以鼓励资源参与灵活性供应。美国加州独立系统运营商提出了灵活爬坡辅助服务的调节产品，以确保预留足够的爬坡容量跟踪净负荷的随机波动[17]。需求侧资源如电动汽车(electric vehicle，EV)停车场，具有良好可控性和快速响应特性的电池储能，分布式可再生能源均可以作为灵活爬坡容量提供者，共同纳入爬坡辅助服务市场。我国灵活性市场建设起步较晚，目前主要集中于在已有市场机制上建立需求响应市场机制，主要包括基于价格与基于激励两种类型。对于基于价格的市场化机制，国内部分地区已实施分时电价的需求侧引导机制；对于激励型机制，国内部分城市已实施基于基金发放、多边补贴、电价回收等措施的需求响应补贴方案。

在改进已有的成熟市场模式方面，主要借助于电力金融工具管理市场风险，激励灵活性资源支撑。其基本模式是以实时电价为基础，针对需求侧资源响应方式及其与新能源发电的匹配关系，通过设计不同类型的需求响应期权，实现对需求侧灵活性资源调用的合理定价。该机制可以有效降低需求侧的收益风险，增加其提供灵活性支撑的积极性。

灵活性市场与商业模式的设计，需要充分重视电工理论与经济学、金融学、社会心理学等多领域理论体系的交叉融合，探索有效的数学模型和计算工具，以期提高用户参与和响应深度，使需求侧资源灵活主动地配合电力能源系统优化运行。

1.5　本书内容体系

未来电力能源系统下，由于需求侧特性与终端用户行为选择密切相关，使得目前需求侧灵活性研究面临资源画像难、模型建立难和成效评估难等问题。迫切需要研究先进的理论与方法，给出针对上述相关问题的系统性解决方案。

本书针对上述技术挑战，以"行为驱动的需求侧灵活性理论与应用"为主线，围绕特性建模、效益评价、集成利用、市场设计等，对电力能源系统需求侧灵活性建模与优化有关问题进行系统研究，并重点考虑市场环境下人类社会行为对需求侧灵活性的作用影响。

本书的总体组织脉络为：首先，在新型电力能源系统背景下，研究信息-物理-社会多域视角下的需求侧灵活性驱动力及其建模技术，用于准确地生成需求侧灵活性资源画像；其次，基于系统架构和多元需求侧画像，解析行为驱动下需求侧灵活性对电力能源系统的影响机制、互动效益和置信容量，形成需求侧灵活性分析框架，从而为资源集成利用奠定基础；再次，综合考虑需求侧资源形态和集成模式的多样性，分别构建需求侧灵活性与电力能源系统的集中协调规划和分散聚合模型；最后，研究有关市场机制设计问题，以实现不同应用场景下需求侧灵活性的高效利用。

全书共 10 章，以下为各章内容简介。

第 1 章为绪论，重点介绍新型电力能源系统下需求侧灵活性的工程背景、基本概念和研究意义，梳理现有需求侧建模分析方法的研究现状及存在的主要技术问题，在此基础上重点讨论用户行为对需求侧灵活性的影响及驱动机制，最后给出本书的研究框架及体系结构。本章将为后续各章内容展开提供统领。

第 2～4 章基于需求侧灵活性概念，从信息-物理-社会多域耦合角度分别围绕行为驱动下的需求侧灵活性建模、交互影响与效益评价、需求侧灵活性资源置信容量计算等三个方面，介绍了考虑"人在环"的电力需求侧灵活性建模分析方法，实现了对行为驱动下网-荷互动的精确化描述及成本效益的科学评价。上述各章重点面向解决行为驱动下需求侧灵活性研究面临的"资源画像难"和"成效评估难"的问题。作为本书核心内容，相关方法将为后续需求侧集成利用研究奠定基础。

第 5～8 章和第 9 章分别针对集中式和分散式两种类型的需求侧资源，从协调规划和分散聚合两个层面，探讨了不同目标和资源禀赋下需求侧灵活性资源与电力能源系统的集成优化问题，并构建了对应的数学模型和求解框架。所形成的集中规划和分散聚合策略，由于充分反映了需求侧行为模式的多元性，可有效实现电力能源系统的源-网-荷协同增效。上述两部分重点面向解决行为驱动下需求侧灵活性研究面临的"模型建立难"问题，相关成果既为前序章节分析方法提供了应用平台，也为需求侧灵活性的工程利用奠定了基础。

第 10 章针对需求侧灵活调节潜力挖掘，提出需求侧资源参与电力市场的运行机制。结合实际情况考虑，提出灵活性资源参与电力能源市场策略，从而解决电力能源系统灵活性不足的问题，并实现系统安全、可靠、经济运行。

参 考 文 献

[1] 鲁宗相, 乔颖, 李海波, 等. 高比例可再生能源电力系统灵活性: 概念、理论与应用[M]. 北京: 中国电力出版社, 2022: 17-19.

[2] Afzalan M, Jazizadeh F.Residential loads flexibility potential for demand response using

energy consumption patterns and user segments[J]. Applied Energy, 2019, 254: 113693.

[3] 金勇, 刘友波, 刘俊勇, 等. 基于公共信息模型对象聚合的高压配电网功能单元信息模型[J]. 电力系统自动化, 2016, 40(9): 106-112.

[4] 孙国霞, 张剑, 吴海江. 包含多种分布式电源的广义负荷模型辨识与适应性研究[J]. 电力系统保护与控制, 2013, 41(4): 105-111.

[5] 王守相, 郭陆阳, 陈海文, 等. 基于特征融合与深度学习的非侵入式负荷辨识算法[J]. 电力系统自动化, 2020, 4(9): 103-110.

[6] 燕续峰, 翟少鹏, 王治华, 等. 深度神经网络在非侵入式负荷分解中的应用[J]. 电力系统自动化, 2019, 43(1): 126-132.

[7] 汤奕, 韩啸, 张潮海. 基于物理-数据融合的数字化楼宇用电模型构建方法[J]. 供用电, 2019, 36(10): 16-21.

[8] 鲁鹏, 吕昊, 刘念, 等. 数据-模型混合驱动的配电系统灵活性优化调度[J]. 湘潭大学学报(自然科学版), 2020, 42(5): 84-97.

[9] Mistry K D, Roy R. Impact of demand response program in wind integrated distribution network[J]. Electric Power Systems Research, 2014, (108): 269-281.

[10] 孙晏, 李婷婷, 曾伟, 等. 基于灰色综合评价法的需求响应项目规划评估[J]. 电力系统及其自动化学报, 2017, 29(12): 97-106.

[11] 曾博, 白婧萌, 郭万祝, 等. 智能配电网需求响应效益综合评价[J]. 电网技术, 2017, 41(5): 1603-1612.

[12] 全生明. 需求侧响应资源的经济性分析与市场均衡模型研究[D]. 北京: 华北电力大学, 2014.

[13] 曾鸣, 薛松, 朱晓丽, 等. 低碳背景下考虑发用电侧不确定性的社会福利均衡仿真研究[J]. 电网技术, 2012, 36(12): 18-25.

[14] 宋艺航, 谭忠富, 李欢欢, 等. 促进风电消纳的发电侧、储能及需求侧联合优化模型[J]. 电网技术, 2014, 38(3): 610-615.

[15] 艾欣, 赵阅群, 周树鹏. 适应清洁能源消纳的配电网直接负荷控制模型与仿真[J]. 中国电机工程学报, 2014, 34(25): 4234-4243.

[16] Galus M D, Koch S, Andersson G. Provision of load frequency control by PHEVs, controllable loads, and a cogeneration unit[J]. IEEE Transactions on Industrial Electronics, 2011, 58(10): 4568-4582.

[17] Xu L, Tretheway D. Flexible ramping products incorporating FMM and EIM[R]. California: California Independent System Operator, 2014.

第 2 章　行为驱动的电力需求侧灵活性
建模与模拟

2.1　概　　述

用户侧负荷的多元化为电力能源系统需求响应与灵活性支撑的实现提供了可能。未来电力能源系统的计算分析不仅需要对源、网侧特性进行建模，还需要从负荷侧角度，建立精准、有效的需求侧模型，以满足对需求侧灵活性刻画与模拟的需求。

从能源系统角度来看，需求侧负荷的灵活响应潜力会同时受到终端用户用能行为、外部激励因素以及环境随机因素的共同影响。因此，需求侧灵活性通常表现出显著的多因共生性、时空相依性、动态演化性等特点。而传统研究大多采用基于历史量测或经验数据对需求侧特性进行建模，且研究对象大多为电动汽车、暖通等单一类型负荷，缺乏对响应过程中用户侧主观行为选择影响的考量。由于所用数据通常属于片段性信息，使得所得模型结果一方面缺乏必要的通用性与可解释性，另一方面很难准确描述负荷特性随时间的动态变化，故难以适用于中长期规划运行研究。

针对上述不足，目前针对需求侧灵活性建模问题的研究亟待将重点转向能够更为真实地刻画需求响应中行为属性影响的方法框架上，以便能实现对不同时空尺度下需求侧灵活响应特性的精准描述，并嵌入未来新型电力能源系统分析计算中。

本章重点聚焦行为驱动的电力需求侧灵活性建模与模拟问题。首先从行为驱动的角度对需求侧灵活性特征进行分析；在此基础上，分别从基于机理、数据与机理-数据相结合的角度提出了需求侧灵活性模型构建方法；进一步，基于所建模型，给出了关于行为驱动电力需求侧灵活性的动态模拟方法和实现流程，并通过核密度估计与假设检验验证了模型结果的有效性；最后对本章内容进行总结。

2.2　行为驱动的需求侧灵活性特征分析

作为电力能源系统灵活性的重要来源，需求侧灵活性具有一般电力灵活性资源的如下共同特点。

(1) 实时响应电网运行状态，维持系统供需平衡。需求侧灵活性以改变终端用电负荷为中心，根据电网实时运行状态，通过先进控制手段对系统用户的用电容量、用电时间、用能方式等进行动态调整，使得系统中的电力供给与需求关系达到新的平衡。在提高电力系统运行灵活性的同时，大幅降低电力供应和消费成本。

(2) 稳定的技术经济属性。需求侧灵活性虽然不具有传统电力灵活性资源的有形性，但它们通常仍有稳定的技术经济特性。一方面，需求侧灵活性在调用过程中既需要满足一系列内生技术性约束。这些约束来自需求侧设备运行、用户舒适度等方面的固有限制。另一方面，市场环境下调用需求侧灵活性还会产生经济代价。例如，激励型需求响应项目中，电网需要根据调用容量、调用频率、响应时长等支付给终端用户需求响应费用；同时，根据市场规则，用户通过参与需求响应也会得到确定的收益回报。

此外，需求侧灵活性还具有如下三方面不同于传统电力灵活性的显著特殊性。

(1) 多域因素综合影响。需求侧灵活性资源潜力的表达往往受到来自物理、信息、社会等多域因素的共同影响和牵制。首先，从物理域角度，对需求侧灵活性资源的调度必须建立在满足各类需求侧设备运行需求的基础上。由于不同设备在使用时间、启停频率、削减容量、延迟范围等方面具有不同要求，因此在调用需求侧资源的过程中，需要充分考虑上述物理约束的影响。其次，从信息域角度，市场环境下对需求侧灵活性潜力的控制利用通常需要借助价格或激励信号的方式实现，因此电力系统对需求侧灵活性潜力利用本质上是一个多主体之间信息交互的过程：电力系统运营商根据系统运行目标，设计能够激励终端用户提供自身灵活性的最优策略，而需求侧用户则根据相关激励信号做出最有利于自身利益的响应反馈，即需求侧可调节潜力受信息域各类控制策略设计的影响。最后，从社会域层面，需求侧用户的行为模式与偏好既会直接影响其可提供的灵活性潜力，也间接决定着最终集成方案的有效性。

(2) 异质性与演化性。与利用供应侧灵活性资源的方式不同，利用需求侧灵活性通常涉及电力系统用户用电行为的改变。在实际情况下，由于不同用户对于用电需求变化(包括用电时间、用电容量等)的接受程度以及激励信号的敏感性存在差异，因此导致需求侧灵活性资源的可用性与用户主观偏好和行为选择密切相关，并存在高度的异质性。除此之外，中长时间尺度下，用户行为模式还可能随外部环境（如激励机制）发生动态演化并表现出自适应性，从而使得对于需求侧灵活性的刻画变得更为复杂。

（3）特征参数的不确定性。要实现对需求侧灵活性的科学分析，首先需要通过提炼其特征信息并形成合适的数学模型。总的来看，用于描述电力能源系统需求侧灵活性的特征参数大致可分成三类：一是与物理域有关的参数，如各类需求侧用电设备的技术参数（如额定功率、可调容量等）；二是与信息域有关的参数，如电价、激励成本等；三是与社会域有关的参数，如用户用电时间、行为习惯、对供电服务质量要求等。根据现有研究方法，针对前两类参数，若能提供较高精度的历史统计数据，可获得较好的预测效果。而对于社会域参数，由于其受用户的个性化偏好及主观意愿的影响，相关数据将呈现出明显的差异化分布，故可预测性不强，从而导致需求侧灵活性的特征参数往往存在高度不确定性。

鉴于上述新特点，针对需求侧灵活性的建模不同于传统电力能源系统的建模，研究先进的理论方法进行需求侧灵活性精准画像具有重要意义。

2.3　建模原理

目前，针对电力需求侧灵活性的建模方法大致可分为三类：即机理驱动的模型构建、数据驱动的模型构建和机理–数据混合驱动的模型构建。

2.3.1　机理驱动的模型构建

机理驱动的需求侧灵活性建模主要从用户用能机理分析的角度对需求侧灵活性进行研究。该类建模方法主要从各类用能设备运行机理出发，结合经济学原理，分别对电力用户负荷的技术响应潜力及其与外部激励之间的关系进行研究。智能电网发展背景下，已有的基于机理驱动的模型构建主要针对一些特定典型负荷，如具体场合的温控负荷、电动汽车负荷、特定工业负荷等[1-3]。

为便于说明，图 2-1 给出了典型机理驱动的需求侧建模框架。在该示例中，需求侧资源由配电系统运营商（distribution system operator，DSO）进行分配，包括了EV、暖通空调（heating, ventilation and air conditioning，HVAC）等灵活性资源。在系统运行时，在物理特性上需要对这些灵活性资源的运行特性与物理参数进行采集整合，并建立符合客观物理规律的运行模型。即在满足物理、安全约束的前提下，需要建立包含运维费用、碳排放成本、折旧费用、人员费用等多种成本的系统经济性运行模型。

基于知识的需求侧建模往往运用传统的模型驱动方法，"自下而上"直接从原理角度构建模型，但对于用户的有限理性、模型参数的获取等实际问题常缺乏关注考虑。

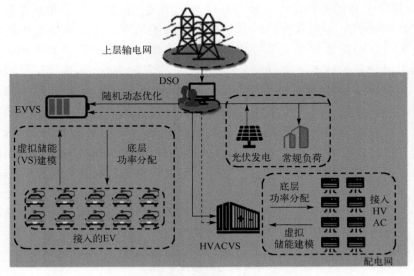

图 2-1　机理驱动的需求侧灵活性建模

2.3.2　数据驱动的模型构建

数据驱动的需求侧灵活性建模方法主要利用多域量测信息与数据实现对需求侧行为的描述刻画。该类方法通常首先需要采集用户负荷、日常用电习惯等信息，然后基于用电特征提取、用户群体分类聚合、关联因素分析等数据统计或处理技术，进而形成科学合理的需求侧特性模型。

为便于说明，图 2-2 给出了一种典型的数据驱动需求侧建模框架[4]。该架构主要包含数据采集聚合、用电行为特征提取、用户群体分类、关联因素辨识等环节。首先，借助智能电表、配网监测监控及数据采集系统（supervisor control and data acquisition，SCADA）等采集终端及大数据管理系统对用户属性数据、用电数据、电力交易数据等配用电大数据及气象、经济等环境数据进行采集，采集到的多源异构大数据可通过大规模分布式存储技术分割存储，并利用云计算中的批处理、流处理等技术进行数据处理；再结合回归分析、高维统计、深度学习等数据挖掘技术辨识有效信息，提取不同用户用电行为特征并分析电力行为模式，实现用户精细化分类；进而分析用电行为潜在关联因子并量化计算，实现环境因素的灵敏度分析；最后，可将所得模型用于负荷预测、电力系统需求侧调度等应用场景。

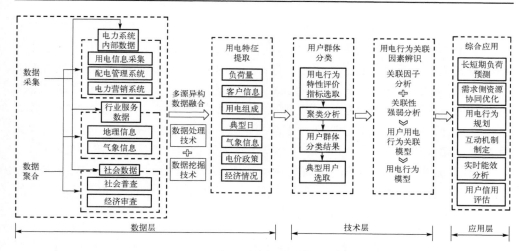

图 2-2　数据驱动的需求侧灵活性建模

基于数据的需求侧模型可从实际数据的角度出发，构建符合实际运行情况的灵活性特性模型[4-6]，但由于数据驱动原理的"黑箱"效果，所得结果往往难以具备令人满意的可解释性，同时该类方法对数据的依赖程度较高，有时在实际工程中难以具有充分的普适性。

2.3.3　机理-数据混合驱动的模型构建

由于单纯知识或数据驱动的需求侧灵活性建模方法均具有各自不可避免的弊端，因此若能综合利用两种建模技术的优势，取长补短，则可从一定程度上规避现有研究面临的问题。图 2-3 给出了机理-数据协同驱动的需求侧建模框架。

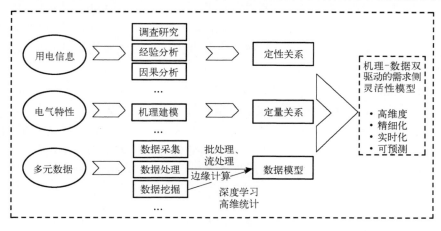

图 2-3　机理-数据混合驱动的需求侧灵活性建模

该架构主要包含用电信息采集、电气特性分析、多元数据挖掘等环节。在用电信息采集环节，通过前期的走访调查研究、专家的经验与因果分析，从定性的角度得到地区或者负荷自身的用电信息；在电气特性分析环节，结合现有相关研究与文献，从机理级别定量分析多元源-荷设备之间的电气关系；在多元数据挖掘环节，通过传感器等设备实现对数据的采集、处理与挖掘，并通过批处理、流处理、边缘计算等数字化方法实现对数据的建模。综合上述手段与环节，可以得到高维度、精细化、实时化、可预测的机理-数据混合驱动的需求侧灵活性建模。

机理-数据混合驱动的建模兼具两类建模方式的优点，可在保证模型结果效果的同时，尽可能兼顾模型本身的可解释性，且可根据应用场景的不同进行灵活的调整改变[7-8]，因此在电力能源系统分析优化中具有更好的实用价值。

2.4　行为驱动的电力需求侧灵活性动态建模与分析

结合前文所述，本节将机理-数据混合驱动方法应用于考虑行为影响的电力需求侧灵活性建模与模拟研究。该模型将用户用能行为划分为负荷特性、长时行为和短时行为三个模块分别进行考虑。

2.4.1　负荷需求特性

在电力系统中，需求侧用户的灵活性响应潜力首先取决于其负荷运行特性。根据用电用途和性质，电力负荷大致可分为三类，分别是刚性负荷、可中断负荷和可转移负荷。

刚性负荷（critical loads，CL）是指任何情况下都不能中断用电的负荷，通常与民生或重要生产生活有关，如照明设备；可中断负荷（interruptible loads，IL）是指紧急情况下可进行用电削减的负荷，如采暖和制冷设备；可转移负荷（shiftable loads，SL）是指总用电量固定，但在一定范围内可灵活调整用电计划的负荷，如电动汽车充电负荷。

在电力能源系统中，需求侧灵活性主要由后两类负荷提供。其中，对于可转移负荷，其需求响应特性可采用双线模型来描述[9]，如图 2-4 所示。

图 2-4 中，模型的上升段描述了时段 t 发生需求响应后，负荷需求的回升过程，而下降段描述了负载恢复到响应之前的变化过程。若假设需求响应后用户负荷降低 $P_{i,tt'}^{\mathrm{sl},-}$，则在周期 t 内对应的负荷弹回功率 $P_{i,tt'}^{\mathrm{sl},+}$ 可表示如下：

$$P_{k,tt'}^{\mathrm{sl},+} = \begin{cases} b_{k,0}^{\mathrm{sl}} + \varpi_k^{\mathrm{up}}(t'-t-1), & t' \in \{t+1,\cdots,t+\delta_k^{pk}\} \\ b_{k,1}^{\mathrm{sl}} - \varpi_k^{\mathrm{dw}}(t'-t-\delta_k^{pk}), & t' \in \{t+\delta_k^{pk}+1,\cdots,t+\delta_k\} \\ 0, & \text{其他} \end{cases} \tag{2-1}$$

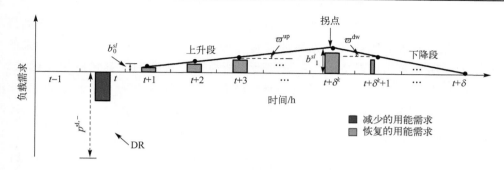

图 2-4　双线模型示意图

式中，

$$b_{k,0}^{\mathrm{sl}} = [2P_{k,t}^{\mathrm{sl},-} + \varpi_k^{\mathrm{up}}(\delta_k^{pk}-1)(\delta_k^{pk}-2\delta_k) + \varpi_k^{\mathrm{dw}}(\delta_k-\delta_k^{pk})^2]/2\delta_k \tag{2-2}$$

$$b_{k,1}^{\mathrm{sl}} = [2P_{k,t}^{\mathrm{sl},-} + \varpi_k^{\mathrm{up}}\delta_k^{pk}(\delta_k^{pk}-1) + \varpi_k^{\mathrm{dw}}(\delta_k-\delta_k^{pk})^2]/2\delta_k \tag{2-3}$$

式中，ϖ_k^{up}，ϖ_k^{dw}，δ_k 和 δ_k^{pk} 为双线模型的特征参数。

基于此，参与需求响应后的可转移负荷需求可表示为

$$P_{k,t}^{\mathrm{sl}} = P_{k,t}^{\mathrm{sl,rat}} - P_{k,t}^{\mathrm{sl},-} + \sum_{t'=t-\delta_k}^{t-1} P_{k,t't}^{\mathrm{sl},+} \tag{2-4}$$

式中，$P_{k,t}^{\mathrm{sl,rat}}$ 为可转移负荷在正常情况下时段 t 的用电功率。

2.4.2　长时行为分析

除了短时尺度下负荷需求特性之外，需求侧灵活性响应潜力还将很大程度受用户参与意愿和行为选择的影响。因此，长时行为模型主要用于描述需求侧灵活性资源可用性与用户参与度之间的关系，以估计用户行为随时间的动态变化。

长时尺度下，需求侧用户行为体现为对电网提供的需求响应合同的选择上。若以 Ω_D 表示系统用户集合，则对于各用户 $k \in \Omega_D$，其对于需求响应合同选择的可能决策构成一个有限集 $S_k = \{s_k^1, s_k^2, \cdots, s_k^M\}$。$S_k$ 中各元素为百分数，表示需求侧可用响应容量(即参与需求响应项目的负荷容量)与通过 2.4.1 节测算得到的总技术可响应潜力的比值。此外，定义研究周期 $T_{cs} = \{1, 2, \cdots, z, \cdots\}$，$t_z = \mathrm{mod}(t, z)$ 表示集合中的每一个时间间隔。

电力市场下，用户在某一时刻若服从电网要求减少其用电量，可从电网

获得经济奖励，该奖励可以用收益函数 $U_k: R_+ \to R$ 表示。同时，若用户如果未按照合同要求需求响应，则需要支付相应惩罚 G_k。负荷减少给用户带来的不便可以用负效用函数 $L_k: R_+ \to R_+$ 表示，其为用户实际响应容量的正比函数。

综上，用户在合同周期 z 参与需求响应对应的总收益 W_i 为

$$W_k(s_{k,z}, P_{k,t_z}^{il,-}, P_{k,t_z}^{sl,-}) = W_k^0(s_{k,z}) + \sum_{t_z \in z} W_k'(P_{k,t_z}^{il,-}, P_{k,t_z}^{sl,-}) \tag{2-5}$$

$$W_k^0(s_{k,z}) = U_k(s_{k,z}, P_{k,t_z}^{il,-}, P_{k,t_z}^{sl,-}) - \sum_{t_z \in z} U_k'(P_{k,t_z}^{il,-}, P_{k,t_z}^{sl,-}) \tag{2-6}$$

$$W_k'(P_{k,t_z}^{il,-}, P_{k,t_z}^{sl,-}) = \wp(U_k', G_k, L_k^{il}, L_k^{sl}) \tag{2-7}$$

由上式可知，用户收益由两部分组成，W_k^0 通常由时段 z 用户签约响应容量决定，而 W_k' 取决于运行过程中用户实际负荷削减值。

根据行为经济学理论，中长尺度下用户决策行为遵循"反射-反应"范式，即用户下一阶段的选择很大程度受到历史经验和当前阶段使用体验的双重影响。对此，可以通过引入遗憾匹配机制(regret-matching mechanism，RMM)表示用户在当前阶段从 S_k 中选择各参与度策略的可能性。

根据 RMM，对于每一个时间间隔 $z \in T_{cs}$，用户选择策略 s_k' 而非策略 s_k''（其中，s_k'、$s_k'' \in S_k$）的后悔度可表示如下：

$$M_{k,z}(s_k', s_k'') = \max\{Y_{k,z}(s_k', s_k''), 0\} \tag{2-8}$$

式中，

$$Y_{k,z}(s_k', s_k'') = \frac{1}{z}\left[\sum_{\tau \leqslant z: s_{k,\tau} = s_k'} W_k(s_{k,\tau}'') - \sum_{\tau \leqslant z: s_{k,\tau} = s_k'} W_k(s_{k,\tau}')\right] \tag{2-9}$$

当用户选择 s_k'' 对应的收益小于 s_k' 时，用户通常不会后悔自己之前的选择，此时 $M_{k,z}(s_k', s_k'')$ 取值为 0。实际运行中，由于电网难以获得每个用户准确的 $W_k(s_{k,\tau})$ 函数形式。对此，可对式(2-9)进行必要修正，将 $\sum_{\tau \leqslant z: s_{i,\tau} = s_i'} W_i(s_{i,\tau}'')$ 替换为

$$\sum_{\tau \leqslant z: s_{k,\tau} = s_k'} W_k(s_{k,\tau}'') = \sum_{\tau \leqslant z: s_{k,\tau} = s_k''} x_{k,\tau}(s_k') \cdot W_k(s_{k,\tau}') / x_{k,\tau}(s_k'') \tag{2-10}$$

式中，$x_{k,\tau}(s_k)$ 表示在某一区间 $\tau \leqslant z$ 时，决策 s_k 被选中的概率，反映了用户对各

策略的可能性。

若用户 i 在时段 z 选择了策略 $s_k' \in S_k$，则他在时段 $z+1$ 选择策略 $s_k'' \in S_k$ 的可能性遵循如下概率分布 $\Gamma_{k,z+1}^B$：

$$\Gamma_{k,z+1}^B = \begin{cases} x_{k,z+1}^B(s_k'') = \min\left\{\dfrac{1}{\gamma}M_{k,z}(s_k', s_k''),\ \varsigma\right\} \\ x_{k,z+1}^B(s_k') = 1 - \displaystyle\sum_{s_k'' \in S_k: s_k'' \neq s_k'} x_{k,z+1}^B(s_k'') \end{cases} \tag{2-11}$$

式中，γ 是比例因子；ς 是预定常数，用于确保所有策略概率之和等于 1。

综合上述，可得长时尺度下用户需求响应参与度表达式为

$$\Gamma_{k,z+1} = \begin{cases} x_{k,z+1}(s_k'') = (1-\lambda_k)\min\left\{\dfrac{1}{\gamma}M_{k,z}(s_k', s_k''),\ \varsigma\right\} + \lambda_k x_{k,0}(s_k'') \\ x_{k,z+1}(s_k') = 1 - \displaystyle\sum_{s_k'' \in S_k: s_k'' \neq s_k'} x_{k,z+1}(s_k'') \end{cases} \tag{2-12}$$

根据上式，用户选择策略的概率是两个概率向量的加权平均值，第一项体现了用户基于历史经验学习对其后续决策的影响，第二项体现了用户内在偏好对其行为选择的影响，其中 λ_k 为两者的权重系数。

2.4.3　短时行为分析

在上述确定需求侧用户的签约容量后，当用户每次收到来自电网需求响应调用请求后，用户都面临着如何重新调整当前自身负荷需求以响应请求的问题，对此通过短时行为建模进行描述。

以 P_{i,t_z}^{drr} 表示时段 t_z 电网要求用户减少的负荷功率，用户通过参与需求响应得到的预期收入、违约惩罚以及不便成本可以根据前述的收益函数、惩罚函数和负效用函数得到。结合上述，可得用户在 t_z 时对应的需求响应收益：

$$\begin{aligned} W_i'(P_{i,t_z}^{\mathrm{sl},-}, P_{i,t_z}^{\mathrm{il},-}) = &\ \omega_i[U_i'(P_{i,t_z}^{\mathrm{sl},-} + P_{i,t_z}^{\mathrm{il},-}) + \rho_i P_{i,t_z}^{\mathrm{il},-} - G_i(P_{i,t_z}^{\mathrm{drr}} - P_{i,t_z}^{\mathrm{il},-} - P_{i,t_z}^{\mathrm{sl},-})] \\ &- (1-\omega_i)[L_i^{\mathrm{il}} P_{i,t_z}^{\mathrm{il},-} + L_i^{\mathrm{sl}} P_{i,t_z}^{\mathrm{sl},-}] \end{aligned} \tag{2-13}$$

式中，ρ_i 为零售电价；ω_i 为用户行为偏好系数，用于表征当前时刻激励奖励和舒

适度对于用户的重要度。由于行为驱动下用户对需求响应信号的履约具有不确定性，因此 ω_i 是一个随机变量，可用概率分布 $\Psi(\omega_i)$ 表示。实际工程中，可采用非参数核密度方法确定 $\Psi(\omega_i)$ 的特征参数。

在确定上述边界信息后，通过求解如下优化问题可得到用户的期望响应水平：

$$\max_{P_{i,t_z}^{\mathrm{il},-},P_{i,t_z}^{\mathrm{sl},-}} W_i' \tag{2-14}$$

$$0 \leqslant P_{i,t_z}^{\mathrm{il},-} \leqslant P_{i,t_z}^{\mathrm{il,rat}} \tag{2-15}$$

$$0 \leqslant P_{i,t_z}^{\mathrm{sl},-} \leqslant P_{i,t_z}^{\mathrm{sl,rat}} \tag{2-16}$$

$$P_{i,t_z}^{\mathrm{sl},-} + P_{i,t_z}^{\mathrm{il},-} \leqslant P_{i,t_z}^{\mathrm{drr}} \tag{2-17}$$

2.4.4　输出模块

综上，考虑行为影响的需求侧用户总负荷功率表示如下：

$$\begin{aligned}
P_{k,t_z}^{E} &= P_{k,t_z}^{\mathrm{cl,rat}} + P_{k,t_z}^{\mathrm{il}} + P_{k,t_z}^{\mathrm{sl}} \\
&= P_{k,t_z}^{\mathrm{cl,rat}} + P_{k,t_z}^{\mathrm{il,rat}} + P_{k,t_z}^{\mathrm{sl,rat}} - P_{k,t_z}^{\mathrm{il},-} - P_{k,t_z}^{\mathrm{sl},-} + \sum_{t'=t_z-\delta_k}^{t_z-1} P_{k,t't_z}^{\mathrm{sl},+}
\end{aligned} \tag{2-18}$$

式中，$P_{k,t_z}^{\mathrm{cl,rat}}$ 是时段 t_z 中用户的刚性负荷需求。

2.5　模拟框架

基于上述模型，行为驱动的电力需求侧灵活性动态模拟框架如图 2-5 所示。其中，需求分析模块用于模拟 DR 资源的物理特性。长时和短时分析模块主要用于刻画用户行为在不同尺度下对其需求响应灵活性的影响。其中，长时分析模块主要用于模拟用户合同签订阶段的行为选择决策，而短时分析模块则评估了消费者在系统运行过程中的实际响应水平，该结果也受到长时输出结果的限制。基于上述模块输出，可估算不同电网运行场景和边界条件下的用户需求响应潜力曲线，从而实现对多时间尺度下用户需求响应能力的动态评估与模拟。

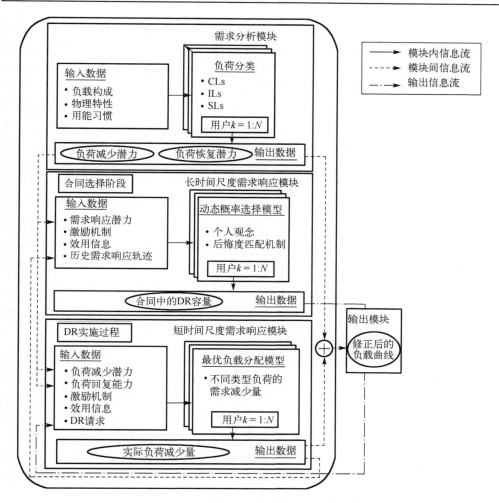

图 2-5　行为驱动的电力需求侧灵活性动态模拟

2.6　有效性检验

2.6.1　核密度估计

核密度估计在概率论中用来估计未知的密度函数，属于非参数检验方法。由于核密度估计方法无须依赖有关数据分布的先验知识，对数据分布不附加任何假定，是一种从数据样本本身出发研究数据分布特征的方法，因而，在统计学理论和应用领域均得到广泛应用。

　　由给定样本点集合求解随机变量的分布密度函数问题是概率统计学的基本问题。解决这一问题的方法包括参数估计和非参数估计。参数估计又可分为参数回归分析和参数判别分析。在参数回归分析中，人们假定数据分布符合某种特定的性态，如线性、可化线性或指数性态等，然后在目标函数族中寻找特定的解，即确定回归模型中的未知参数。在参数判别分析中，人们需要假定作为判别依据的、随机取值的数据样本在各个可能的类别中都服从特定的分布。经验和理论说明，参数模型的这种基本假定与实际的物理模型之间常常存在较大的差距，这些方法并非总能取得令人满意的结果。由于上述缺陷，Rosenblatt 和 Parzen 提出了非参数估计方法，即核密度估计方法。

　　在本章提到的电力系统运营过程中，每当收到来自 DR 的负荷调节需求，用户都将面临如何通过调整其负荷用电计划以响应 DR 需求的问题。为满足 DR 需求的同时保证自身运行的经济性，令 P_{k,t_z}^{drr} 表示系统运营商在时段 t_z 需要的需求消减容量，可基于效益函数 U_k' 和惩罚函数 G_k 来计算用户对 DR 的预期收入以及违约惩罚，其中，U_k' 和 G_k 是用户响应 $P_{k,t_z}^{il,-} + P_{k,t_z}^{sl,-}$ 以及其偏离需求水平 $P_{k,t_z}^{drr} - P_{k,t_z}^{il,-} - P_{k,t_z}^{sl,-}$ 的比例函数。此外，由 DR 引起的不便成本由 L_k^{il} 和 L_k^{sl} 表示，它们会随着客户的实际响应水平/频率而增加。

　　通过对基于本章所提建模方法负荷响应量预测值与实际值进行对比，来分析本章所提建模方法的有效性。为了实现核密度估计的最佳性能，使用优化技术来确定模型的最佳带宽，并使用均方根误差指数评估拟合有限性。基于核密度估计拟合的预测结果 $\Psi(\omega_k)$ 通过图 2-5 中的累积分布函数表示。这些结果作为实现模块的输出，将被反馈给需求分析以确定式(2-1)中的值，并用于负荷容量评估。

　　如图 2-6 所示，采用核密度估计所得到的累积分布函数和实际观察到的累积分布函数之间的区域较小，这意味着统计中的预测和实际测量具有良好的一致性，证明了本章建模方法的有效性。

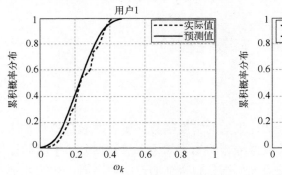
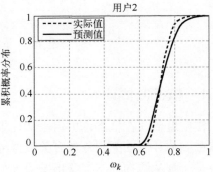

图 2-6　预测值与实际值的累积概率分布

2.6.2　假设检验

为验证所提核密度估计模型的准确性，采用卡方检验方法来进行假设检验。对于给定的显著性水平 α，若检测值小于阈值，则假设将通过检验。根据仿真，相关检验结果如表 2-1 所示。

表 2-1　χ^2 检验结果

	χ^2 统计量	α			
		$\alpha = 0.1$	$\alpha = 0.05$	$\alpha = 0.01$	$\alpha = 0.005$
用户 1	9.425	7.779	9.488	13.277	14.860
用户 2	11.631				

由于 χ^2 均小于显著性水平为 0.01 时的阈值。上述结果验证了所提模型的有效性。

2.7　本 章 小 结

本章主要探讨了行为驱动的电力需求侧灵活性建模与模拟问题。首先从行为驱动的角度分析了需求侧灵活性的特征，然后介绍了基于机理、数据和机理-数据混合驱动等三种需求侧灵活性模型构建方法，并讨论了不同方法的优势与局限性，实现了对多时空尺度下需求侧灵活响应特性的描述刻画。在此基础上，进一步提出了针对行为驱动下需求侧灵活性的动态模拟框架，用于评估不同应用场景下的用户需求响应潜力。最后，通过算例分析，结合核密度估计和假设检验等方法，验证了所提模型和方法的有效性。

参 考 文 献

[1] 宋梦, 高赐威, 苏卫华. 面向需求响应应用的空调负荷建模及控制[J]. 电力系统自动化, 2016, 40(14): 158-167.

[2] 杨旭英, 周明, 李庚银. 智能电网下需求响应机理分析与建模综述[J]. 电网技术, 2016, 40(1): 220-226.

[3] 代心芸, 陈皓勇, 肖东亮, 等. 电力市场环境下工业需求响应技术的应用与研究综述[J]. 电网技术, 2022, 46(11): 4169-4186.

[4] 朱天怡, 艾芊, 贺兴, 等. 基于数据驱动的用电行为分析方法及应用综述[J]. 电网技术,

　　　2020, 44（9）: 3497-3507.

[5]　葛磊蛟, 刘航旭, 孙永辉, 等. 智能配电网多元电力用户群体特性精准感知技术综述[J/OL].
　　　电力系统自动化, 2023, 20: 174-191.

[6]　孔祥玉, 马玉莹, 艾芊, 等. 新型电力系统多元用户的用电特征建模与用电负荷预测综述[J].
　　　电力系统自动化, 2023, 47（13）: 2-17.

[7]　陈启鑫, 吕睿可, 郭鸿业, 等. 面向需求响应的电力用户行为建模: 研究现状与应用[J/OL].
　　　电力自动化设备, 2023, （10）: 29-43.

[8]　孙毅, 刘迪, 崔晓昱, 等. 面向居民用户精细化需求响应的等梯度迭代学习激励策略[J].
　　　电网技术, 2019, 43（10）: 3597-3605.

[9]　Zeng B, Zhao D, Singh C, et al. Holistic modeling framework of demand response considering
　　　multi-timescale uncertainties for capacity value estimation[J]. Applied Energy, 2019, 247:
　　　692-702.

第3章 行为驱动的需求侧灵活性对电力能源系统影响与效益评价

3.1 概　　述

需求响应通过运用价格或激励措施促使用户改变其自身用电行为以优化电能供需平衡[1]。一方面，开展需求响应由于涉及包括电网、用户等在内的多方参与主体，因此需统筹兼顾不同主体利益的影响；另一方面，由于不同类型负荷的需求响应特性各异，加之受用户意愿的影响，不同情况下开展需求响应的效果往往存在较大差异[2]。因此，在实际工程中，如何对行为驱动下需求响应的预期影响和效益进行有效评判，成为电力能源系统决策者面临的一项重要课题。

3.2 需求侧灵活性效益评价指标体系

3.2.1 构建思路

需求侧灵活性效益评价指标体系除了要满足全面性、客观性、典型性及可操作性等传统指标设计原则之外，还应特别考虑以下两方面问题：首先，评价体系需有效反映需求响应对于各市场主体利益的影响，深刻揭示需求响应效益实现的关键驱动因素；其次，指标设计还应充分计及各类不确定性因素对需求响应效益的影响，包括国家政策、社会用能方式以及用户行为等。综上，电力能源系统下需求响应效益评价体系的基本框架如图 3-1 所示。

3.2.2 指标设计

1. 指标体系设计

通过深入分析不确定性因素与各投入和输出要素之间的耦合联系，构建涵盖电能生产、输送、消费等全环节的电力能源系统下需求响应效益的综合评价指标体系，如表 3-1 所示。

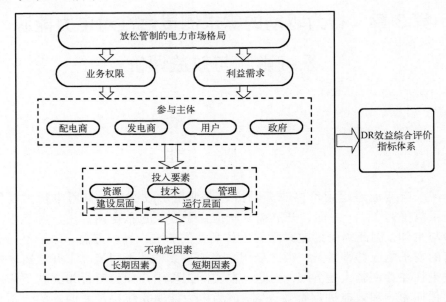

图 3-1　电力能源系统下需求响应效益评价体系的基本框架

表 3-1　电力能源系统下需求响应效益的综合评价指标体系

利益主体	评价属性	指标名称	数据形式	指标性质
A 配电商	A_1 可靠性	A_{11} 电压合格率提高度/%	*	◆
		A_{12} 系统平均每次停电时间下降率/%	*	◆
		A_{13} 系统停电频率下降率/%	*	◆
		A_{14} 系统期望缺供电量下降率/%	*	◆
	A_2 经济性	A_{21} 可免投资成本/万元	*	◆
		A_{22} 可免网损成本/万元	*	◆
		A_{23} 售电收入损失/万元	*	◆
		A_{24} 系统改造成本/万元	△	◆
		A_{25} 需求响应激励成本/万元	*	◆
	A_3 环境效益	A_{31} 可免土地资源耗用量/平方千米	△	◆
B 发电商	B_1 经济性	B_{11} 可免发电成本/万元	*	◆
		B_{12} 可免排污成本/万元	*	◆
		B_{13} 发电收入损失/万元	*	◆

利益主体	评价属性	指标名称	数据形式	指标性质
B 发电商	B₂ 环境效益	B₂₁ 可再生能源利用增长率/%	*	◆
		B₂₂ 污染气体减排率/%	*	◆
C 电力用户	C₁ 可靠性	C₁₁ 用户停电频率下降率/%	*	◆
		C₁₂ 用户平均停电时间下降率/%	*	◆
		C₁₃ 用户电能质量满意度	*	●
	C₂ 经济性	C₂₁ 电费节约率/%	*	◆
		C₂₂ 补偿收益/万元	*	◆
		C₂₃ 政策补贴费用/万元	*	◆
		C₂₄ 设备投资费用/万元	△	◆
		C₂₅ 响应代价	*	●

注：*为区间型；△为确定型；●为定性；◆为定量

　　该体系包含 23 个计算指标，涵盖经济性、可靠性等多方面评价属性。根据实际条件下相关指标属性是否会受到不确定因素的影响，可进一步将指标划分为确定型数据指标和区间型数据指标。

　　2. 评价指标的计算方法

　　1）配电商侧

　　（1）可靠性指标。

　　①电压合格率提高度：

$$r_V = \left(1 - \frac{T_u + T_d}{T_V}\right) \times 100\% \tag{3-1}$$

式中，T_u 表示电压超出上限标准的运行时间，T_d 表示电压超出下限标准的运行时间，T_V 表示统计周期内系统的总运行时间。

　　②系统平均每次停电时间下降率：指实施需求响应后系统总停电时间与停电次数之比的下降幅度。

　　③系统停电频率下降率：指实施需求响应后系统在统计周期内停电事故次数的下降率。

　　④系统期望缺供电量下降率：指实施需求响应后系统在统计周期内用电量与实际供电量之差的下降率。

　　（2）经济性指标。

　　①可免投资成本：指因实施需求响应而避免或延迟的电网投资成本。

$$F_k = \frac{\Delta N_y}{N_r} \cdot F_z \tag{3-2}$$

式中，F_k 表示因实施需求响应可避免的电网投资成本，ΔN_y 表示可避免的峰荷容量，F_z 表示电网投资总费用，N_y 表示电网总容量。

②可免网损成本：指因实施需求响应而降低的网损成本，可表示为：可免网损成本=电价×可避免网损，可避免网损为减少的购电量与售电量之差。

③售电收入损失：指因实施需求响应造成的售电收入的减少。

$$C_g = P_t \times (L_p - L_v) + \Delta L_p L_p \tag{3-3}$$

式中，C_g 表示减少的售电收入，P_t 表示由峰段转移到谷段的电量，L_p 表示峰段上网电价，ΔL_p 表示减少的峰段用电量，L_v 表示谷段上网电价。

④系统改造成本：指为支撑需求响应实现产生的系统改造成本。

⑤需求响应激励成本：为鼓励用户踊跃参加需求响应项目而给予的相关补偿。

（3）环境效益指标。

可免土地资源耗用量：指统计周期内因需求响应避免网络与变电站扩容而节约的土地资源耗用。

2）发电商侧

（1）经济性指标。

①可免发电成本：指因实施需求响应而节约的发电运行成本。

$$F_t = \Delta N_y \cdot F_s \cdot \frac{i_j(1+i_j)^{dr}}{(1+i_j)^{dr} - 1} \tag{3-4}$$

式中，ΔN_y 表示可避免尖峰时段容量，F_s 表示单位机组的造价，i_j 表示的是贷款的基准利率，dr 为延缓发电机组的使用寿命。

②可免排污成本：指实施需求响应后因发电污染排放降低而避免的排污费用支出。

$$C_m = \sum_{i=1}^{m} \Delta P_i \times R_i \tag{3-5}$$

式中，C_m 表示 m 种污染物减少节省的排放总费用，ΔP_i 表示系统实施需求响应后第 i 种污染物减少的排放量，R_i 表示第 i 种污染物排放单价。

③发电收入损失：指因需求响应造成的发电收入减少，计算方法同售电收入损失。

（2）环境效益指标。

①可再生能源利用增长率：指实施需求响应后系统在统计周期内可再生能源发电量的变化率。

$$\eta = \frac{N_x - N_y}{N_y} \cdot 100\% \tag{3-6}$$

式中，η 表示可再生资源利用增长率，N_x、N_y 分别表示需求响应实施后和实施前可再生资源的利用数。

②污染气体减排率：指统计周期内因实施需求响应而减少的发电污染气体排放占原排放量的比例。

3）电力用户侧

（1）可靠性指标。

①用户停电频率下降率：在单位时间内用户停电总次数与总用户数的比值：

$$\text{CAIDI} = \frac{\sum \lambda_i N_i}{\sum N_i} \tag{3-7}$$

式中，λ_i 表示负荷点故障率；N_i 表示负荷点 i 的用户数。

②用户平均停电时间下降率：在单位时间内用户停电总时间与总用户数的比值。

$$\text{CAIDIave} = \frac{\sum U_i N_i}{\sum N_i} \tag{3-8}$$

③用户电能质量满意度：指用户对电压质量的满意程度。

（2）经济性指标。

①电费节约率：指统计周期内用户因实施需求响应节约的电费支出占原电费支出的比例。

②补偿收益：指用户因参与需求响应而获得的政策性补贴。

③政策补贴费用：指政府为鼓励需求响应而给予用户的经济补偿。

④设备投资费用：指用户为参与需求响应而支付的设备投资费用。

⑤响应代价：指用户因需求响应而造成的自身效用损失。

3.3　需求侧灵活性对电力能源系统的影响评价方法

由于本章所提指标体系充分考虑了需求响应资源丰富的可调特性及其调用过程中的不确定性，因此需综合运用最优潮流、拓扑分析、数理统计等多种工具实现上述指标计算。各类评价指标的计算方法如表 3-2 所示。

表 3-2　评价指标的计算方法

指标	优化规划	最优潮流	随机模拟	拓扑分析	数理统计
可靠性 A_1/C_1		√	√	√	√
经济性 $A_2/B_1/C_2$	√	√	√	√	√
环境效益 A_3/B_2		√	√		√

3.3.1　指标计算模型

对于经济性指标，其计算方法可借助最优潮流、随机模拟、拓扑分析等方法实现。

1. 最优潮流数学模型

在最优潮流问题中，通过对控制变量的优化，使系统的发电费用最低或网损最小，其数学模型为

$$\min F(x,u) \quad \text{s.t.} \begin{cases} g(x,u)=0 \\ h(x,u)\leqslant 0 \end{cases} \tag{3-9}$$

式中，F 为目标函数；u、x 分别为控制变量与状态变量；$g(x,u)$ 为等式约束，主要包括有功及无功平衡；$h(x,u)$ 为不等式约束。

1）目标函数

以发电费用、有功损耗为例，可构建目标函数如下。

目标一：发电成本。

$$F_{\text{obj}} = \sum_{i=1}^{N_G}(a_i P_{Gi}^2 + b_i P_{Gi} + c_i) \tag{3-10}$$

式中，N_G 为系统发电机台数，P_{Gi} 为第 i 台发电机有功出力，a_i、b_i、c_i 为第 i 台发电机的发电成本系数。

目标二：有功网损。

$$F_{\text{obj}} = \sum_{i=1}^{N_G} P_{Gi} - \sum_{i=1}^{N} P_{Di} \tag{3-11}$$

式中，N 为负荷节点数，P_{Di} 为第 i 个负荷节点有功功率。

2）约束条件

（1）等式约束。

等式约束即潮流约束，系统需要满足系统有功和无功平衡，具体表达式为

$$P_{Gi} - P_{Di} = \sum_{j=1}^{N} U_i U_j [G_{ij} \cos(\theta_i - \theta_j) + B_{ij} \sin(\theta_i - \theta_j)] \tag{3-12}$$

$$Q_{Gi} - Q_{Di} = \sum_{j=1}^{N} U_i U_j [G_{ij} \sin(\theta_i - \theta_j) - B_{ij} \cos(\theta_i - \theta_j)] \tag{3-13}$$

式中，Q_{Gi} 为发电机无功输出，Q_{Di} 为负荷节点无功负荷，U_i、U_j 为节点电压幅值，G_{ij}、B_{ij} 分别是第 i 个节点与第 j 个节点间互导纳的实部与虚部，θ_i、θ_j 分别是第 i 个节点与第 j 个节点的相角。

（2）不等式约束。

不等式约束可分为控制变量约束与状态变量约束两类，控制变量不等式约束为

$$\begin{cases} P_{Gi}^{\min} \leqslant P_{Gi} \leqslant P_{Gi}^{\max} & i = 1,2,3,\cdots,N_G \\ U_{Gi}^{\min} \leqslant U_{Gi} \leqslant U_{Gi}^{\max} & i = 1,2,3,\cdots,N_G \\ T_i^{\min} \leqslant T_i \leqslant T_i^{\max} & i = 1,2,3,\cdots,N_T \\ Q_{Ci}^{\min} \leqslant Q_{Ci} \leqslant Q_{Ci}^{\max} & i = 1,2,3,\cdots,N_C \end{cases} \tag{3-14}$$

包括发电机有功出力与端电压约束、变压器变比、无功补偿上下限约束。

状态变量不等式约束为

$$\begin{cases} P_{G1}^{\min} \leqslant P_{G1} \leqslant P_{G1}^{\max} \\ U_{Bi}^{\min} \leqslant U_{Bi} \leqslant U_{Bi}^{\max} & i = 1,2,3,\cdots,N_B \\ S_{Li} \leqslant S_{Li}^{\max} & i = 1,2,3,\cdots,N_L \\ Q_{Gi}^{\min} \leqslant Q_{Gi} \leqslant Q_{Gi}^{\max} & i = 1,2,3,\cdots,N_G \end{cases} \tag{3-15}$$

包括平衡节点有功出力、发电机无功出力、节点电压幅值约束和支路容量约束。

考虑状态变量可能存在越限，通过设置不同的惩罚系数来调节状态变量约束的重要程度，惩罚函数为

$$F_P = \lambda_P (P_{G1} - P_{G1}^{\lim})^2 + \lambda_Q \sum_{i=1}^{N_G} (Q_{Gi} - Q_{Gi}^{\lim})^2 + \lambda_V \sum_{i=1}^{N_B} (U_{Bi} - U_{Bi}^{\lim})^2$$
$$+ \lambda_S \sum_{i=1}^{N_L} (S_{Li} - S_{Li}^{\lim})^2 \tag{3-16}$$

式中，F_P 为惩罚函数；λ_P、λ_Q、λ_V、λ_S 为对应约束惩罚因子；$P_{G1}^{\lim}$、$Q_{Gi}^{\lim}$、$U_{Bi}^{\lim}$、$S_{Li}^{\lim}$ 分别是状态变量的极限值，若 $P_{G1} > P_{G1}^{\max}$，则 $P_{G1}^{\lim} = P_{G1}^{\max}$；若 $P_{G1} < P_{G1}^{\min}$，则 $P_{G1}^{\lim} = P_{G1}^{\min}$，其余类似。

2. 随机模拟

考虑到可能存在光伏发电预测误差与负荷需求预测误差等随机变量[3]，根据随机变量服从的概率分布模拟出大量的随机样本，将含有该随机变量的机会约束条件转变为一系列不含随机变量的约束条件：

$$\begin{array}{c} f(x,\xi_1) \leqslant m \\ f(x,\xi_2) \leqslant m \\ \vdots \\ f(x,\xi_n) \leqslant m \end{array} \qquad (3\text{-}17)$$

n 个约束条件中满足条件的数量记为 c，如果 $c/s \geqslant a$，即视为该约束条件成立。反之，则该条件不成立。

3. 拓扑分析

拓扑图的代数表示法有多种，这里重点介绍邻接矩阵和权矩阵。邻接矩阵本质是一个包含图中连接信息的二维矩阵[4]。对于简单的图 G，构造 $M \times M$ 阶矩阵 $\boldsymbol{A} = (a_{ij})$，其元素生成方式如下：

$$a_{ij} = \begin{cases} 1, & x_{ij} \in S \\ 0, & \text{其他} \end{cases} \qquad (3\text{-}18)$$

其中，如果节点 i 和节点 j 相连接，则对应的系数为 1，否则，则对应系数为 0，同一个节点之间的系数，即对角线系数为 0。

权矩阵本质上是一个包含节点之间连接权重的二维矩阵。如果图 G 的边 x_{ij} 权重值为 w_{ij}，则构造 $M \times M$ 阶矩阵 $\boldsymbol{A} = (a_{ij})$，其元素生成方式如下：

$$a_{ij} = \begin{cases} w_{ij}, & x_{ij} \in S \\ 0, & i = j \\ \infty, & x_{ij} \notin S \end{cases} \qquad (3\text{-}19)$$

其中，若节点 i 和节点 j 相连接，则对应的系数为权重 w_{ij}；若是同一个节点之间的系数，则对应系数为 0；若节点 i 和节点 j 不相连，则对角线系数为 ∞。

3.3.2　综合效益评价模型

通过引入混合赋权及分辨系数动态调整策略，提出了一种可有效兼容不确定性信息的区间灰色关联理想点分析方法（interval grey relational TOPSIS，IGR-TOPSIS），并将其用于需求响应综合效益评价。

1. 专家打分-区间中心点距离组合赋权法

首先，将区间中心点距离法与专家打分法相结合，提出一种基于专家打分区间中心点距离（expert scoring-interval centric distance，ESICD）的组合赋权方法。对各评价指标进行赋权具体步骤如下。

（1）构建原始数据区间决策矩阵。针对待选方案集 $S = \{s_1, s_2, \cdots, s_i, \cdots, s_m\}$ 和评价指标集 $I = \{i_1, i_2, \cdots, i_j, \cdots, i_n\}$，若指标计算值的分布范围为 $[x_{ij}^{\text{low}}, x_{ij}^{\text{up}}]$，可建立区间决策矩阵 $X = \{[x_{ij}^{\text{low}}, x_{ij}^{\text{up}}]\}_{m \times n}$。对于 X 中的元素，若指标 j 为区间型，则 x_{ij}^{low} 与 x_{ij}^{up} 分别对应计算结果的下界及上界；若指标 j 为确定型，则 $x_{ij}^{\text{low}} = x_{ij}^{\text{up}} =$ 指标计算值。

（2）标准化处理。

针对效益型及成本型指标，它们各自对应的转化式为

$$
\begin{cases}
a_{ij}^{\text{low}} = x_{ij}^{\text{low}} \Big/ \sum_{i=1}^{m} x_{ij}^{\text{up}} \\
a_{ij}^{\text{up}} = x_{ij}^{\text{up}} \Big/ \sum_{i=1}^{m} x_{ij}^{\text{low}}
\end{cases}
\tag{3-20}
$$

$$
\begin{cases}
a_{ij}^{\text{low}} = \left(\dfrac{1}{x_{ij}^{\text{up}}} \right) \Big/ \left(\sum_{i=1}^{m} \dfrac{1}{x_{ij}^{\text{low}}} \right) \\
a_{ij}^{\text{up}} = \left(\dfrac{1}{x_{ij}^{\text{low}}} \right) \Big/ \left(\sum_{i=1}^{m} \dfrac{1}{x_{ij}^{\text{up}}} \right)
\end{cases}
\tag{3-21}
$$

式中，a_{ij}^{up} 及 a_{ij}^{low} 分别为经标准化后的评价指标上、下边界值，且有 a_{ij}^{low}、$a_{ij}^{\text{up}} \in [0,1]$。则可得规范化后的指标数据矩阵 $\boldsymbol{R} = \{[a_{ij}^{\text{low}}, a_{ij}^{\text{up}}]\}_{m \times n}$。

（3）针对标准化矩阵 $\boldsymbol{R}$，计算各评价指标的中心点边界 $(a_{ij}^{\text{low}}, a_{ij}^{\text{up}})$ 以及各方案指标值到中心点的距离 w_j（即变异程度）。

$$
\begin{cases}
a_{ij}^{\text{low}} = \left(\sum_{i=1}^{m} a_{ij}^{\text{low}} \right) \Big/ m \\
a_{ij}^{\text{up}} = \left(\sum_{i=1}^{m} a_{ij}^{\text{up}} \right) \Big/ m
\end{cases}
\tag{3-22}
$$

$$
w_j = \frac{\sum_{i=1}^{m} \left(\left| a_j^{\text{low}} - a_{ij}^{\text{low}} \right| + \left| a_j^{\text{up}} - a_{ij}^{\text{up}} \right| \right)}{2m}
\tag{3-23}
$$

(4) 对上述得到的变异系数 w_j 进行归一化处理,进一步确定各指标的区间距离权值 ω_j:

$$\omega_j = \omega_j / \left(\sum_{j=1}^{n} \omega_j \right) \tag{3-24}$$

(5) 计算组合权重。

$$\overline{\omega}_j = \alpha\omega_j + (1-\alpha)\omega'_j \tag{3-25}$$

式中, ω'_j 为由专家打分法确定的指标 j 权值; α 为比例调节系数, $0 \leqslant \alpha \leqslant 1$,本节取 $\alpha = 0.5$。

2. 分辨系数的动态调整策略

在指标赋权的基础上,进一步对评价对象与理想解之间的差距进行量化。对于任意待选方案 i,其评价指标与正、负理想方案的差异程度可用正、负关联系数 ξ_{ij}^+ 和 ξ_{ij}^- 量化,具体计算式分别为

$$\xi_{ij}^+ = \frac{\min_i \min_j (\Delta S_{ij}^+) + \rho \max_i \max_j (\Delta S_{ij}^+)}{\Delta S_{ij}^+ + \rho \max_i \max_j (\Delta S_{ij}^+)} \tag{3-26}$$

$$\xi_{ij}^- = \frac{\min_i \min_j (\Delta S_{ij}^-) + \rho \max_i \max_j (\Delta S_{ij}^-)}{\Delta S_{ij}^- + \rho \max_i \max_j (\Delta S_{ij}^-)} \tag{3-27}$$

式中, ΔS_{ij}^+ 和 ΔS_{ij}^- 分别为方案 i 对应指标 j 的正、负差异化距离,具体算法见下一小节。

由上述两式可知,关联系数受分辨系数 ρ 的直接影响[5]。然而,在实际应用中,一方面,受决策者判断力的影响,取值的随机性较强,从而降低最终评价结果的说服力;另一方面,相关研究表明,恒定的分辨系数还可能降低关联系数的有效性。

为克服上述不足,本节提出一种针对分辨系数的动态调整策略,从而使灰色关联分析(grey relational analysis,GRA)结果更加客观。具体操作方法如下。

针对任意指标 j,首先计算待选方案中各指标的平均差异化距离 $\Delta_j^{\mathrm{var}} = \left(\sum_{i=1}^{m} \Delta s_{ij}^+ \right) / m$。在此基础上,进一步计算衡量规范化矩阵 $\boldsymbol{R}$ 整体数值差异性的分

界判断因子 ψ_j：

$$\psi_j = \frac{\Delta_j^{\text{var}}}{\max\limits_i \max\limits_j \Delta s_{ij}^+} \tag{3-28}$$

由于对于任意指标 j，有 $\rho_j = (0,1]$，因此本节以 0.5 作为中值，基于下述策略对 ρ_j 取值进行动态调整：当 $\psi_j = 0$ 时，ρ_j 在 $(0, 1]$ 之间任意取值；当 $0 < \psi_j \leqslant 0.5$ 时，取 $\rho_j = 4\psi_j^2$；当 $\psi_j > 0.5$ 时，ρ_j 在 $[0.8,1]$ 中任意取值。

3. 评价流程

基于 IGR-TOPSIS 对需求响应效益进行综合评价的具体步骤如下。

(1) 基于调研数据，分别计算各候选方案的评价指标值。

(2) 建立区间决策矩阵 $\boldsymbol{X}$ 并对各评价指标值进行标准化处理，以消除不同类型指标间的不可公度性，经过上述转化获得规范化数据矩阵 $\boldsymbol{R}$。

(3) 利用 ESICD 组合赋权法，计算指标体系表中各指标对应的权重 $\bar{\omega}_j$。

(4) 确定理想方案。针对规范化矩阵 $\boldsymbol{R}$，分别计算各方案对应的评价向量 $\boldsymbol{S}_i = [\alpha_{i1}^{\text{avg}}, \cdots, \alpha_{ij}^{\text{avg}}, \cdots, \alpha_{in}^{\text{avg}}]$，以及 TOPSIS 中的正理想方案 $\boldsymbol{S}^+ = [\alpha_1^+, \cdots, \alpha_j^+, \cdots, \alpha_n^+]$ 与负理想方案 $\boldsymbol{S}^- = [\alpha_1^-, \cdots, \alpha_j^-, \cdots, \alpha_n^-]$。其中，$\alpha_{ij}^{\text{avg}}$ 为各方案对应评价指标 j 结果区间的中值，即 $\alpha_{ij}^{\text{avg}} = (\alpha_{ij}^{\text{low}} + \alpha_{ij}^{\text{up}})/2$；$\alpha_j^+$ 与 α_j^- 分别为指标 j 对应的正、负理想解，$\alpha_j^+ = \max\limits_i \{(\alpha_{ij}^{\text{low}} + \alpha_{ij}^{\text{up}})/2\}$，$\alpha_j^- = \min\limits_i \{(\alpha_{ij}^{\text{low}} + \alpha_{ij}^{\text{up}})/2\}$。

(5) 根据上步所得结果，计算各方案对应评价指标的正、负差异化距离 Δs_{ij}^+ 和 Δs_{ij}^-，有 $\Delta s_{ij}^+ = \left|\alpha_{ij}^{\text{avg}} - \alpha_j^+\right|$，$\Delta s_{ij}^- = \left|\alpha_{ij}^{\text{avg}} - \alpha_j^-\right|$。

(6) 基于差异化距离，根据动态调整策略确定各指标对应的分辨系数 ρ_j。

(7) 计算各待选方案对应的正、负关联系数 ξ_{ij}^+ 和 ξ_{ij}^-。

(8) 进一步计算各方案与正、负理想方案的区间灰色关联度 γ_i^+ 和 γ_i^-，有 $\gamma_i^+ = \sum\limits_{j=1}^{n} \bar{\omega}_j \xi_{ij}^+$。其中，$\bar{\omega}_j$ 为步骤(3)中得到的各指标综合权重。

(9) 计算各方案到正、负理想方案之间的距离 d_i^+ 和 d_i^-，有 $d_i^+ = \sqrt{\sum\limits_{j=1}^{n}(S_i - S^+)^2}$，$d_i^- = \sqrt{\sum\limits_{j=1}^{n}(S_i - S^-)^2}$。

(10) 分别对 TOPSIS 与 GRA 的计算结果进行无量纲化处理：

$$\upsilon_i^{\text{nor}} = \upsilon_i / \max\limits_i(\upsilon_i) \tag{3-29}$$

其中，υ_i 分别代表由步骤(8)、(9)得到的 γ_i^+、γ_i^-、d_i^+、d_i^-。为方便表述，将 γ_i^+、γ_i^-、d_i^+、d_i^- 经去量纲化处理后的结果分别记为 Y_i^+、Y_i^-、D_i^-、D_i^+。

(11)确定待选方案 i 与正理想解的综合贴近度 U_i，有 $U_i = U_i^+ / (U_i^+ + U_i^-)$。其中，$U_i^+$ 和 U_i^- 分别为方案 i 与正、负理想方案之间的偏差距离。综合 TOPSIS 与 GRA，由于 D_i^- 和 Y_i^+ 都是越大越好，而 D_i^+ 和 Y_i^- 则是越小越好，因此有 $U_i^+ = e_1 D_i^- + e_2 Y_i^+$。$e_1$ 和 e_2 为偏好系数，满足 $e_1 + e_2 = 1$。U_i 越小，说明方案 i 与正理想方案相差越远，即综合效益越低；U_i 越大，则说明该方案与正理想方案越贴近，即实施需求响应的预期效益越好。根据 U_i，对各方案进行排序，最大值对应的方案即为由 IGR-TOPSIS 确定的最佳方案。

3.4　需求侧灵活性价值的影响因素分析

3.4.1　实证研究

为验证所提方法的有效性，选取华北某地区实际配电网[6]作为研究对象，对引入需求响应的预期综合效益进行评价分析。该系统的电压等级为 10kV，已建有 110/10kV 变电站 3 座，67 条馈线线路，同时含有分布式风电 22MW。区域用户总数量 10000 户，当前年最大用电负荷 20MW，年用电量 0.91×10^5MW·h。负荷和电量的年增长率分别预计为 3.1% 和 4.6%。

3.4.2　场景设置

为便于比较，本节拟定了 3 类场景，在各场景下对不同的需求响应实施方案进行综合评价。

(1)负荷响应特性对需求响应效益的影响分析。

在实际配电系统中，终端负荷在物理形态及使用习惯方面的差异使需求侧用户具有多样化的响应能力与响应特性[7]，从而给需求响应效益带来直接影响。为研究上述因素的作用，设置对比方案如下。

方案 1：只含有可中断负荷，容量为 4MW。

方案 2：只含有可转移负荷，容量为 4MW。

方案 3：含有双向互动负荷，容量为 4MW。

(2)用户参与度对需求响应效益的影响分析。

在实际应用中，参与需求响应项目的用户规模是影响需求响应效益贡献的另一重要因素。为此，首先对电力能源系统下用户参与度与需求响应效益之间的变化关系进行研究，仅考虑双向互动负荷的情况，设置对比方案如下。

方案 4：系统中参与需求响应项目的用户比例为 0%。

方案 5：系统中参与需求响应项目的用户比例为 25%。

方案 6：系统中参与需求响应项目的用户比例为 50%。

方案 7：系统中参与需求响应项目的用户比例为 75%。

方案 8：系统中参与需求响应项目的用户比例为 100%。

在此基础上，为更全面地分析用户参与因素的影响作用，进一步结合用户负荷的响应特性进行考虑，设置对比方案如下。

方案 9：用户参与需求响应比例 100%，且假设用户仅有可中断负荷。

方案 10：用户参与需求响应比例 100%，且假设用户仅有可转移负荷。

方案 11：用户参与需求响应比例 100%，且假设用户仅有双向互动负荷。

方案 12：用户参与需求响应比例 100%，且假设用户有可中断负荷、可转移负荷和双向互动负荷，容量比例为 1:1:1。

(3)电力能源系统电源结构对需求响应效益的影响分析。

由于不同类型分布式发电在发电特性上的差异，因此电源结构及其与负荷的时空匹配会对需求响应效益产生影响。假设系统中含有双向互动负荷 4MW，分别对下述两种场景下需求响应效益进行综合评价，并与方案 3 对比。其中，方案 13 和方案 14 如下。

方案 13：系统仅含光伏，装机容量 22MW。

方案 14：系统中含光伏发电 11MW，风力发电 11MW。

3.4.3　分析与讨论

针对各方案，首先通过实地调研，收集评价计算所需的相关基础数据。在此基础上，取测算年限为 20 年，借助仿真实验及专家意见进一步确定方案对应的评价指标值。对于定性指标，本节采用语气因子法，将定性指标所反映的相关属性划分为好、较好、一般和差 4 个等级，分别对应取值区间[1, 3]、[3, 5]、[5, 8]和[8, 10]。对计算结果进行标准化处理，然后分别利用 ESICD 和动态调整策略，确定各评价指标对应的组合权重 ω_j 和分辨系数 ρ_j。最终计算结果如表 3-3 所示。

表 3-3　指标权重及分辨系数

利益主体	A								
评价属性	A_1				A_2				
指标	A_{11}	A_{12}	A_{13}	A_{14}	A_{21}	A_{22}	A_{23}	A_{24}	A_{25}
主观权重	0.028	0.037	0.044	0.041	0.050	0.044	0.047	0.031	0.056

续表

利益主体	A								
评价属性	A_1						A_2		
客观权重	0.118	0.011	0.041	0.015	0.006	0.059	0.108	0.007	0.012
组合权重	0.073	0.024	0.042	0.028	0.028	0.052	0.077	0.019	0.034
ρ	0.971	0.841	0.907	0.800	0.800	0.756	0.522	0.877	0.610

利益主体	A	B					C		
评价属性	A_3	B_1			B_2		C_1		
指标	A_{31}	B_{11}	B_{12}	B_{13}	B_{21}	B_{22}	C_{11}	C_{12}	C_{13}
主观权重	0.037	0.053	0.034	0.031	0.044	0.053	0.037	0.041	0.037
客观权重	0.018	0.018	0.075	0.104	0.086	0.072	0.043	0.042	0.004
组合权重	0.028	0.035	0.055	0.068	0.065	0.063	0.040	0.041	0.021
ρ	0.950	0.908	0.800	0.803	0.980	0.942	0.861	1	0.900

利益主体	C				
评价属性	C_2				
指标	C_{21}	C_{22}	C_{23}	C_{24}	C_{25}
主观权重	0.050	0.059	0.050	0.050	0.046
客观权重	0.101	0.013	0.013	0.014	0.018
组合权重	0.076	0.036	0.031	0.032	0.032
ρ	1	1	0.614	0.688	0.650

（1）负荷响应特性对需求响应效益的影响分析。

基于本节所提出的方法，分析三种方案下需求响应效益并对其进行综合评价，相关结果如表 3-4 所示。

表 3-4 不同负荷响应特性下需求响应效益综合评价结果

方案		方案 1	方案 2	方案 3
距正负理想方案距离	d_i^+	1.028	0.731	0.342
	d_i^-	1.014	0.855	0.585
灰色关联度	γ_i^-	0.604	0.6330	0.882
	γ_i^-	0.818	0.7247	0.542
综合评价结果		0.3753	0.4703	0.6833

根据综合评价值排序，需求响应方案由优到劣分别为方案 3、方案 2 和方案 1。这说明，在总容量一定的条件下，基于双向柔性负荷实现需求响应能够为电力能源系统中各参与方带来更大的综合效益。

（2）用户参与度对需求响应效益的影响分析。

场景 2 的评价过程与场景 1 同理。首先对电力能源系统下用户参与度与需求响应效益之间的变化关系进行研究，计算得到综合评价值如表 3-5 所示。

表 3-5　不同用户参与需求响应比例下的综合评价结果

方案	方案 4	方案 5	方案 6	方案 7	方案 8
综合评价值	0.0037	0.3869	0.6833	0.7965	0.8132

计算结果表明，随着参与需求响应用户比例的提高，实施需求响应对系统的综合效益也不断增加，但其边际效益却呈现递减趋势。

进一步地，结合用户负荷的响应特性进行考虑，对方案 9～方案 12 进行评价，计算得到综合评价结果分别为 0.5767，0.7434，0.8132，0.8893。对综合评价值进行排序可知，方案 12 效益最优。

上述结果表明，用户参与意愿及其自身负荷构成对需求响应效益具有重要影响。在用户参与度一定的条件下，多种类型需求侧资源配合参与需求响应产生的预期效益要高于基于单类负荷的效益。

（3）电源结构对需求响应效益的影响分析。

对方案 13 和方案 14 的综合评价值进行计算，并与方案 3 对比，相关结果如表 3-6 所示。

表 3-6　不同电源结构条件下需求响应效益的综合评价结果

方案	方案 3	方案 13	方案 14
综合评价值	0.6833	0.5032	0.3275

由表可见，在负荷响应特性和容量相同的条件下，需求响应对于含风电电力能源系统的贡献高于其在光伏和风光互补情况下产生的效益。

通过以上研究表明，实施需求响应对系统效益的贡献与其内部源-荷之间的时空匹配性密切相关。因此，在实际工程中，将需求响应策略与发电资源配置进行统筹考虑，可以在限制可再生能源发电规模化接入对电力系统负面影响的同时，充分发挥需求响应资源的自身潜力与价值。

3.5　本 章 小 结

针对当前电力能源系统中引入需求响应的成本效益测算问题，本章提出了一种可有效兼容不确定性的新型综合评价指标体系和计算模型。通过算例应用，所得主要结论如下。

（1）本章设计的综合评估指标体系充分考虑了市场环境下需求响应参与主体的多元化及利益需求的差异性，相关结果能有效反映实施行为驱动的需求响应对于推动电力能源系统提质增效和不同主体效益的贡献作用。

（2）通过采用基于 ESICD 的组合赋权法和分辨系数动态调整策略，所提出的区间灰色关联 TOPSIS 组合评价方法可在合理兼顾决策者主观经验及指标自身信息价值的前提下，实现对不确定性因素影响下需求响应综合效益的科学评判。

（3）仿真结果表明，多样化的需求响应资源、更高的负荷响应容量以及较低的源−荷相关性将能够实现更大的需求响应效益。相关评价结果有助于电力能源系统规划者深入理解市场环境下需求响应的最优发展模式。

参 考 文 献

[1] 田世明，王蓓蓓，张晶. 智能电网条件下的需求响应关键技术[J]. 中国电机工程学报，2014, 34(22)：3576-3588.

[2] Nolan S, O'Malley M. Challenges and barriers to demand response deployment and evaluation[J]. Applied Energy, 2015, (152): 1-10.

[3] 周帆. 考虑光伏不确定性的微电网随机优化调度研究[D]. 合肥：安徽大学，2022.

[4] 李晓宇. 基于机器学习的配电网络拓扑生成及重构优化研究[D]. 北京：北京邮电大学，2019.

[5] 孙晓东，焦玥，胡劲松. 基于灰色关联度和理想解法的决策方法研究[J]. 中国管理科学，2005, 13(4)：63-68.

[6] 曾博，白婧萌，郭万祝，等. 智能配电网需求响应效益综合评价[J]. 电网技术，2017, 41(5)：1603-1612.

[7] 王蓓蓓. 面向智能电网的用户需求响应特性和能力研究综述[J]. 中国电机工程学报，2014, 34(22)：3654-3663.

第4章 行为驱动的电力需求侧灵活性置信容量计算

4.1 概 述

智能电网背景下，如何对行为驱动下电力需求侧灵活性的容量价值及其影响进行有效评估，对于合理安排电力系统投资与运行计划具有重要意义。

本章主要从物理-社会视角对行为驱动下电力需求侧灵活性的置信容量计算问题进行探讨。

4.2 电力需求侧灵活性的置信容量评估指标

在电力系统研究中，大多基于"等可靠性原则"计算确定目标对象（通常为发电机组）的置信容量。为表征置信容量水平，可从系统负荷侧或发电侧视角设计评价指标进行定义。

其中，负荷侧评估指标主要包括有效载荷容量（effective load carrying capability，ELCC），而发电侧评估指标主要包括等效固定容量（equivalent firm capacity，EFC）和等效常规容量（equivalent conventional capacity，ECC）等[1]。

本章通过引入上述定义，并将其应用于电力需求侧灵活性置信容量评估。

4.2.1 有效载荷容量

ELCC 是指：在保持电力系统等可靠性的前提下，在引入需求侧灵活性后，系统可以额外承载的负荷增量，如图 4-1（a）所示。ELCC 指标的数学表达式如下：

$$\begin{cases} E_1^{\text{elcc}} = \Re[(C^g); \boldsymbol{D}] \\ E_2^{\text{elcc}} = \Re[(C^g + C^{\text{pl}}); \boldsymbol{D} + D^{\text{vl}}] \\ E_1^{\text{elcc}} = E_2^{\text{elcc}} \end{cases} \tag{4-1}$$

式中，E_1^{elcc}、E_2^{elcc} 分别表示引入需求响应资源前后的系统可靠性指标值，$\Re[\alpha, \beta]$

表征机组容量 α 以及负荷水平 β 下系统的可靠性水平；$\boldsymbol{D}$ 表示系统时间序列的负荷需求；C^g 表示系统的总发电量；C^{pl} 表示需求侧灵活资源可获得的容量，如电动汽车停车场中充放电设施的总装机容量；D^{vl} 表示系统由于引入需求侧灵活资源后额外承担的负荷，当引入需求侧响应资源前后的系统可靠性指标相等时，得到的 D^{vl} 值就是系统的有效载荷容量 ELCC 值。

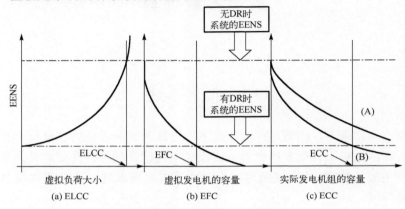

图 4-1　置信容量指标示意图

4.2.2　等效固定容量

EFC 定义为：在电力系统等可靠性的前提下，利用需求侧灵活性能够替代的理想发电机组（假设运行可靠性为 100%）的容量，如图 4-1(b)所示。EFC 指标的数学表达式如下：

$$\begin{cases} E_1^{efc} = \mathfrak{R}[(C^g + C^{pl}); \boldsymbol{D}] \\ E_2^{efc} = \mathfrak{R}[(C^g + C_0^{bm}); \boldsymbol{D}] \\ E_1^{efc} = E_2^{efc} \end{cases} \tag{4-2}$$

式中，$\boldsymbol{D}$、$\mathfrak{R}$、C^g、C^{pl} 的意义同前；E_1^{efc}、E_2^{efc} 分别表示含需求侧灵活性资源系统与基准机组系统的可靠性指标值；C_0^{bm} 表示基准理想发电机组的装机容量，当含基准机组系统达到与含需求侧灵活性资源的系统相同的可靠性水平，此时 C_0^{bm} 即为 EFC 值。

4.2.3　等效常规容量

ECC 定义为：利用需求侧灵活性资源能够替代的传统发电机组的容量。ECC 指标与 EFC 类似，但它与 EFC 的不同之处在于，基准机组不是完全可靠的。换言之，对于 EFC，假设所替代的机组的强迫停运率（forced outage rate，FOR）为 0，而在 ECC 指标计算中，假设基准机组具有非零 FOR，且一般以系统中现有的常规机组的 FOR 为基准。

ECC 指标的数学表达式如下：

$$\begin{cases} E_1^{ecc} = \Re[(C^g + C^{pl}); \boldsymbol{D}] \\ E_2^{ecc} = \Re[(C^g + C_1^{bm}); \boldsymbol{D}] \\ E_1^{ecc} = E_2^{ecc} \end{cases} \tag{4-3}$$

式中，$\boldsymbol{D}$、$\Re$、C^g、C^{pl} 的意义同前；C_1^{bm} 表示基准机组的装机容量当含基准机组系统达到与含需求侧灵活性资源的系统相同的可靠性水平，此时 C_1^{bm} 的取值为需求侧灵活性资源的 ECC 值。

4.3　计及需求侧灵活性的电力系统可靠性建模

4.3.1　发电机组建模

1．可控发电机组

可控发电机组的可靠性模型一般可用两状态马尔可夫模型表示。如图 4-2 所示，电力元件看作可修复两状态元件（即工作和故障状态），状态间的转移用故障率 λ 和修复率 μ 表示，停运模型采用可修复强迫失效模型。从而发电机组的故障修复过程如图 4-3 所示。其中，TTF（time to failure）为失效前运行时间，TTR（time to repair）为单次故障修复时间。

图 4-2　基于两状态马尔可夫的状态空间模型

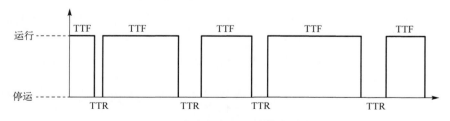

图 4-3　发电机组的故障修复过程

2. 可再生能源发电

与可控发电机组不同，可再生能源发电的可靠性建模还需考虑一次能源不确定性对发电出力的影响。

从模型构成上，主要包括新能源预测及机组出力特性两个部分。在电力系统研究中，通常采用概率分布函数或时间序列预测法描述可再生能源供给的波动（如风速、光照强度等）。基于所得概率分布或时间序列，可进一步根据可再生能源机组的技术特性确定其对应的输出功率[2-4]。

4.3.2　用电负荷建模

根据运行特性，系统用电负荷可以划分为三类：不可响应负荷、可中断负荷、可转移负荷。

1. 不可响应负荷

除非发生停电事故使得电能供应不足，否则电力系统运行中不可响应负荷一般无法参与需求响应。对于任意时刻 t，不可响应负荷功率为

$$P_{k,t}^{\mathrm{cl}} = P_{k,t}^{\mathrm{cl,rated}} - P_{k,t}^{\mathrm{used}} \qquad \forall k \in \Omega_D, \forall t \tag{4-4}$$

式中，Ω_D 为参与用户集合，$P_{k,t}^{\mathrm{cl,rated}}$ 为不可响应负荷初始功率，$P_{k,t}^{\mathrm{used}}$ 为减载功率，可以通过求解最优 DR 调度模型获得。

2. 可中断负荷

可中断负荷是指在紧急情况下允许部分或者全部削减的负荷。根据可中断负荷特性，时段 t 耗电功率 $P_{k,t}^{\mathrm{il}}$ 描述如下

$$P_{k,t}^{\mathrm{il}} = P_{k,t}^{\mathrm{il,rated}} - P_{k,t}^{\mathrm{il,curt}} \qquad \forall k \in \Omega_D, \forall t \tag{4-5}$$

式中，$P_{k,t}^{\mathrm{il,rated}}$ 表示可中断负荷的基准功率需求；$P_{k,t}^{\mathrm{il,curt}}$ 为需求削减量。

3. 可转移负荷

可转移负荷是指在一定时期内，总耗电量保持不变，但其功率可以灵活调整的负荷。

根据该模型，若时段 t 发生需求削减，则可转移负荷 $P_{k,t}^{\mathrm{sl}}$ 可建模为

$$P_{k,t}^{\mathrm{sl}} = P_{k,t}^{\mathrm{sl,rated}} - P_{k,t}^{\mathrm{sl,curt}} + \sum_{t'=t-\delta_k}^{t-1} P_{k,tt'}^{\mathrm{sl,rec}} \qquad \forall k \in \Omega_D, \forall t \tag{4-6}$$

$$\sum_{t'=t+1}^{t+\delta_k} P_{k,t't}^{\mathrm{sl,rec}} = P_{k,t}^{\mathrm{sl,curt}} \qquad \forall k \in \Omega_D, \forall t \tag{4-7}$$

$$P_{k,t't}^{\mathrm{sl,rec}} = P_{k,t}^{\mathrm{sl,curt}} \vartheta_k - \varpi_k(t'-t-1) \qquad \forall k \in \Omega_D, \forall t, t' \in [t+1, t+\delta_k] \tag{4-8}$$

式中，$P_{k,t}^{\mathrm{sl,rated}}$ 和 $P_{k,t}^{\mathrm{sl,curt}}$ 分别表示时段 t 用户 k 的 SL 的额定功率需求与负荷削减量。$P_{k,t't}^{\mathrm{sl,rec}}$ 为先前时刻 t' 发生需求响应事件后转移到时刻 t 的恢复负荷。此外，δ_k 表示负荷恢复的持续时间，ϖ_k、ϑ_k 分别为衰减系数与恢复率。由于个体异质性，上述三参数均为不确定值。本书认为其均近似服从高斯分布。

4. 可用 DR 容量

为刻画用户行为表现对 DR 置信容量的影响，引入参与因子 $\mu_k(0 \le \mu_k \le 1)$ 表示用户参与需求响应项目的意愿程度。其中，μ_k 定义为用户签约的需求响应容量与其总灵活性负荷容量的比率，即

$$\mu_k = (P_{k,t}^{\mathrm{il,ava}} + P_{k,t}^{\mathrm{sl,ava}})/(P_{k,t}^{\mathrm{il,rated}} + P_{k,t}^{\mathrm{sl,rated}}) \qquad \forall k \in \Omega_D, \forall t \tag{4-9}$$

式中，$P_{k,t}^{\mathrm{il,ava}}$、$P_{k,t}^{\mathrm{sl,ava}}$ 分别表示可用于需求响应的可中断负荷与可转移负荷容量。数值越大，μ_k 表示用户对需求响应有更强烈的参与意愿。若 $\mu_k = 1$，表示用户希望将其所有潜在的灵活负荷都用于参与电网需求侧灵活性项目；反之，若 $\mu_k = 0$，则表示用户选择不参与需求响应计划。

综合上述负荷特性和需求侧参与模型，可确定常规工况和需求响应情况下用户的最终负荷需求为

$$P_{k,t}^{\mathrm{tn}} = P_{k,t}^{\mathrm{cl,rated}} + P_{k,t}^{\mathrm{il,rated}} + P_{k,t}^{\mathrm{sl,rated}} \qquad \forall k \in \Omega_D, \forall t \tag{4-10}$$

$$
\begin{aligned}
P_{k,t}^{\mathrm{te}} = & \underbrace{[P_{k,t}^{\mathrm{cl}} + (1-\mu_k)(P_{k,t}^{\mathrm{il,rated}} + P_{k,t}^{\mathrm{sl,rated}}) - P_{k,t}^{\mathrm{used}}]}_{\text{Non-responsive load demand}} \\
& + \underbrace{[(\mu_k P_{k,t}^{\mathrm{il,rated}} - P_{k,t}^{\mathrm{il,curt}}) + (\mu_k P_{k,t}^{\mathrm{sl,rated}} - P_{k,t}^{\mathrm{sl,curt}})]}_{\text{Responsive load demand}} \\
& + \underbrace{\left(\sum_{t'=t-1}^{t-\delta_k} P_{k,tt'}^{\mathrm{sl,rec}}\right)}_{\text{Recovered load demand}} \qquad \forall k \in \Omega_D, \forall t
\end{aligned}
\tag{4-11}
$$

式中，$P_{k,t}^{\mathrm{tn}}$ 和 $P_{k,t}^{\mathrm{te}}$ 分别表示用户 k 在常规和需求响应模式下的总期望负荷需求。

4.3.3　行为驱动的需求侧响应建模

1. 概述

与传统发电资源不同，需求侧灵活性的容量效益实际上是通过用户改变自身用电负荷来实现的。如式(4-11)所示，其容量价值的大小不仅取决于需求侧负荷特性，而且还与用户的行为模式密切相关。

在电力市场环境下，用户可以根据自己的意愿来决定是否参加需求侧响应项目。用户的参与意愿受多种因素的影响，如激励水平、受教育程度等。为描述用户响应行为的不确定性，通常通过实地负荷调查或负荷数据分析来确定各类用户行为的统计学特征，并结合相关信息的特点，将其构建为概率、区间或模糊模型。然而，上述方法的共有特点是均要求所采集数据本身具有较高可信性(creditability)。

然而，在实际工程中，很多时候受多方面因素的限制，系统运营商通常难以获得关于用户行为偏好的详细信息。此外，受用户自身行为惯性和认知能力的影响，调研数据与实际情况也将不可避免地存在偏差。因此，现有不确定性建模手段将难以满足在上述低可信性信息条件下行为驱动需求响应建模的需要。

针对上述问题，在此引入一种新型不确定性描述方法——Z-number[5,6]，并将其用于行为驱动需求侧灵活性建模。下面将对此进行重点介绍。

2. 基于Z-number的用户参与行为建模

Z-number是美国加州大学Zadeh教授在模糊理论的基础上，于2011年提出的一种全新不确定性表征方法。

如表4-1所示，与传统不确定性描述方法相比，Z-number能够同时考虑研究对象本身(认知结果)以及所采集数据可信度(认知过程)两方面因素对不确定性信息表达的影响作用。此外，由于采用自然语义的描述方式可兼顾决策者对于不确定信息的主观判断，因此能够更为有效地刻画相关不确定性因素的真实作用效果。

表 4-1　Z-number 与其他不确定建模方法的比较

方法	优势	不足
概率	能获得严格的数学表达式，蕴含较全面的统计学信息	需要大量历史统计数据
区间	仅需要不确定量的数值分布范围信息，对数据量要求低	只能获得变量分布边界，信息量较少
模糊	可融合人类主观经验，普适性好；对数据量要求低	对原始数据可信性要求高
Z-number	计及研究对象以及数据可信度两方面影响，适用性好	—

选择 Z-number 方法来处理需求响应中行为相关不确定性的主要原因如下。

（1）传统的概率模型只能根据历史数据来描述不确定性的特征，无法计及未来影响因素的干扰。

（2）Z-number 方法可有效计及信息可信度对不确定性表征的影响，因此可以更为有效地反映实际需求响应项目中用户行为数据质量的影响。

（3）由于 Z-number 模型以自然语言描述不确定信息及其相关的信息可信性，因此既能反映历史经验，又能反映用户行为认知产生的误差影响，故适用于缺乏可靠量测数据条件下的需求侧建模问题。

根据 Z-number 理论，对于任一不确定性变量 x，其作用效果均可用一个二元有序模糊数对 $(\tilde{A}, \tilde{B})$ 表示。其中，$\tilde{A}$ 代表基于已知信息得到的关于 x 的据信模型（亦称据信限制）；而 $\tilde{B}$ 则表征了所得 $\tilde{A}$ 的确信程度，反映了决策者对于建模数据可信度的判断。实际应用中，可采用不同隶属度函数描述模糊变量 $\tilde{A}$ 和 $\tilde{B}$ 在各自论域的数值分布情况。

由于用户参与需求响应的意愿主要取决于个人偏好，因此式(4-9)～式(4-11)中 μ_k 的数值对于电网运行者来说可能是不确定的。在此采用 Z-number 方法对其进行建模，即 $(\mu_k, \tilde{A}, \tilde{B})$。不失一般性，这里假定系统各用户参与因子及其信息可信度分别符合梯形分布和三角形分布，如图 4-4 所示。其中，用户参与因子 $\tilde{A} \rightarrow \psi_{\tilde{A}}(x) = (x_1, x_2, x_3, x_4)$，信息可信度 $\tilde{B} \rightarrow \psi_{\tilde{B}}(x') = (x_1, x_2, x_3)$，$\psi_{\tilde{A}}(x)$ 和 $\psi_{\tilde{B}}(x)$ 分别代表 $\tilde{A}$ 和 $\tilde{B}$ 对应的梯形/三角形隶属度函数，$x_1 \sim x_4$ 则为变量及其信息可信性量度对应的数值分布区间。

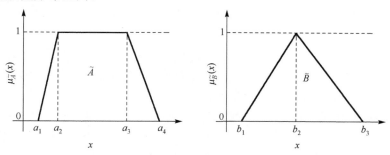

图 4-4　基于 Z-number 的用户参与度建模

4.4　计　算　方　法

4.4.1　可靠性计算

由 4.2 节指标定义可知，需求侧灵活性的置信容量计算大致可分为三个基本环节：首先对未计及需求侧灵活性的电力系统可靠性进行计算，然后对计及需求侧灵活性后电力系统可靠性重新计算，最后通过调整虚拟机组/增额负荷的容量，基于等可靠性原则确定需求侧灵活性资源的容量价值。

可见，可靠性计算是需求侧置信容量评估的基础。下面分别从可靠性评价指标、可靠性计算方法和总体计算流程三个方面对此进行介绍说明。

(1)关于可靠性评价指标。

置信容量计算可选用不同的电力系统可靠性指标作为对比标准。常用的可靠性指标包括：系统期望缺供电量（expected energy not supplied，EENS）、缺电时间期望（loss of load expectation，LOLE）和缺电频率（loss of load frequency，LOLF）等。

(2)关于可靠性计算方法。

电力系统可靠性计算主要包括解析法和模拟法两类基本方法。在此采用蒙特卡罗模拟法（Monte-Carlo simulation method）进行可靠性计算。

蒙特卡罗方法主要通过随机数来随机模拟系统运行过程中各元件的状态。根据是否计及元件时序性，该方法可进一步分为序贯蒙特卡罗模拟和非序贯蒙特卡罗模拟两种。其中，序贯蒙特卡罗模拟法通过抽取元件状态的持续时间来模拟仿真时间内元件的状态序列，由于考虑了系统运行的时序特性，因此在含时空关联约束的电力系统可靠性分析中广为采用。

采用序贯蒙特卡罗法进行可靠性评估时，首先定义系统状态空间的转移，然后根据各元件的故障率和修复率，对各状态的持续时间进行随机重复抽样，直到得到各元件的状态持续时序信息并由此形成整个系统的状态时间序列。

(3)总体计算流程。

基于序贯蒙特卡罗法的可靠性计算流程如图 4-5 所示，主要步骤如下。

步骤 1：根据系统元件设备的可靠性参数（即故障率、修复率等），采用逆变换方法，生成元件状态持续时间序列。

步骤 2：对可再生能源供给（如风速、光照）等进行序列预测。

步骤 3：综合步骤 1 和步骤 2 结果，确定系统各元件的功率输出时间序列。

步骤 4：采用式(4-4)～式(4-11)修正需求侧灵活性资源参与后的用电负荷，并基于式(4-12)和式(4-13)，将各时段的可用发电功率 P_t^g 与系统负荷需求 P_t^d 比较，确定是否存在供应不足（$P_t^d > P_t^g$）的情况。若存在供电不足时，含需求侧灵活性资源的场景下，则根据预设的需求响应调度规则对负荷曲线进行修正。其中，对于需求响应模型中的不确定性参数（如 Z-number），可将其等效变换为模糊型变量后利用随机抽样方法确定。

$$P_t^{\mathrm{g}} = P_t^{\mathrm{w}} + P_t^{\mathrm{se}} + P_t^{\mathrm{cdg}} \tag{4-12}$$

$$P_t^{\mathrm{d}} = \sum_{k \in \Omega_D} (P_{k,t}^{\mathrm{cl}} + P_{k,t}^{\mathrm{il}} + P_{k,t}^{\mathrm{sl}}) \tag{4-13}$$

式中，P_t^{w}、P_t^{se}、P_t^{cdg} 分别表示风电、主变压器、可控分布式电源的功率。

步骤 5：将经上述计算得到的小时级系统可靠性信息进行记录，并更新系统可靠性指标 EENS、LOLE、LOLF 与方差系数 β。

步骤 6：重复步骤 1～步骤 5，直到满足相关收敛条件。

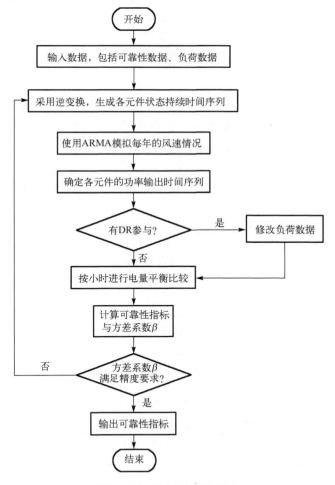

图 4-5 可靠性计算流程图

4.4.2　置信容量指标计算

图 4-6 为需求侧灵活性置信容量评估的整体流程图。以 EENS 作为可靠性指标，对算法流程说明如下。

步骤 1：基于序贯蒙特卡罗法，分别计算有、无需求侧灵活性情况下系统的可靠性指标，$EENS_{org}$ 及 $EENS_{new}$。

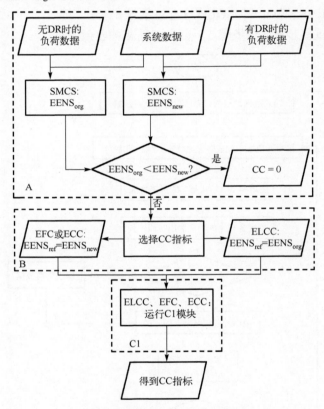

图 4-6　置信容量评估算法流程

步骤 2：比较两种情况下的系统可靠性水平，若 $EENS_{org}<EENS_{new}$，则需求侧灵活性资源的置信容量为 0；否则，继续进行计算。

步骤 3：根据置信容量指标，确定可靠性指标的基准值。若采用 EFC 或 ECC，则令 $EENS_{ref} = EENS_{new}$；若采用 ELCC，则令 $EENS_{ref} = EENS_{org}$。

步骤 4：对于 EFC、ECC 或 ELCC，采用二分法搜索确定虚拟发电或增量负荷值。具体步骤如下，对应模块 C1 的算法流程图如图 4-7 所示。

①设置数值搜索区间$[\gamma_{\min}, \gamma_{\max}]$，确定迭代容量值$\gamma = \dfrac{\gamma_{\min} + \gamma_{\max}}{2}$；

②基于序贯蒙特卡罗法计算含虚拟发电/负荷的系统可靠性指标$\text{EENS}_{\text{iter}}$；

③判断 $\text{EENS}_{\text{iter}}$ 是否满足二分法收敛条件，若满足则停止搜索并输出置信容量指标结果；若不满足，则调整加入的虚拟发电/负荷容量。具体而言，若$\text{EENS}_{\text{ref}} < \text{EENS}_{\text{iter}}$，则对于 EFC/ECC，令$\gamma_{\min} = \gamma$，$\gamma_{\max} = \gamma_{\max}$；对于 ELCC，令$\gamma_{\max} = \gamma$，$\gamma_{\min} = \gamma_{\min}$；若$\text{EENS}_{\text{ref}} > \text{EENS}_{\text{iter}}$，对于 EFC/ECC：$\gamma_{\max} = \gamma$，$\gamma_{\min} = \gamma_{\min}$；对于 ELCC，令$\gamma_{\min} = \gamma$，$\gamma_{\max} = \gamma_{\max}$。

④重复步骤①至步骤③，直至满足收敛条件。

步骤 5：输出置信容量指标计算结果。

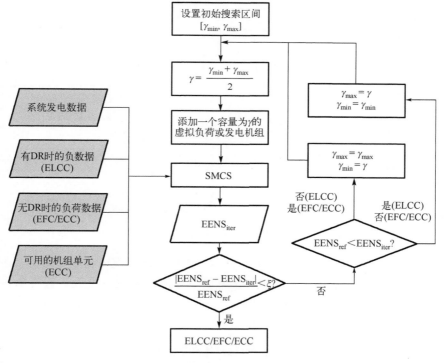

图 4-7　模块 C1 的算法流程图

4.5　算　例　分　析

4.5.1　参数设置

采用某实际 67 节点系统验证所提置信容量评估框架的有效性，如图 4-8 所示。

其中，母线 1 的主变容量为 20MVA，母线 15 处配置 2MW 的燃气机组，作为系统中的分布式发电机组。

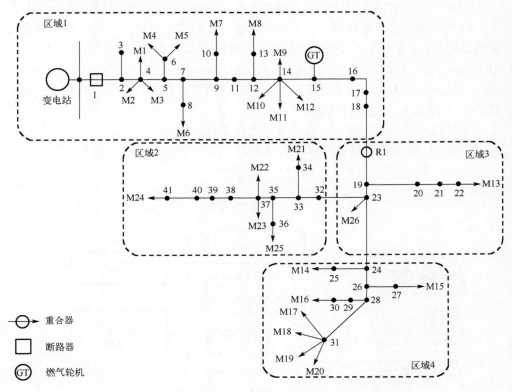

图 4-8　67 节点系统

系统元件的可靠性汇总如表 4-2 所示。各母线的年度峰值负荷数据如表 4-3 所示。该系统由四个服务区域组成，年峰值负荷需求为 16.3 兆瓦。假设本系统的客户消费模式相同，如图 4-9 所示，其中提供了典型居民/商业/工业用户的年负荷概况。

表 4-2　系统元件可靠性数据

元件	平均无故障时间/h	平均检修时间/h
网络馈线	2584	12
变压器	4900	100
燃气轮机	1250	60

表 4-3　负荷数据

负荷节点	功率/kVA	负荷节点	功率/kVA	负荷节点	功率/kVA
M1	4381.01	M10	150	M19	610
M2	160	M11	170	M20	655
M3	10	M12	25	M21	215
M4	216	M13	1050	M22	50
M5	822	M14	305	M23	60
M6	1355	M15	660	M24	2280
M7	768	M16	205	M25	585
M8	19	M17	150	M26	1210
M9	20	M18	130		

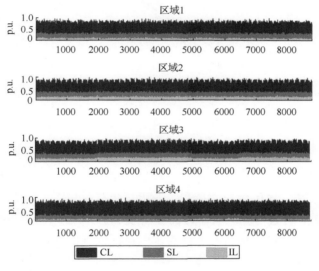

图 4-9　各区域年负荷曲线

为简化研究,假设所有用户都具有相似的负荷响应特性,并根据实际统计数据,使用概率模型刻画不确定参数,如表 4-4 所示。需求响应激励价格设置为 0.68 元 /kW·h,用户参与意愿设置为适中,用户参与因子服从梯形分布 $\psi_{\tilde{A}}(x) = (0.3, 0.5, 1,1)$,信息可信度服从三角形分布 $\psi_{\tilde{B}}(x) = (0.7,0.9,1)$。

表 4-4　负荷响应特性

不确定参数	概率分布函数	参数
δ_k		均值 = 3;方差 = 0.4
ϖ_k	高斯分布	均值 = 0.8;方差 = 0.2
ϑ_k		均值 = 1.2;方差 = 0.5

4.5.2　需求侧特性的影响

首先分析用户可响应负荷容量变化对需求侧灵活性置信容量的影响。假设可响应负荷容量分别占用户日尖峰负荷的比例分别为 2.5%、5%、7.5%、10%、12.5% 和 15%。所得各场景下置信容量计算结果如图 4-10 所示。由图可知，随着需求侧可响应负荷的成比例增大，各置信容量指标也有不同程度的上升趋势。

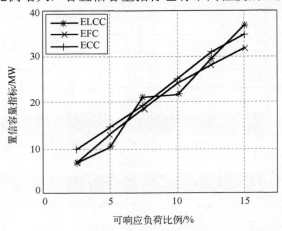

图 4-10　不同可响应负荷容量下需求侧灵活性置信容量

分析负荷特性对需求侧灵活性置信容量的影响。假设系统总负荷相同，分别考虑商业用户负荷、居民用户负荷和工业用户负荷参与需求响应并据此计算各场景下的置信容量。假设可响应负荷比例分别取 5%、10%、15%、20%、25% 和 30% 日尖峰负荷，得到不同负荷特性下的需求侧灵活性置信容量结果如图 4-11 所示。可以发现随着削减比例的增加，需求侧响应容量的增大，各指标增大的趋势越来越缓，即出现了"边际效应"。

在此基础上，设定负荷可响应比例为 15%，用户的参与度分别设为 95%、90%、85%、80%、75%，得到 DR 的置信容量计算结果如表 4-5 所示。由表可知，随着用户参与度的降低，参与响应的 DR 资源减少，其所能替代的发电容量或负荷容量减少，相应的各指标均减小。

表 4-5　考虑用户参与度时各置信容量指标

参与度/%	ELCC/MW	EFC/MW	ECC/MW
100	36.7501	31.8613	34.7608
95	34.4124	29.5145	32.5145

续表

参与度/%	ELCC/MW	EFC/MW	ECC/MW
90	31.4215	25.9453	27.4652
85	26.5326	21.4245	22.5135
80	21.4442	17.5792	16.4591
75	16.4325	12.4142	13.1452

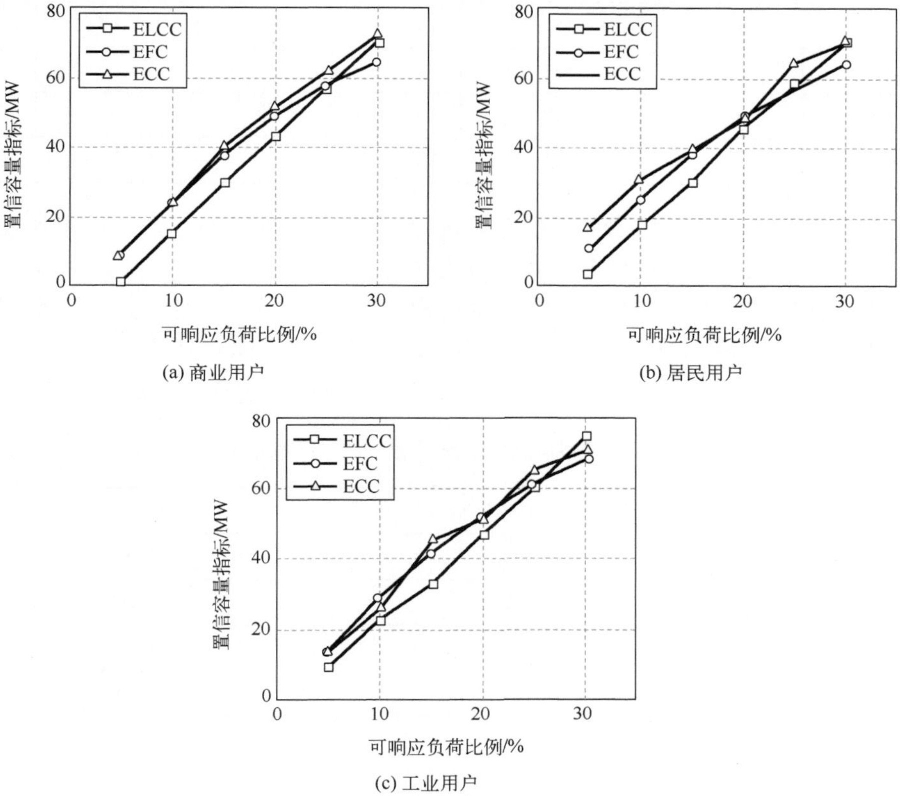

(a) 商业用户

(b) 居民用户

(c) 工业用户

图 4-11　不同负荷特性下的需求侧灵活性置信容量

4.5.3　Z-number 方法有效性

本研究引入了 Z-number 方法来描述客户参与 DR 计划的不确定性，从而可以明确地考虑信息可靠性/可信度问题的影响。为验证该方法的实用性，考虑四个场景，分别具有不同信息可信度设置的客户参与因子 μ_k 的 Z-number 估计值，如表 4-6 所示。在场景 1 中，我们假设用于集成框架 (integrated framework，IF) 建模的信息是完全可靠的，即采用传统的模糊模型。在场景 2、场景 3 和场景 4 中，认为有关需求侧的相关数据不完全可信，分别对应于"低""中"和"高"的可信度。

表 4-6　用户参与因子的 Z-number 估计值

场景	信息效果	信息可信度	$\psi_{\tilde{A}}(x)$				$\psi_{\tilde{B}}(x')$		
			x_1	x_2	x_3	x_4	x_1'	x_2'	x_3'
1	无	—	0.2	0.4	1	1	1	1	1
2	有	低	0.2	0.4	1	1	0.5	0.9	1
3	有	中	0.2	0.4	1	1	0.7	0.9	1
4	有	高	0.2	0.4	1	1	0.8	0.9	1

对上述每一种情景的 DR 置信容量进行评估，以 EFC 指标为例，结果如表 4-7 所示。可以看出，获得的信息的可靠性对 DR 的置信容量评估有重要的影响。随着数据可信度的提高，DR 的置信容量也相应增加。本研究提出的 DR 建模框架由于采用了 Z-number 方法，可以较好地反映决策者对未来信息的认知，与传统的概率方法相比，可以更真实、更全面地评估需求响应的潜在效益。

表 4-7　不同信息可信度设置下的 DR 置信容量

场景	置信容量/MW	置信容量/%
1	4.08	20.43
2	2.75	13.74
3	3.26	16.32
4	3.75	18.79

4.6　本 章 小 结

本章首先阐述了电力需求侧灵活性置信容量评估指标的定义，然后对行为驱动下需求响应进行建模，采用 Z-number 方法处理用户参与需求响应的不确定性。进一步，给出了含需求侧灵活性的电力系统可靠性计算方法与置信容量评估方法框架。最后通过算例研究，从物理-社会视角论证了需求侧需求容量、负荷特性、用户参与度等因素对置信容量的影响，并验证了 Z-number 方法的有效性。

参 考 文 献

[1]　Zhou Y, Mancarella P, Mutale J. Framework for capacity credit assessment of electrical energy storage and demand response[J]. IET Generation, Transmission Distribution, 2016, 10(9): 2267-2276.

[2]　李玉敦, 谢开贵. 含多个风电场的电力系统可靠性评估[J]. 电力科学与技术学报, 2011, 26(1): 73-76.

[3]　惠小健, 王震, 张善文, 等. 基于 ARMA 的风电功率预测[J]. 现代电子技术, 2016, 39(7): 145-148.

[4]　朱磊. 计及风电接入的需求响应对电力系统可靠性的影响研究[D]. 南京: 东南大学, 2015.

[5]　Zeng B, Wei X, Sun B, et al. Assessing capacity credit of demand response in smart distribution grids with behavior-driven modeling framework[J]. International Journal of Electrical Power and Energy Systems, 2020, 118: 105-745.

[6]　Zeng B, Wei X, Zhao D B, et al. Hybrid probabilistic-possibilistic approach for capacity credit evaluation of demand response considering both exogenous and endogenous uncertainties[J]. Applied Energy, 2018, 229: 186-200.

第5章 面向协同增效的集中式灵活负荷
与电网交互集成

5.1 概 述

近年来，随着"数字经济"和"新基建"战略的加速推进，作为信息负载分析处理的关键基础设施，数据中心(data center，DC)的发展速度和规模呈现爆发性增长态势，DC 用电成为电力系统中重要的新增集中式负荷。相比传统电力用户，DC 的用电功率大(通常数百 kW 到数百 MW)，且往往需要全年不间断运行以满足终端用户需求。因此，若基于我国当前电网结构(化石能源发电占约 70%)对 DC 负荷供电，不仅会影响电力系统运行的安全性和经济性，还会产生大量发电碳排放，从而不利于碳中和目标的实现[1]。

为应对上述问题，从系统层面入手，本章介绍一种面向协同增效的 DC 负荷与配电网交互式协调规划方法，通过使源、网、荷各环节具备互动响应能力，以推动系统整体低碳经济运行。对于 DC，借助数据任务在信息域的可延时/可迁移性参与电网侧需求响应 DR，可降低自身运行成本，甚至获得额外经济收益；对于电网，利用 DC 负荷的灵活性可降低其并网造成的不良影响，并协助解决当前电力系统面临的一些突出难题，如局部供电容量紧张、韧性提升等，实现 DC 和配电网的协同共赢[2]。

5.2 交互式集成的基本框架

图 5-1 给出了面向碳减排赋能的 DC 与配电网交互式集成规划基本框架。其中，灰色模块代表传统规划的基本构成要素，而白色模块则代表交互集成式规划需新增考虑的成分内容。

显而易见，在规划目标方面，不同于单纯以经济性提升为主要考量的自律式规划，交互集成式规划一方面希望尽量降低系统整体的投资和运行成本，另一方面还希望最大程度地提高对区域内可再生能源(renewable energy sources，RES)资源的利用，以促进电力系统碳减排的实现。因此，决策中需要同时兼顾多方面的优化目标。在规划要素方面，交互集成式规划在传统自律式规划的基础上，还需额外重点考虑 DC 的需求响应潜力及其对配电网趋优运行的支撑作用。相关要素的加入将使问题在优化变量维度方面显著扩大；同时，基于 DC 需求响应具有的独特"信息-物理-社会"多域耦合性为模型构建带来更多、更广的约束条件，需要综合考虑系统运行安全、供电/信息服务质量、DC 设备工作热环境温度等多方面约束限制。此外，相比于自律式规划，交互集成式规划重点关注如何对 DC 与配电网互动潜力的挖掘与资源集成，实现二者的协同增效。在实际运行中，DC 的需求响应能力主要受用户信息负载特性的影响，而由于用户数据需求具有明显的随机性和波动性，因此为确保最终所得方案的有效性，还需在建模过程中充分考虑各类不确定性因素对系统目标实现造成的风险影响。

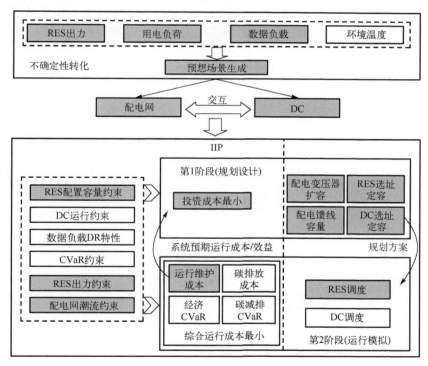

图 5-1　DC-配电网交互式集成规划框架

　　综上，可将配电网和 DC 的交互集成规划问题构建为一个基于条件风险价值（conditional value at risk，CVaR）的二阶段随机优化模型。该模型包含两个彼此关联又相对独立的决策过程。其中，第一阶段为规划决策阶段，以系统投资成本最小为目标，对电网线路扩容、DC 选址及物理和软件资源设备容量(包括服务器、虚拟机及制冷设备)，以及 RES 选址定容进行联合优化。所得规划方案作为已知参数(边界条件)，传递给第二阶段运行模拟过程。系统运行以年经济成本、碳排放费用及因不确定性导致的风险成本之和最小为优化目标，优化各时段 DC(包括信息负荷迁移量、服务器启停状态、制冷设备出力)及配电网(包括 RES 出力及外购电量)的运行控制策略。第二阶段结果以"系统预期运行成本"和"碳减排效益"形式反馈至第一阶段的目标函数，并用于指导规划方案的寻优调整。

此外，为计及各类不确定性因素给系统决策造成的影响，引入 CVaR 量化不确定性给系统经济性和碳减排目标带来的潜在损失，并以系统风险成本、投资成本和考虑碳排放的运行成本之和最低为目标，建立面向赋能碳减排的 DC 与配电网交互式集成规划模型。相比传统风险度量方法，CVaR 具有满足次可加性、一致性及预测尾部风险充分等优势，能够有效反映决策者对方案预期效益与抗风险能力的灵活偏好，因此具有更好的工程实用性。

5.3　计及动态热耗散的 DC 需求响应建模

如前所述，DC 的需求响应能力主要源自其对数据负载安排的灵活性以及信息任务在不同地理位置 DC 之间的空间可转移性。除了需对上述数据负载特性建模外，DC 参与需求响应还需满足其特定的能耗约束和热环境约束。因此，下面关于 DC 的需求响应建模将从其能耗特性、热环境特性和数据负载特性三方面展开分析。

5.3.1　能耗特性

如前文所述，DC 的能耗主要由服务器、空调设备及其他辅助设备三部分构成，且服务器与空调设备功耗通常可占 DC 总功耗的 90% 以上。因此，运行情况下 DC 总功耗可表示为

$$P_{d,s,se,t}^{\mathrm{DC}} = (P_{d,s,se,t}^{\mathrm{Ser}} + P_{d,s,se,t}^{\mathrm{ACS}})/\eta^{\mathrm{DC}} \tag{5-1}$$

其中，$P_{d,s,se,t}^{\mathrm{DC}}$ 为节点 d 的 DC 在时刻 t 的总有功功率；$P_{d,s,se,t}^{\mathrm{Ser}}$ 和 $P_{d,s,se,t}^{\mathrm{ACS}}$ 分别为 DC 中服务器和空调设备的有功功率；η^{DC} 为 DC 能效系数，表征信息技术(information technology，IT)和空调设备功耗与 DC 总有功功率之比。

(1)服务器能耗。

DC 中的服务器能耗主要由当前时段的服务器开机数目和信息任务负载量决定。为简便起见，本书假设 DC 中所有服务器型号相同，且任意时段信息负载将均匀分配给所有开机的服务器[3]。若单台服务器在未处理任务时的静默功率为

$P_d^{\text{Ser-i}}$ ，峰值功率为 $P_d^{\text{Ser-p}}$ ，则其在不同工况下的功耗特性表示如下：

$$P_{d,s,se,t}^{\text{Ser}} = n_{d,s,se,t}^{\text{Ser-on}} P_d^{\text{Ser-i}} + (P_d^{\text{Ser-p}} - P_d^{\text{Ser-i}})\varphi_d n_{d,s,se,t}^{\text{Ser-on}} \tag{5-2}$$

$$\varphi_d = \frac{D_{d,s,se,t}}{n_{d,s,se,t}^{\text{Ser-on}}\mu_d} \tag{5-3}$$

$$0 \leqslant n_{d,s,se,t}^{\text{Ser-on}} \leqslant (1-\phi)n_d^{\text{Ser}} \tag{5-4}$$

$$0 \leqslant \frac{D_{d,s,se,t}}{n_{d,s,se,t}^{\text{Ser-on}}\mu_d} \leqslant U_{\max} \tag{5-5}$$

式(5-2)～式(5-5)分别表示单台服务器的功耗计算式、DC 开机服务器数量约束，以及服务器 CPU 利用率约束。其中，φ_d 表示服务器的平均利用率，$n_{d,s,se,t}^{\text{Ser-on}}$ 为时段 t 开机状态服务器数量，$D_{d,s,se,t}$ 为 DC 数据任务量，μ_d 为服务器处理速率，n_d^{Ser} 表示服务器配置数量，ϕ 为服务器备用系数，$U_{\max}$ 表示单台服务器 CPU 利用率上限。

(2) 空调设备能耗。

为确保环境温度满足服务器等设备运行工况要求，DC 内需要配置大量的空调制冷设备。空调系统通过压缩机将电能转化为低温内能，其运行特性可表示如下：

$$P_{d,s,se,t}^{\text{ACS}} = H_{d,s,se,t}^{\text{ACS}} / \eta^{\text{ACS}} \tag{5-6}$$

$$0 \leqslant P_{d,s,se,t}^{\text{ACS}} \leqslant P_d^{\text{ACS-R}} \tag{5-7}$$

其中，$H_{d,s,se,t}^{\text{ACS}}$ 为 DC 制冷功率，η^{ACS} 为空调设备的能效系数，$P_d^{\text{ACS-R}}$ 为 DC 配置的空调设备容量。

5.3.2　热环境特性

DC 运行中 IT 设备电能消耗大多转化为热能并耗散到周围环境中。如果对此不加以控制，会造成机房环境温度不断升高，进而导致服务器等设备加速老化或故障。因此，为有效描述 DC 运行特性，需对其热环境进行精细化建模分析。

1. 热耗散

由于 DC 服务器通常布置在楼宇建筑内部，根据楼宇储热特性和能量守恒定律，DC 整体的热量平衡方程可表示为

$$\Delta H_{d,s,se,t}^{\text{In-DC}} = \rho^{\text{Air}} C^{\text{Air}} V_d \Delta T_{d,s,se,t}^{\text{In-DC}} \tag{5-8}$$

其中，$\Delta H_{d,s,se,t}^{\text{In-DC}}$ 代表时段 t 与相邻时段 DC 冷功率变化，$\Delta T_{d,s,se,t}^{\text{In-DC}}$ 为 DC 温度变化

量，ρ^{Air}、C^{Air} 与 V_d 分别代表空气密度、空气比热容与 DC 空间容积。

考虑到 DC 楼体通常为无窗封闭结构，因此其内部热量受墙体内外温差导致的热交换功率 $H_{d,s,se,t}^{\text{Out-in}}$、服务器运行发热功率 $H_{d,s,se,t}^{\text{Ser}}$、辅助设备发热功率 $H_{d,s,se,t}^{\text{Aux-equ}}$ 以及空调制冷功率 $H_{d,s,se,t}^{\text{ACS}}$ 等因素的共同影响，可表达如下：

$$\Delta H_{d,s,se,t}^{\text{In-DC}} = H_{d,s,se,t}^{\text{Out-in}} + H_{d,s,se,t}^{\text{Ser}} + H_{d,s,se,t}^{\text{Aux-equ}} - H_{d,s,se,t}^{\text{ACS}} \tag{5-9}$$

式 (5-9) 中各构成项的计算方法如下。

(1) 墙体热交换功率。

经由墙体的热交换功率与 DC 楼宇墙体面积及其两侧温差成正比，通常可由下式计算确定：

$$H_{d,s,se,t}^{\text{Out-in}} = k^{\text{Wall}} S^{\text{Wall}} (T_{d,s,se,t}^{\text{Out-DC}} - T_{d,s,se,t}^{\text{In-DC}}) \tag{5-10}$$

其中，$T_{d,s,se,t}^{\text{Out-DC}}$ 为 DC 室内温度，$T_{d,s,se,t}^{\text{In-DC}}$ 为外部环境温度，S^{Wall} 为 DC 机房与外部接触的墙体面积，k^{Wall} 为单位墙体热交换系数。

(2) 服务器发热功率。

当服务器处于工作状态，其发热功率可由其用电功率与发热系数 k^{Ser} 相乘计算得到：

$$H_{d,s,se,t}^{\text{Ser}} = k^{\text{Ser}} P_{d,s,se,t}^{\text{Ser}} \tag{5-11}$$

(3) 辅助设备发热功率。

DC 内部照明及供配电等辅助设备的发热功率主要包括空载损耗及运行损耗两个方面，可计算如下：

$$H_{d,s,se,t}^{\text{Aux-equ}} = k^{\text{NL}} P_d^{\text{Rated}} + k^{\text{Run}} P_{d,s,se,t}^{\text{Ser}} \tag{5-12}$$

$$P_d^{\text{Rated}} = n_d^{\text{Ser}} P_d^{\text{Ser-p}} + P_d^{\text{ACS-R}} \tag{5-13}$$

其中，k^{NL}、k^{Run} 分别代表设备的空载发热系数与运行发热系数，P_d^{Rated} 为 DC 总用电功率。

基于建筑热量耗散与温度变化特性，将式 (5-8)~式 (5-13) 联立并做离散化处理，可得任意时段 DC 的热平衡方程如下：

$$(H_{d,s,se,t}^{\text{Out-in}} + H_{d,s,se,t}^{\text{Ser}} + H_{d,s,se,t}^{\text{Aux-equ}} - H_{d,s,se,t}^{\text{ACS}})\Delta t = \rho^{\text{Air}} C^{\text{Air}} V_d (T_{d,s,se,t}^{\text{In-DC}} - T_{d,s,se,t-1}^{\text{In-DC}}) \tag{5-14}$$

2. 环境温度约束

为保证 DC 内部设备的安全稳定运行，需将室内温度及其变化控制在一定范围内，故有：

$$T^{\text{In-DC-min}} \leqslant T_{d,s,se,t}^{\text{In-DC}} \leqslant T^{\text{In-DC-max}} \tag{5-15}$$

$$\left| T_{d,s,se,t}^{\text{In-DC}} - T_{d,s,se,t-1}^{\text{In-DC}} \right| < \Delta T^{\text{In-DC}} \tag{5-16}$$

式中，$T^{\text{In-DC-max}}$、$T^{\text{In-DC-min}}$ 分别表示所允许的 DC 内部温度上限和下限值，$\Delta T^{\text{In-DC}}$ 为相邻时段温差。

5.3.3　数据负载特性

按照响应方式，DC 中的数据负载大致可分为三类：时间可转移型负载(time-shiftable data load，TSDL)、空间可迁移型负载(spatially-transferable data load，STDL)和刚性负载(rigid data load，RDL)[4]。

(1)时间可转移型负载。

TSDL 是指在一定时间范围内任务量固定但处理时间灵活可变的数据负荷。对于 DC，常见的 TSDL 包括大数据离线分析等批处理负荷。

根据 TSDL 的需求性质，配电系统运营商(distribution system operator，DSO)可以在调度周期内基于相关需要，一定程度地推迟 TSDL 任务的处理时间，即对于时刻 t 产生的 TSDL 需求可以推迟到时段[$t+1$, T]再进行处理。上述过程表示如下：

$$D_{d,s,se,t}^{\text{TSDL0}} = \beta^{\text{TSDL}} D_{d,s,se,t}^{0} \tag{5-17}$$

$$D_{d,s,se,t}^{\text{TSDL}} = D_{d,s,se,t}^{\text{TSDL0}} + \sum_{t'=1}^{t-1} D_{d,s,se,t't}^{\text{TSDLT}} - \sum_{t''=t+1}^{T} D_{d,s,se,tt''}^{\text{TSDLT}} \tag{5-18}$$

$$0 \leqslant D_{d,s,se,tt'}^{\text{TSDLT}} \leqslant D_{d,s,se,t}^{\text{TSDL0}} \tag{5-19}$$

$$\sum_{t'=t+1}^{T} D_{d,s,se,tt'}^{\text{TSDLT}} \leqslant D_{d,s,se,t}^{\text{TSDL0}} \tag{5-20}$$

式(5-17)~式(5-20)分别表示 TSDL 的容量占比、响应前后数据需求平衡约束、时间转移特性约束，以及负荷需求转移总量约束。其中，$D_{d,s,se}^{0}$ 为 DC 接收的总数据负载，β^{TSDL} 为 TSDL 在总数据任务中的占比，$D_{d,s,se,t}^{\text{TSDL0}}$ 为 TSDL 初始量，$D_{d,s,se,t't}^{\text{TSDLT}}$ 为由时刻 t' 转移到时刻 t 的数据任务容量，$D_{d,s,se,t}^{\text{TSDL}}$ 为调度结束时 TSDL 数据量。

(2)空间可迁移型负载。

STDL 是指处理请求时间固定但可根据需要在不同地理位置 DC 之间进行灵活迁移的数据负荷。在实际工程中，典型的 STDL 包括对于算力或质量要求不严格的影音娱乐、网页浏览、音视频通话及网络购物等数据负载。

针对 STDL 调度控制，相关约束表示如下：

$$D_{d,s,se,t}^{\text{STDL0}} = \beta^{\text{STDL}} D_{d,s,se,t}^{0} \tag{5-21}$$

$$D_{d,s,se,t}^{\text{STDL}} = D_{d,s,se,t}^{\text{STDL0}} - \sum_{d' \neq d, d' \in \Omega_{DC}} D_{dd',s,se,t}^{\text{STDLS}} \tag{5-22}$$

$$\begin{cases} -M^{\text{VM}} n_{dd',s,se,t}^{\text{VM}} \leqslant b_{\text{L}}^{\text{DC}} D_{dd',s,se,t}^{\text{STDLS}} \leqslant M^{\text{VM}} n_{dd',s,se,t}^{\text{VM}} \\ -M^{\text{VM}} n_{d'd,s,se,t}^{\text{VM}} \leqslant b_{\text{L}}^{\text{DC}} D_{dd',s,se,t}^{\text{STDLS}} \leqslant M^{\text{VM}} n_{d'd,s,se,t}^{\text{VM}} \end{cases} \tag{5-23}$$

$$0 \leqslant \sum_{d' \neq d, d' \in \Omega_{DC}} n_{dd',s,se,t}^{\text{VM}} \leqslant n_{d}^{\text{VM}} \tag{5-24}$$

$$0 \leqslant \sum_{d' \neq d, d' \in \Omega_{DC}} \max(0, D_{dd',s,se,t}^{\text{STDLS}}) \leqslant D_{d,s,se,t}^{\text{STDL0}} \tag{5-25}$$

式(5-21)~式(5-25)分别代表 STDL 容量占比、任务迁移平衡约束、DC 之间通信光纤带宽约束、虚拟机(virtual machine，VM)可用性约束以及 STDL 可迁移总量约束。其中，β^{STDL} 为 STDL 在总数据任务中的占比，$D_{d,s,se,t}^{\text{STDL0}}$ 为调度前 STDL 数据量，$D_{dd',s,se,t}^{\text{STDLS}}$ 为两 DC 之间迁移的数据量，$n_{dd',s,se,t}^{\text{VM}}$ 表示数据负载从 DC d 迁移到 d' 所需的 VM 数量，$n_{dd',s,se,t}^{\text{VM}}$ 表示数据负载从 DC d' 迁移到 d 所需的 VM 数量，b_{L}^{DC} 为单个数据任务容量，M^{VM} 为单套 VM 的供应容量，n_{d}^{VM} 为 VM 配置数量。

(3)刚性负载。

此外，还有一些数据负载对于信息处理的时间或质量均有严格要求，本书将其称为刚性负载。由于不具备运行可调节潜力，因此 RDL 无法作为需求响应资源参与系统调度运行。在实际应用中，典型的 RDL 包括远程实时医疗、电力安控信号处理等。

RDL 的运行特性可表示如下：

$$D_{d,s,se,t}^{\text{RDL}} = (1 - \beta^{\text{TSDL}} - \beta^{\text{STDL}}) D_{d,s,se,t}^{0} \tag{5-26}$$

式中，$D_{d,s,se,t}^{\text{RDL}}$ 为时刻 t 对应的 RDL 容量。

(4)DR 作用下的 DC 总数据负载。

根据式(5-17)~式(5-26)，考虑需求响应后，各时段 DC 需要处理的总信息负载可表示如下：

$$D_{d,s,se,t} = D_{d,s,se,t}^{\text{TSDL}} + D_{d,s,se,t}^{\text{STDL}} + D_{d,s,se,t}^{\text{RDL}} \tag{5-27}$$

5.4　基于改进 CVaR 的需求侧风险刻画

"双碳"目标下的 DC 与配电网集成规划需要在满足系统运行约束的基础上，

综合考虑经济性与低碳化目标的实现。但由于需求侧负荷功率具有间歇性和波动性，加之预测误差的存在，使得规划方案的有效性往往存疑。例如，当用户负荷高于预测水平时，可能导致系统供电容量不足，需要增加外购电量以保证功率平衡，这会带来额外的碳排放成本和运行费用支出；反之，若负荷需求低于预期时，则可能使得运行过程中 RES 发电削减，而原本不必要的外购电量将造成系统碳排放效益折损。因此，为有效考虑需求侧数据/用电负荷不确定性因素对配电网和 DC 交互式集成规划(interactive integration planning，IIP)碳减排效益的影响，本书采用 CVaR 量化计算不同场景下的系统损失风险。

CVaR 作为金融学中重要的风险计量指标，用于描述固定置信水平 σ 下系统风险水平超过相应风险价值 VaR 的期望。相比于传统 VaR 方法，CVaR 能够更好地反映因不确定事件使系统损失超过阈值时可能遭受的平均水平，因此可更为有效地体现规划中相关投资决策存在的综合风险。

根据相关定义，关于优化变量 x 和随机变量 y 的目标函数 $l(x,y)$，若随机变量 y 满足概率密度分布 $\rho(y)$，则可得 CVaR 的广义表达式如下：

$$\text{CVaR} = \left\{ \frac{1}{1-\sigma} \int l(x,y)\rho(y)\mathrm{d}y \Big| l(x,y) \geqslant \alpha \right\} \tag{5-28}$$

其中，α 的最小值为 VaR 值。

通过进一步引入辅助函数 $F_\sigma(x,\alpha)$，可得 CVaR 显式表达如下：

$$F_\sigma(x,\alpha) = \alpha + \frac{1}{1-\sigma} \int [l(x,y)-\alpha]^+ \rho(y)\mathrm{d}y \Big| y \in R \tag{5-29}$$

在本书研究中，系统中的不确定性主要来自数据/用电负荷和环境温度两方面。根据实际调研，假设数据/用电负荷需求和环境温度符合截断高斯分布。

采用经典的概率场景方法将随机优化问题转化为确定性优化问题进行处理。根据各不确定性因素的概率分布，分别利用 Monte-Carlo 模拟和 K-means 聚类法进行场景生成和削减，从而可得到系统总场景集 $\Omega_S = \{SC_s, s=1, 2, \cdots, SS\}$（其中，$SS$ 为场景数量）及其各场景发生概率 p_s。

由此得到概率场景下 CVaR 估计值的解析表达式为

$$F_\sigma(x,\alpha) = \alpha + \frac{1}{1-\sigma} \sum_{s=1}^{S} \{ p_s[l(x,y_s)-\alpha]^+ \} \tag{5-30}$$

式中，$[l(x,y)-\alpha]^+$ 表示 $l(x,y)$ 超过 α 的部分，可等效为 $\max\{l(x,y_s)-\alpha, 0\}$。通过联立式(5-27)和式(5-30)，可得当置信水平为 σ 时，系统碳减排 CVaR 为

$$C^{\text{C-CVaR}} = \alpha^C + \frac{1}{1-\sigma} \sum_{s \in \Omega_s} p_s [C_s^C - \alpha^C]^+ \tag{5-31}$$

其中，C_s^C 表示预想场景 s 下系统的预期碳排放成本，其具体计算式如下：

$$C_s^C = \sum_{t \in \Omega_T} c_t^C \tag{5-32}$$

其中，c_t^C 为时段 t 对应的系统碳排放费用。

5.5　计及电–碳风险价值的集成模型构建

5.5.1　目标函数

在低碳背景下，IIP 决策者一方面追求系统预期经济/低碳效益的最大化，另一方面追求因不确定性导致的系统预期风险成本最小。鉴于效益与成本之间相互依存却彼此制约，因此在满足供电质量的前提下，本书建立计及 CVaR 的 IIP 模型目标函数如下：

$$\min C = (1-\gamma)(C^{\text{I}} + C^{\text{O}} + C^{\text{C}}) + \gamma(C^{\text{IO-CVaR}} + C^{\text{C-CVaR}}) \tag{5-33}$$

由上式可见，目标函数由计及碳排放影响的系统期望成本 ($C^{\text{I}} + C^{\text{O}} + C^{\text{C}}$) 和系统总风险损失 ($C^{\text{IO-CVaR}} + C^{\text{C-CVaR}}$) 两方面加权叠加而成。其中，权重系数 γ 反映了决策者对风险的厌恶水平。当 γ 取较小值时，表示决策者为风险偏好型，希望以较大的风险代价换取更高的系统期望收益；当 γ 取较大值时，表示决策者为风险规避型，希望追求更低的风险并愿意为此承担系统效益损失。通过调整 γ 取值，决策者可权衡系统预期效益与风险代价之间的关系，从而获得更为有效的集成规划方案。

在式 (5-33) 中，C^{I}、C^{O}、C^{C} 和 $C^{\text{IO-CVaR}}$ 分别表示系统年值化投资成本、运行成本、碳排放成本以及经济风险价值成本。

系统投资成本 C^{I} 主要由配电变压器扩容成本、线路扩容成本、分布式电源安装成本以及 DC 服务器/制冷设备/VM 软件资源配置成本组成[5]：

$$C^{\text{I}} = \delta^{\text{TF}} c^{\text{TF}} P^{\text{TF-add}} + \sum_X \sum_{d \in \Omega_{\text{DC}}} \delta^X c^X n_d^X + \delta^{\text{Line}} \sum_{ij \in \Omega_F} \sum_{m \in \Omega_{\text{Line}}} c_m^{\text{Line}} e_{ij}^{\text{Line}} x_{ij,m}^{\text{Line}} \tag{5-34}$$

式中，$P^{\text{TF-add}}$ 为配电变压器扩容容量；$x_{ij,m}^{\text{Line}}$ 为表征线型选择的二元变量；e_{ij}^{Line} 为线路长度；$c^{\text{TF}} / c_m^{\text{Line}}$ 为配电变压器/线路的投资成本；$\delta^{\text{TF}} / \delta^{\text{Line}}$ 为配电变压器/线路的年值化系数；n_d^X 为安装节点 d 的设备 X 配置容量；c^X 为设备 X 的投资成本；

δ^X 为设备 X 的年值化系数；$\Omega_F / \Omega_{\text{Line}} / \Omega_{\text{DC}}$ 分别为描述配网线路/线型选择/DC 布设位置的集合。

系统运行成本 C^O 包括向上级电网支付的外购电成本 $C_{s,se}^{\text{grid}}$ 以及 DC 参与需求响应产生的相关成本 $C_{s,se}^{\text{DR}}$。对于 STDL，数据任务在多个 DC 间传输，一般不会影响用户的服务体验，故无须对其进行经济补偿；而对于 TSDL，由于延时处理将不可避免地降低用户满意度，故其补偿成本一般与负荷资源调用容量、延时时长以及补偿价格有关：

$$C^O = \sum_{se \in \Omega_{SE}} \sum_{s \in \Omega_S} \theta_{se} p_s (C_{s,se}^{\text{grid}} + C_{s,se}^{\text{DR}}) \tag{5-35}$$

$$\begin{cases} C_{s,se}^{\text{grid}} = \sum_{t \in \Omega_T} c^{\text{Grid}} P_{s,se,t}^{\text{Trans}} \\ C_{s,se}^{\text{DR}} = \sum_{d \in \Omega_{\text{DC}}} \sum_{t \in \Omega_T} \sum_{t'=t+1}^{T} c^{\text{DR}} D_{d,s,se,tt'}^{\text{TSDLT}} (t'-t) \end{cases} \tag{5-36}$$

式中，$P_{s,se,t}^{\text{Trans}}$ 为时刻 t 从上级电网的购电功率；c^{Grid} 为购电价格；c^{DR} 为 TSDL 参与需求响应的补贴费率；θ_{se} 为季节 se 对应天数。

系统碳排放成本 C^C 的计算式如下：

$$C^C = \sum_{se \in \Omega_{SE}} \sum_{s \in \Omega_S} \theta_{se} p_s C_s^{\text{C}} \tag{5-37}$$

此外，由于各类不确定性因素的存在，使得系统在投资运行经济性方面同样面临着风险。因此，与前文关于碳减排风险损失的定义方式类似，本书采用 CVaR 来度量系统因不确定性导致的经济风险成本，即

$$C^{\text{IO-CVaR}} = \alpha^{\text{IO}} + \frac{1}{1-\sigma} \sum_{s \in \Omega_S} p_s \omega_s^{\text{IO}} \tag{5-38}$$

式中，$\omega_s^{\text{IO}} = [C^I + C_s^O - \alpha^{\text{IO}}]^+$ 表示场景 s 下系统经济成本超过风险价值 α^{IO} 时对应的损失。

5.5.2　约束条件

1. 规划阶段

针对规划阶段，考虑到总投资预算和可用空间的限制，需对系统中各类设备的最大可安装容量进行约束。式(5-39)~式(5-41)分别代表变压器扩容容量约束、

电网扩容线型选择约束、DC 设备(分布式电源及 DC 服务器、VM 及空调)安装容量约束。

$$0 \leqslant P^{\text{TF-add}} \leqslant P^{\text{TF-A-max}} \tag{5-39}$$

$$0 \leqslant \sum_{m=\Omega_{\text{Line}}} x^{\text{Line}}_{ij,m} \leqslant 1 \quad \forall ij \in \Omega_F \tag{5-40}$$

$$0 \leqslant n^{\text{X}}_d \leqslant \chi^{\text{DC}}_d n^{\text{X-max}}_d \tag{5-41}$$

式中，$P^{\text{TF-A-max}}$ 为变电站最大扩容容量；$n^{\text{X-max}}_d$ 为设备 X 的最大可配置容量。

2. 运行阶段

(1)电源侧约束。

配网系统中分布式电源发电功率受其安装容量和最大预测出力的限制，故有

$$0 \leqslant P^{\text{WTG}}_{i,s,se,t} \leqslant P^{\text{WTG-F}}_{i,s,se,t} \tag{5-42}$$

式中，$P^{\text{WTG-F}}_{i,s,se,t} / P^{\text{WTG}}_{i,s,se,t}$ 分别为时刻 t 风机预测出力和实际出力。

(2)电网侧约束。

①节点功率平衡。

配电网各节点的流出功率应等于流入功率：

$$\begin{cases} \sum_{ji\in\Omega_F} P_{ji,s,se,t} + P^{\text{WTG}}_{i,s,se,t} = \sum_{ik\in\Omega_F} P_{ik,s,se,t} + P^{\text{DC}}_{i,s,se,t} + P^{\text{L}}_{i,s,se,t} \\ \sum_{ji\in\Omega_F} Q_{ji,s,se,t} + Q^{\text{WTG}}_{i,s,se,t} = \sum_{ik\in\Omega_F} Q_{ik,s,se,t} + Q^{\text{DC}}_{i,s,se,t} + Q^{\text{L}}_{i,s,se,t} \end{cases} \tag{5-43}$$

②节点电压约束。

为确保配电网电压质量符合规定，需对运行过程中各节点电压波动做出限制，故有：

$$V^{\min}_i \leqslant V_{i,s,se,t} \leqslant V^{\max}_i \tag{5-44}$$

③电网潮流约束。

含 DC 配电系统运行应满足电网潮流约束，即

$$V_{i,s,se,t} - V_{j,s,se,t} = 2P_{ij,s,se,t}\left(x^{\text{L-R}}_{ij,m}R^0_{ij} + \sum_{m\in\Omega_l} x^{\text{Line}}_{ij,m}R_{ij,m}\right) + 2Q_{ij,s,se,t}\left(x^{\text{L-R}}_{ij,m}X^0_{ij} + \sum_{m\in\Omega_l} x^{\text{Line}}_{ij,m}X_{ij,m}\right) \tag{5-45}$$

$$x_{ij,m}^{\text{L-R}} = 1 - \sum_{m \in \Omega_l} x_{ij,m}^{\text{Line}} \tag{5-46}$$

④线路载流量约束。

配电网各线路流过的有功/无功功率应不超过其额定载流量，故有

$$P_{ij,s,se,t}^2 + Q_{ij,s,se,t}^2 \leqslant x_{ij,m}^{\text{L-R}} (S_{ij}^{\text{(no)max}})^2 + \sum_{m \in \Omega_l} x_{ij,m}^{\text{Line}} (S_{ij,m}^{\text{max}})^2 \tag{5-47}$$

⑤购电容量约束。

受配变容量的限制，各时段系统从上级电网购入的功率需满足如下约束：

$$0 \leqslant P_{s,se,t}^{\text{Trans}} \leqslant (P^{\text{TF-add}} + P^{\text{TF-OR}}) \tag{5-48}$$

以上各式中，$P_{ji,s,se,t} / Q_{ji,s,se,t}$ 为线路 ji 在时刻 t 流过的有功功率/无功功率；$P_{i,s,se,t}^{\text{L}} / Q_{i,s,se,t}^{\text{L}}$ 为有功/无功负荷功率；$Q_{i,s,se,t}^{\text{WTG}} / Q_{i,s,se,t}^{\text{DC}}$ 为风机/DC 在时刻 t 的无功功率；$V_{i,s,se,t}$ 为节点电压幅值；$V_i^{\text{max}} / V_i^{\text{min}}$ 为节点电压允许的最大值/最小值；$R_{ij,m} / X_{ij,m}$ 为线路 ij 对应的电阻/电抗；$x_{ij,m}^{\text{L-R}}$ 为表征线路扩容状态的辅助变量；$S_{ij}^{\text{(no)max}} / S_{ij,m}^{\text{max}}$ 为改造前/后线路 ij 的容量；$P^{\text{TF-OR}}$ 为扩容前配电变压器的初始额定容量。

(3) 需求侧约束。

基于 $M/M/1$ 排队论[6]，可确定各服务器对应的数据负载如下：

$$T_{d,s,se,t}^{\text{Queue}} = \cfrac{1}{\mu_d - \cfrac{D_{d,s,se,t}}{n_{d,s,se,t}^{\text{ser-on}}}} \tag{5-49}$$

$$T_{d,s,se,t}^{\text{Handle}} = \frac{1}{\mu_d} \tag{5-50}$$

$$T_{d,s,se,t}^{\text{Queue}} + T_{d,s,se,t}^{\text{Handle}} \leqslant T^{\text{Delay}} \tag{5-51}$$

式中，$T_{d,s,se,t}^{\text{Queue}}$ 为数据任务排队等候时间；$T_{d,s,se,t}^{\text{Handle}}$ 为数据处理时间；T^{Delay} 为用户允许的最大延时时间。

此外，为确保用户数据负载请求，还需考虑 DC 运行阶段各类约束，即约束式(5-1)～式(5-27)。

(4) CVaR 风险约束。

风险损失约束用于描述因不确定性带来的系统经济成本和碳减排损失风险。基于 CVaR 定义，通过将式(5-31)中 $\omega_s^{\text{C}} = [C_s^{\text{C}} - \alpha^{\text{C}}]^+$ 和式(5-38)中 ω_s^{IO} 松弛化，可得线性形式的 CVaR 风险约束表达式如下：

$$\begin{cases} \omega_s^{IO} \geq C^I + C_s^O - \alpha^{IO} \\ \omega_s^C \geq C_s^C - \alpha^C \\ \omega_s^{IO} \geq 0 \\ \omega_s^C \geq 0 \end{cases} \qquad \forall s \in \Omega_S \qquad (5\text{-}52)$$

5.6　算例分析

为验证所提方法的有效性,以修改的 IEEE-33 节点配电网为例进行仿真分析。如图 5-2 所示,该系统包含 32 个负荷节点和 1 个变电站节点,系统额定电压为 12.66kV[7]。结合本书研究,将系统分为 4 个区域,每个区域拟建一个 DC 用于满足区域内用户数据需求。考虑分布式电源类型为风力发电机组,假设其在系统中的可安装位置(节点)为 {13, 18, 19, 22, 23, 25, 26, 33}。

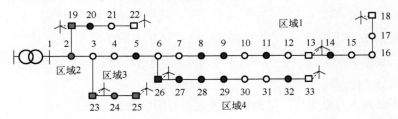

● 商业负荷　　● 工业负荷　　○ 居民负荷　　□ DC和风机可安装位置　　— 电力线路

图 5-2　系统拓扑结构

5.6.1　交互式集成的效益分析

为揭示实施 DC 与配电网交互式集成规划带来的效益,本节分别对下述四种场景下所得最优规划方案及其成本效益情况进行对比分析,相关结果如表 5-1 所示。

表 5-1　各场景下规划方案的成本效益　　　　　　　　(单位:万元)

场景	投资成本				运行成本					CVaR		年总成本
	线路	变压器	服务器	虚拟机	空调	风机	碳排放	购电	DR	$C^{IO\text{-}CVaR}$	$C^{C\text{-}CVaR}$	
I	980	371.5	5885.1	—	125.3	2520	324.0	2038.7	—	3643.9	323.1	3966.6
II	740	371.8	5885.1	—	125.3	2730	276.1	1813.9	—	3410.1	279.3	3689.0
III	540	211.6	4134.4	—	100.2	2800	270.8	1786.3	83.7	3133.7	275.1	3408.0
IV	440	111.7	3146.4	61	75.2	2800	247.3	1636.0	70.4	2781.4	252.5	3033.5

场景Ⅰ：DC 和配电网独立规划。该场景下，假设 DC 选址固定且 DC 不参与互动响应，仅优化设备容量，然后基于 DC 年最大负荷确定配电网扩容方案。所得结果反映了当 DC 和配电网在非协调规划情况下系统成本效益情况。

场景Ⅱ：DC 和配电网联合规划但 DC 不参与电网侧需求响应。假设所有 DC 均未配置 VM 且不对数据负载进行调度控制。该场景代表传统自律式规划范式，反映了当未考虑 DC 灵活性潜力时系统规划的成本效益情况。

场景Ⅲ：DC 和配电网联合规划，但仅 TSDL 参与需求响应。该场景用于反映当仅考虑 DC 时间灵活性时系统的成本效益情况。

场景Ⅳ：本书模型，即 DC 和配电网交互式集成规划范式。该场景下 TSDL 和 STDL 同时参与电网侧需求响应。

从综合成本方面来看，场景Ⅰ下规划方案的总成本最高，场景Ⅱ次之，场景Ⅳ方案的总成本最低。对比场景Ⅰ和Ⅱ可知，DC 与配电网联合规划方案的经济性和碳减排效益指标优于独立规划模式。这主要是因为在不合理的位置接入 DC 将加剧配电网阻塞，因此需要对线路扩容才能满足相关负荷需求；而采用联合规划，由于考虑了配电网与 DC 的协调关系，DSO 可根据全网潮流分布科学选取 DC 的接入位置，最大限度地降低因潮流分布不均衡导致的电网阻塞问题，提升 RES 利用和清洁电源替代率，进而降低系统碳排放水平并提高运行经济性。

由场景Ⅲ与场景Ⅱ对比可知，借助 DC 负荷的时间可转移潜力，使系统投资成本、购电成本和总成本支出较场景Ⅱ分别下降了 331.8 万元(20.75%)、27.6 万元(1.52%)和 281 万元(7.61%)。同时，还提高了系统中可再生能源的渗透率。出现上述结果的原因是，DC 通过参与需求响应实现了与配电网的有效互动。通过改变自身用电需求时序特性，降低了电网扩容投资需求；同时，通过 DC 用电的时间转移还提高了可再生能源发电出力与终端负荷需求的匹配度，促进了 RES 利用，减少了高峰时段系统从上级电网的购电量，使系统具有更好的运行经济性和碳减排效益。

在场景Ⅲ的基础上，场景Ⅳ进一步考虑了 DC 负荷的空间转移能力。显而易见，与仅考虑 TSDL 的情况相比，该策略下 DC 与配网间交互水平进一步加强，通过对数据负载时空分布的优化，进一步降低了 DC 内部服务器、空调等设备的容量配置需求。其次，通过综合利用 DC 资源在时间和空间维度的需求响应能力，系统有机会更多地利用可再生能源并减少对外部市场电能(即具有高碳排放附加属性的电能)的依赖，因而在碳排放指标方面具有更优的表现。此外，由于在基于 STDL 的需求响应项目中，DSO 无须向用户支付额外的补偿，因此使得系统在经济成本方面亦有下降，有效提高了系统的经济性和碳减排效益。

5.6.2 DC 热环境特性的影响分析

现有国内外研究大多借助基于电源使用效率(power usage effectiveness，PUE)指标的经验估算法实现对 DC 总体功耗的确定。PUE 指标表征 DC 总能耗与 IT 负载能耗的比值。PUE 方法下，运行人员基于经验确定 DC 的 PUE 值，然后用测量得到的 IT 设备能耗与 PUE 估计值相乘，进而得到 DC 总能耗估计值。实际应用中，由于 PUE 方法未能有效考虑热环境特性对 DC 运行的影响，因此可能导致最终模型与实际情况之间存在较大误差。

为揭示上述影响及本书所考虑方法的有效性，分别对采用 PUE 方法和本书建模方法下所得规划结果进行对比分析。其中，在 PUE 方法中，当前全球在运 DC 的实际 PUE 水平大多在 1.1～2.0 之间，本书以此为基础，并考虑未来技术发展和政策因素等对 PUE 的影响，以 0.2 为步长，取 PUE 设置值分别为 1.2、1.4、1.6、1.8 和 2.0。通过改变 PUE 参数的赋值，来模拟真实环境下决策者对 DC 能效不同的主观估计。两种方法下系统预期总成本和年 RES 利用量对比如表 5-2 所示。

表 5-2 基于 PUE 法与本书方法所得规划方案对比

对比项	本书方法	PUE 方法(PUE 设置值)				
		1.2	1.4	1.6	1.8	2.0
预期总成本年值/千万元	3.03	2.91	3.01	3.11	3.21	3.33
实际总成本年值/千万元	3.03	3.04	3.12	3.17	3.23	3.28
RES 发电量/（GW·h）	13.05	13.06	13.10	13.08	13.20	13.26

可见，当采用 PUE 经验法时，随着 PUE 估计值的变化，最终所得规划方案的预期经济成本和可再生能源发电利用量(间接反映了系统碳减排效益)也随之发生变化。较大的 PUE 估计将使决策结果偏向保守，较小 PUE 估计使得优化结果偏向乐观。这是因为基于 PUE 指标的建模方式仅通过服务器设备的运行能耗线性估计 DC 整体功率，这种方式忽略了 DC 内部制冷设备运行控制与外部热环境特性之间存在的复杂非线性耦合关系。由于 PUE 取值由决策者根据经验确定，受主观因素影响大，因此最终决策可能与实际情况存在较大偏差。而本书建模方法细致考虑了 DC 中制冷设备运行与热环境温度之间的相依关系，可实现对 DC 可调特性更准确的描述。

5.7　本　章　小　结

针对 DC 与配电网融合问题，本章提出了一种面向二者协同增效的交互式集成规划框架，重点探讨了利用 DC 运行灵活性对于提升未来配电系统经济性与碳减排效益的潜在贡献，并详细分析了 DC 特有的热环境约束及不确定性对上述目标实现的影响。算例结果表明：①相比传统自律式规划，IIP 能够有效提高含 DC 配电网的运行效率，促进可再生能源利用，从而助力电力系统碳减排；②在 DC 建模中计及 IT 设备发热、制冷调节、建筑耗散等热力学特性，有助于更为精确地描述 DC 实时互动响应能力，从而确保最终规划方案的有效性。

参 考 文 献

[1] 张玉莹, 曾博, 周吟雨, 等. 碳减排驱动下的数据中心与配电网交互式集成规划研究[J]. 电工技术学报, 2023, 23: 6433-6450.

[2] 杨挺, 姜含, 侯昱丞, 等. 基于计算负荷时-空双维迁移的互联多数据中心碳中和调控方法研究[J]. 中国电机工程学报, 2022, 42(1): 164-177.

[3] Huang P, Copertaro B, Zhang X X, et al. A review of data centers as prosumers in district energy systems: Renewable energy integration and waste heat reuse for district heating[J]. Applied Energy, 2020, 258: 114109.

[4] 高赐威, 吴刚, 陈宋宋. 考虑地理分散的数据中心服务器频率调节的电网降损模型[J]. 中国电机工程学报, 2019, 39(6): 1673-1681, 1863.

[5] Qi W B, Li J, Liu Y Q, et al. Planning of distributed internet data center microgrids[J]. IEEE Transactions on Smart Grid, 2019, 10(1): 762-771.

[6] Vafamehr A, Khodayar M E, Manshadi S D, et al. A framework for expansion planning of data centers in electricity and data networks under uncertainty[J]. IEEE Transactions on Smart Grid, 2019, 10(1): 305-316.

[7] Chen S R, Li P, Ji H R. Operational flexibility of active distribution networks with the potential from data centers[J]. Applied Energy, 2021, 293: 116935.

第6章 需求侧多能耦合赋能的城市电力能源系统低碳规划

6.1 概　述

我国新能源装机容量逐年攀升，同时终端用户用能选择的多元化，使得城市电网正逐步演化为一个以多能耦合为主要特征的综合能源系统(integrated energy system，IES)。在这一过程中，鼓励用户参与需求响应，利用用户多元用能的灵活性，可以有助于提升电力能源系统运行的经济性与低碳效益。

基于上述背景，本节首先进行多时间尺度下的不确定性建模，并分析多时间尺度不确定性之间的相关性。在此基础上，利用蒙特卡罗模拟、Cholesky分解、逆变换等方法生成具有相关性的不确定性场景集合，并引入了计及不确定性之间相关性的基于最优聚类场景削减方法，以减轻模型的计算负担。随后，建立了计及多时间尺度不确定性及其相关性的两阶段随机规划模型，该模型以最小化系统年总成本为目标函数，对系统可再生能源配置及多能负荷调度决策联合优化，以实现经济和环境效益的综合最优。最后，通过算例分析，验证本章方法的有效性。

6.2　多时间尺度下的需求侧不确定性建模

1. 长期不确定性因素建模

综合能源系统的投资规划受到长期因素的影响，例如，负荷的逐年增长会影响系统元件的容量、类型的规划等。在实际中，负荷的长期增长情况无法准确预测。因此，负荷长期增长率是一项综合能源系统规划中的长期不确定因素。

通常使用截断的高斯分布对系统的负荷增长率 κ_y 进行建模，如式(6-1)：

$$f(\kappa_y) = \begin{cases} \dfrac{1}{\sqrt{2\pi}\sigma_y^{\kappa}}\exp\left[-\dfrac{(\kappa_y - \mu_y^{\kappa})^2}{2(\sigma_y^{\kappa})^2}\right], & \kappa_y \geqslant 0 \\ 0, & \kappa_y \leqslant 0 \end{cases} \tag{6-1}$$

式中，σ_y^κ 和 μ_y^κ 是第 y 年负荷赋能增长率 κ_y 的平均值和标准差。

因此，第 $y+1$ 年的用户负荷量 D_{y+1} 可以表示为

$$D_{y+1} = (1+\kappa_y)D_y \tag{6-2}$$

2. 短期不确定性因素建模

(1) 可再生能源发电。

本章采用高精度的风速概率模型，给出候选风机安装节点 w 足够的历史风速数据，可以获得该节点的每小时 Weibull 分布：

$$f(v_{w,t};k_{w,t},c_{w,t}) = \frac{k_{w,t}}{c_{w,t}}\left(\frac{v_{w,t}}{c_{w,t}}\right)^{k_{w,t}-1}\exp\left[-\left(\frac{v_{w,t}}{c_{w,t}}\right)^{k_{w,t}}\right] \tag{6-3}$$

式中，$v_{w,t}$ 为 t 时段候选风机安装节点 w 处的风速，$k_{w,t}$ 和 $c_{w,t}$ 分别表示 t 时段形状参数和尺度参数。

假设所讨论的所有的风电机组待选安装位置风速均相同，并在运行过程中以恒定功率因数模式运行[1]。

(2) 负荷需求。

能源需求的不确定性一方面来自于用户消费的内在波动性[2]，另一方面来自于负荷预测的不准确性[3]。利用截断的高斯分布可以对各时段的负荷需求变化进行粗略的建模：

$$f(D_{\text{type},t}^0) = \begin{cases} 0, & D_{\text{type},t}^0 < D_{\text{type,min}} \\ \dfrac{1}{\sqrt{2\pi}\sigma_{\text{type},t}^D}\exp\left[-\dfrac{(D_{\text{type},t}^0 - \mu_{\text{type},t}^D)^2}{2(\sigma_{\text{type},t}^D)^2}\right], & D_{\text{type,min}} \leqslant D_{\text{type},t}^0 \leqslant D_{\text{type,max}} \\ 0, & D_{\text{type},t}^0 > D_{\text{type,max}} \end{cases} \tag{6-4}$$

式中，$D_{\text{type},t}^0$ 为用户类型为"type"的电负荷/热负荷，$\mu_{\text{type},t}^D$ 和 $\sigma_{\text{type},t}^D$ 分别表示 t 时段内用户类型为"type"的负荷需求的统计平均值和标准偏差，$D_{\text{type,min}}$ 和 $D_{\text{type,max}}$ 是 $D_{\text{type},t}^0$ 的上下限。

(3) 需求侧响应。

对于基于价格的需求响应项目，需求侧对价格变化的响应能力可能会因用户个人的特质而有很大差异，与需求侧响应相关的表征参数（$\varepsilon_t^{TL(e,h)}$、$\varepsilon_{tt'}^{TL(e,h)}$、$\varepsilon_t^{EL}$、$\epsilon_t^{EL}$）在多能耦合系统的规划中是不确定的。本章假设综合能源系统中用户的价格弹性服从均匀分布，其上下界分别为各自预测值的 ±10%，相应的概率密度函数可以表示为

$$f(z_t) = \begin{cases} 1/(0.2 \times \overline{z}_t), & 0.9 \times \overline{z}_t < x < 1.1 \times \overline{z}_t \\ 0, & 其他 \end{cases} \qquad (6\text{-}5)$$

式中，z_t 表示随机弹性参数 $\varepsilon_t^{TL(e,h)}$、$\epsilon_{tt'}^{TL(e,h)}$、ε_t^{EL}、ϵ_t^{EL}，$\overline{z}_t$ 表示对应的 z_t 预测值。

3. 多时间尺度不确定性因素相关性分析

在实际工程中，可再生能源发电、负荷需求和用户需求响应能力都是与时间相关的，这些不确定性之间可能存在高度相关性。不确定性之间的相关性往往对系统决策的有效性具有重要影响。因此，在综合能源系统规划中需要适当考虑系统内部多尺度不确定性以及不确定性之间相关性的影响。多时间尺度不确定性分析如图 6-1 所示。

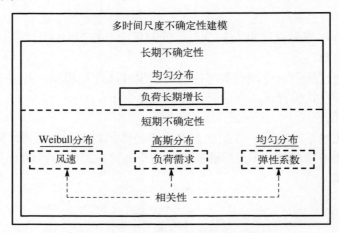

图 6-1　多时间尺度不确定性分析

假定风速遵循 Weibull 分布，用户的价格需求弹性遵循均匀分布，采用 Spearman 矩阵处理非正态分布的随机变量之间的相关性。随机变量 $X_i (i = 1, \cdots, n)$ 的 Spearman 相关系数矩阵 $\boldsymbol{C}_X$ 可以表示为

$$\boldsymbol{C}_X = \begin{bmatrix} 1 & \kappa_{12} & \cdots & \kappa_{1n} \\ \kappa_{21} & 1 & \cdots & \kappa_{2n} \\ \vdots & \vdots & \ddots & \vdots \\ \kappa_{n1} & \kappa_{n2} & \cdots & 1 \end{bmatrix} \qquad (6\text{-}6)$$

$$\kappa_{ij} = \frac{\mathrm{Cov}(X_i, X_j)}{\sqrt{\mathrm{Var}(X_i)}\sqrt{\mathrm{Var}(X_j)}} \qquad (6\text{-}7)$$

式中，κ_{ij} 是随机变量 X_i 和 X_j 之间的 Spearman 相关系数。

6.3　计及相关性的场景生成与削减

1. 计及相关性的系统预想场景生成

（1）解耦方法。

对于随机问题，若给出了不确定因素的概率密度函数，则可以使用一组确定性场景来描述不确定性。图 6-2 给出了针对多尺度不确定性的预想场景生成框架。场景树的起始节点表示长期不确定性（负荷长期增长率），在完成生成长期不确定性样本后，分支进行短期不确定性的抽样（可再生能源发电、负荷需求和用户需求响应能力）。

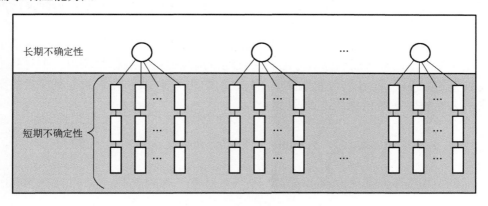

图 6-2　针对多尺度不确定性的预想场景生成框架

（2）场景生成。

由于风速和用户的需求弹性都遵循非正态概率分布，因此要生成这些相关不确定性的样本，必须先将原始分布空间映射到独立的标准正态分布空间。然后，可进一步使用 Cholesky 分解和逆变换方法来实现相关不确定变量的场景生成。

假设 $X_i(i=1,\cdots,n)$ 表示有关风速、负荷需求量和用户需求响应的相应不确定变量，$\mathcal{C}_X$ 表示以上不确定性变量之间的相关性矩阵，计及不确定性之间相关性的场景生成的主要过程描述如下。

①采用数值搜索算法，将不确定性变量之间的相关系数矩阵 $\mathcal{C}_X$ 转换为相应的标准正态分布空间的相关系数矩阵 $\mathcal{C}_Y$，其中，$\mathcal{C}_Y$ 对应的不确定性变量 $Y_i(i=1,\cdots,n)$ 服从正态分布。

②生成多个 n 维样本，其中每个变量都遵循标准正态分布，并且每个向量 V 彼此独立。

③使用 Cholesky 分解技术将 $\boldsymbol{C}_Y$ 分解成 $\boldsymbol{C}_Y = \boldsymbol{M}_Y \boldsymbol{M}_Y^{\mathrm{T}}$，再通过 $Y = \boldsymbol{M}_Y \boldsymbol{V}$ 生成相应的符合正态分布的相关系数矩阵为 $\boldsymbol{C}_Y$ 的样本，其中，$\boldsymbol{V}$ 为步骤②中符合正态分布的 n 维向量，Y 中变量之间的相关性符合相关系数矩阵 $\boldsymbol{C}_Y$。

④采用逆变换公式 $X_i = F_{X_i}^{-1}[\phi(Y_i)](i = 1, \cdots, n)$，将符合正态分布的相关系数矩阵 $\boldsymbol{C}_Y$ 的样本 Y 变换到具有相关性 $\boldsymbol{C}_X$ 的不确定性变量为 $X_i(i = 1, \cdots, n)$ 的场景。其中，$\phi(Y_i)$ 是 Y_i 的标准正态累积分布函数；$F_{X_i}^{-1}$ 为非正态累积分布函数的反函数。

2. 计及相关性的系统预想场景削减

由于进一步解随机规划模型的计算速度在很大程度上取决于所生成场景的数量，因此应采用场景削减方法来消除生成场景中可能出现的冗余，从而提高问题的求解效率。

为适当减少场景数量，同时保持不确定性之间的统计相关性，引入一种基于最佳聚类方法的综合场景削减方法。进行场景削减的主要目标是获得一个与初始场景集相似度高，而且尽可能地保护变量之间的相关性（最小化场景削减前后的变量相关性的偏差）的削减后的场景集合。

$$\max_{I_{\tilde{\tau}}, \tilde{s}_{\tilde{\tau}}} \left[\sum_{\tilde{\tau} \in \tilde{\Omega}_1} \sum_{\tau \in I_{\tilde{\tau}}} \mathrm{Sim}(s_{\tau}, \tilde{s}_{\tilde{\tau}}) - \beta \mathrm{corrloss}(s_{\tau}, \tilde{s}_{\tilde{\tau}}) \right]$$
$$\text{s.t.} \bigcup_{\tilde{\tau} \in \tilde{\Omega}_1} I_{\tilde{\tau}} = \Omega_1, \quad \sum_{\tau \in \Omega_1} p_{\tau} = 1 \tag{6-8}$$
$$I_{\tilde{\tau}} \bigcap I_{\tilde{\tau}'} = \varnothing, \quad \forall \tilde{\tau} \neq \tilde{\tau}', \quad \tilde{\tau}, \tilde{\tau}' \in \tilde{\Omega}_1$$

式中，$I_{\tilde{\tau}}$ 代表聚类子集，在削减时，节点 $\tilde{\tau}$ 代替初始场景子集 $I_{\tilde{\tau}}$；Ω_1 表示场景数量为 N_1 的场景集合（代表场景 s_{τ} 及相应概率 p_{τ}，节点 $\tau \in \Omega_1$，相关系数矩阵为 $\boldsymbol{C}_X$）；$\tilde{\Omega}_1$ 表示削减后的场景数量为 $\tilde{N}_1$ 的场景集合（保留的代表场景 $\tilde{s}_{\tilde{\tau}}$ 及相应概率 $\tilde{p}_{\tilde{\tau}}$，节点 $\tilde{\tau} \in \tilde{\Omega}_1$，相关系数矩阵为 $\tilde{\boldsymbol{C}}_X$）。

概率相似函数 Sim 是计算两个场景之间的相似性[4]，计算类似于两个场景矢量的概率距离[5]。这个值越大，表明这两个场景越相似。

$$\mathrm{Sim}(s_i, s_j) = \frac{1}{n} \left[\sum_{k=1}^{n} \left(1 - \frac{p_i p_j}{p_i + p_j} \frac{\left| s_i^k - s_j^k \right|}{\left| \max_{1 \leqslant l \leqslant n} \{s_l^k\} - \min_{1 \leqslant l \leqslant n} \{s_l^k\} \right| + \varepsilon} \right) \right] \tag{6-9}$$

式中，$k(k = 1, 2, \cdots, n)$ 对应为场景 s_i（对应概率为 p_i）的第 k 个随机变量，ε 是一个很小的常数，确保式中分母值不为 0。

相关性偏差函数 Corrloss 用于计算场景削减前后的相关性损失。这个值越小，说明场景削减前后，场景集合的相关系数偏差越小。

$$\Delta \boldsymbol{C}_X = \boldsymbol{C}_X - \tilde{\boldsymbol{C}}_X = \begin{bmatrix} 0 & \Delta \kappa_{12} & \cdots & \Delta \kappa_{1n} \\ \Delta \kappa_{21} & 0 & \cdots & \Delta \kappa_{2n} \\ \vdots & \vdots & \ddots & \vdots \\ \Delta \kappa_{n1} & \Delta \kappa_{n2} & \cdots & 0 \end{bmatrix} = (\Delta \kappa_{ij})_{n \times n}, (i, j = 1, 2, \cdots, n) \quad (6\text{-}10)$$

$$\text{corrloss}(s, \tilde{s}) = \sum_{i=1}^{n-1} \sum_{j=i+1}^{n} (\Delta \kappa_{ij})^2 \quad (6\text{-}11)$$

以上场景削减的方法实质上是一个双目标优化问题，β 是双目标优化问题中的权重系数。当 β 较小时，削减后获得的场景集与原始场景集之间具有较高统计相似性，但削减后的场景不确定性变量之间的相关性损失较大；当 β 较大时，削减之后获得的场景集能够保留较高的变量之间的相关性，但是不能确保场景削减后获得的场景集与原始场景集之间的统计相似性。因此，可以通过调整 β 的值，根据决策者偏好来调整两个目标函数的权重[6]。

上述场景削减方式是基于迭代框架实现的，主要步骤如下。

①根据 $\text{SIM}(i, j) = \text{Sim}(s_i, s_j)$，生成概率相似矩阵 $\text{SIM}_{N_1 \times N_1}$。

②选择两个场景 s_i 和 s_j，计算削减这两个场景之后的场景集与削减之前的场景集之间的相关性偏差 $\text{Corrloss}(i, j) = \text{corrloss}(s_{(s_i, s_j)}, \tilde{s})$，生成相关性偏差矩阵 $\text{Corrloss}_{N_1 \times N_1}$，其中，$\tilde{s}$ 表示削减场景 s_i 和 s_j 之后的场景集的剩余场景。

③归一化概率相似矩阵和相关性偏差矩阵。

$$\text{SIM}'(i, j) = \frac{\text{Sim}(s_i, s_j) - \text{SIM}_{\min}}{\text{SIM}_{\max} - \text{SIM}_{\min}} \quad (6\text{-}12)$$

$$\text{Corrloss}'(i, j) = \frac{\text{corrloss}(s_i, s_j) - \text{Corrloss}_{\min}}{\text{Corrloss}_{\max} - \text{Corrloss}_{\min}} \quad (6\text{-}13)$$

④计算场景削减所需目标函数矩阵 $\text{SIMCorr}_{N_1 \times N_1}$，其中，$\text{SIMCorr}(i, j) = \text{SIM}'(i, j) - \beta \text{Corrloss}'(i, j)$。

⑤计算得出使目标函数值最大 $\text{SIMCorr}_{N_1 \times N_1}$ 的最优场景对 (s_i, s_j)。

⑥根据"最优重新分布原则"将最优场景对的两个场景 (s_i, s_j) 合并成一个场景 s_{new}。

$$s_{\text{new}} = \frac{p_i s_i + p_j s_j}{p_i + p_j} \quad (6\text{-}14)$$

$$p_{\text{new}} = p_i + p_j \quad (6\text{-}15)$$

⑦用 s_{new} 替代场景对 (s_i, s_j) 之后得到新的削减后的场景集 $\tilde{\Omega}_1$。由此，场景集的场景数量 N_1 减少了一个。

⑧判断场景数量 $\tilde{\Omega}_1$ 是否达到预期场景数量 $\tilde{N}_1$。如果达到了预期值，即可结束本流程；否则，回到步骤①重复流程。

通过以上过程，得到的场景集合在考虑不确定性之间的相关性的同时，整合了初始场景集具有相似统计特性的冗余场景。因此，可以在保持原始场景集合特性的同时更有效地解决所提出的随机优化问题。

6.4　优化模型构建与求解

在电力市场环境下，终端用户可以根据自己的负荷特征、消费模式、对于能源价格的敏感性等决定是否装设智能电表（advanced metering infrastructure，AMI）参与需求响应项目。同时，为 IES 用户配备 AMI 需要系统承担额外的投资。因此，IESO 需要分析不同的 AMI 配置计划（即 DR 资源规划策略），评估开展需求响应项目的成本和收益。

上述问题可以分解为 IESO 的两阶段优化模型，如图 6-3 所示。框架分为两个阶段，分别对应规划阶段和运行阶段。

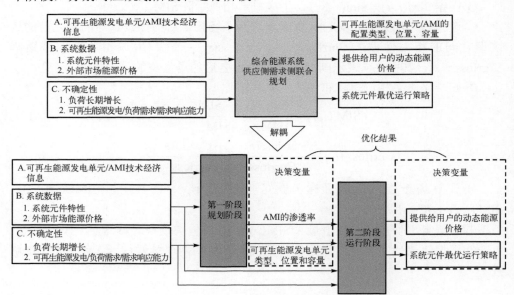

图 6-3　电-热-气耦合能源系统规划-运行框架

第一阶段主要确定可再生能源和需求响应资源配置的最佳策略。第一阶段问题的决策变量包括可再生能源发电单元和 AMI 的配置类型、位置和容量。在第二阶段的优化中，IESO 结合可再生发电出力，负荷需求和用户的价格响应能力（自有弹性和交叉弹性），确定 RTP 的最优定价策略。这些价格旨在鼓励系统用户通过主动调整自身负荷需求，在满足系统运行约束的情况下促进 IES 的运行效益提升（即最大化 IESO 的效益）。

1. 目标函数

目标函数是最小化总经济成本和碳排放成本的净现值。规划问题转化成二阶段优化问题，总成本包括第一阶段的投资成本净现值和第二阶段运行成本净现值，如以下公式所示：

$$OF = OA + OB \tag{6-16}$$

第一阶段的成本（OA）包括如下部分。

（1）可再生能源发电单元的建设投资和需求侧响应资源的建设投资（investment cost，IC），与设备的类型、装机容量等相关：

$$IC = \sum_{y=1}^{Y} \frac{1}{(1+r)^y} \left[\sum_{w \in \Omega_w} cc^{WT} n_{w,y} + \sum_{d \in \Omega_d} cc^{AMI} N_d^{household} \chi_{d,y} \right] \tag{6-17}$$

式中，r 表示对应设备年度投资系数，cc 代表对应设备的投资成本，n_w 表示相应元件安装数量，$N^{household}$ 代表候选负荷点的家庭数目，χ 表示 AMI 渗透率或者普及率。

（2）系统的维护成本（maintenance cost，MC），与系统组件的类型、容量相关：

$$MC = \sum_{y=1}^{Y} \left[\sum_{w \in \Omega_w} cm^{WTG} n_w + \sum_{d \in \Omega_d} cm^{AMI} N_d^{household} \chi_d + cm^{Trans} P^{Trans-r} + cm^{CHP} P^{CHP-r} \right] \tag{6-18}$$

式中，cm 代表相应的年维修系数，P^{CHP-r} 是热电联产单元的额定输出功率，$P^{Trans-r}$ 为变压器额定输出功率。

考虑到不同设备具有不同使用寿命，第三部分为设备的残值（residual equipment value，REV），定义如下：

$$REV = \frac{1}{(1+d)^Y} \left[\sum_{w \in \Omega_w} RV_w^{WT} + \sum_{d \in \Omega_d} RV_d^{AMI} \right] \tag{6-19}$$

$$RV = \frac{cc}{LS} [LS - (Y - y)] \tag{6-20}$$

式中，RV（residual value）表示设备的残值，LS（life span）表示设备寿命。

综合考虑上述因素，第一阶段的总投资成本表示为

$$OA = IC + MC - REV \tag{6-21}$$

第二阶段的总运行成本(OB)包括如下部分。

(1)从外部市场购买能源的成本和相关的碳排放成本(energy procurement cost，EP)。

$$EP_{s,y,t} = (\sigma_t^{GR} P_{s,y,t}^{GR} + \sigma_t^{GS} G_{s,y,t}^{GS}) + CT_y \left(eg_y^{GR} P_{s,y,t}^{GR} + eg_y^{GS} G_{s,y,t}^{GS} + eg_y^{CHP} \sum_{i \in \Omega_I} P_{s,i,y,t}^{CHP} \right) \tag{6-22}$$

式中，σ^{GR} 是从电网购买电力的价格，P^{GR} 表示从外部市场购买的电量，σ^{GS} 表示系统从气站购买天然气的价格，G^{GS} 表示系统从天然气站购买的天然气的体积，CT(carbon emission tax rate)表示 CO_2 的排放税率。

(2)因参与 DR 而导致的潜在收入损失(revenue loss，RE)。在实践中，由于基于实时价格的需求响应项目的投入可能会带来潜在的损失或额外的收益，这取决于 IESO 给用户提供的定价策略，因此本项成本可能是正值也可能是负值。

$$RE_{s,y,t} = \sum_{d \in \Omega_d} \begin{bmatrix} (\rho_{d,t}^{e,0} PD_{s,y,d,t}^{TL,0} - \rho_{s,y,d,t}^e PD_{s,y,d,t}^{TL}) + (\rho_{d,t}^{h,0} HD_{s,y,d,t}^{TL,0} - \rho_{s,y,d,t}^h HD_{s,y,d,t}^{TL}) \\ + (\rho_{d,t}^{e,0} PD_{s,y,d,t}^{EL,0} - \rho_{s,y,d,t}^e PD_{s,y,d,t}^{EL}) + (\rho_{d,t}^{h,0} HD_{s,y,d,t}^{EL,0} - \rho_{s,y,d,t}^h HD_{s,y,d,t}^{EL}) \end{bmatrix} \tag{6-23}$$

式中，ρ^e / ρ^h 分别表示提供给用户的电能和热能的价格，PD / HD (power demand/heat demand)分别表示用户的电力和热力需求。

综合考虑上述因素，第二阶段的总运行成本表示为

$$OB = \sum_{y=1}^{Y} \frac{1}{(1+r)^y} \sum_{s \in \Omega_s} p_{s,y} \times \sum_{t=1}^{T} (EP_{s,y,t} + RE_{s,y,t}) \tag{6-24}$$

2. 约束条件

1)第一阶段

$$0 \leqslant n_w \leqslant n_w^{max}, \quad \forall w \in \Omega_w \tag{6-25a}$$

$$0 \leqslant \chi_d \leqslant 1, \quad \forall d \in \Omega_d \tag{6-25b}$$

上式两式分别表示系统中可再生能源发电配置以及 AMII 安装容量约束容量的上下限。

2)第二阶段

(1)供需平衡。

式(6-26)表示系统能量流平衡。

$$P_{s,i,y,t}^{\mathrm{CHP}} + P_{s,i,y,t}^{\mathrm{Trans}} + P_{s,i,y,t}^{\mathrm{WTG}} - \sum_{\substack{i,j\in\Omega_I \\ j\neq i}} P_{s,ij,y,t} =$$

$$(1-\chi_i)(\mathrm{PD}_{s,i,y,t}^{\mathrm{CL},0} + \mathrm{PD}_{s,i,y,t}^{\mathrm{TL},0} + \mathrm{PD}_{s,i,y,t}^{\mathrm{EL},0}) + \chi_i(\mathrm{PD}_{s,i,y,t}^{\mathrm{CL}} + \mathrm{PD}_{s,i,y,t}^{\mathrm{TL}} + \mathrm{PD}_{s,i,y,t}^{\mathrm{EL}}) \quad (6\text{-}26\mathrm{a})$$

$$\forall s\in\Omega_s, \forall i,j\in\Omega_I, \forall y\in Y, \forall t\in T$$

$$Q_{s,i,y,t}^{\mathrm{CHP}} + Q_{s,i,y,t}^{\mathrm{Trans}} + Q_{s,i,y,t}^{\mathrm{WTG}} - \sum_{\substack{i,j\in\Omega_I \\ j\neq i}} Q_{s,ij,y,t} =$$

$$(1-\chi_i)(\mathrm{QD}_{s,i,y,t}^{\mathrm{CL},0} + \mathrm{QD}_{s,i,y,t}^{\mathrm{TL},0} + \mathrm{QD}_{s,i,y,t}^{\mathrm{EL},0}) + \chi_i(\mathrm{QD}_{s,i,y,t}^{\mathrm{CL}} + \mathrm{QD}_{s,i,y,t}^{\mathrm{TL}} + \mathrm{QD}_{s,i,y,t}^{\mathrm{EL}}) \quad (6\text{-}26\mathrm{b})$$

$$\forall s\in\Omega_s, \forall i,j\in\Omega_I, \forall y\in Y, \forall t\in T$$

$$H_{s,i,y,t}^{\mathrm{CHP}} - \sum_{\substack{i,j\in\Omega_I \\ j\neq i}} H_{s,ij,y,t} =$$

$$(1-\chi_i)(\mathrm{HD}_{s,i,y,t}^{\mathrm{CL},0} + \mathrm{HD}_{s,i,y,t}^{\mathrm{TL},0} + \mathrm{PD}_{s,i,y,t}^{\mathrm{EL},0}) + \chi_i(\mathrm{HD}_{s,i,y,t}^{\mathrm{CL}} + \mathrm{HD}_{s,i,y,t}^{\mathrm{TL}} + \mathrm{HD}_{s,i,y,t}^{\mathrm{EL}}) \quad (6\text{-}26\mathrm{c})$$

$$\forall s\in\Omega_s, \forall i,j\in\Omega_I, \forall y\in Y, \forall t\in T$$

从外部市场购买的电量通过系统的变压器给用户供能，从天然气站购买的天然气全部提供给 CHP (combined heat and power) 机组。

$$P_{s,y,t}^{\mathrm{GR}} = \sum_{i\in\Omega_I} P_{s,i,y,t}^{\mathrm{Trans}} \qquad \forall s\in\Omega_s, \forall i\in\Omega_I, \forall y\in Y, \forall t\in T \qquad (6\text{-}27\mathrm{a})$$

$$G_{s,y,t}^{\mathrm{GS}} = \sum_{i\in\Omega_I} G_{s,i,y,t}^{\mathrm{CHP}} \qquad \forall s\in\Omega_s, \forall i\in\Omega_I, \forall y\in Y, \forall t\in T \qquad (6\text{-}27\mathrm{b})$$

(2) 能量流约束。

式 (6-28a) 为配电系统中广泛使用的线性化潮流方程。对于区域热系统，本章采用如下的线性热网络能量流模型，如式 (6-28b) 所示。

$$\begin{cases} P_{s,i+1,y,t} = P_{s,i,y,t} - \mathrm{PD}_{s,i+1,y,t} \\ Q_{s,i+1,y,t} = Q_{s,i,y,t} - \mathrm{QD}_{s,i+1,y,t} \\ V_{s,i+1,y,t} = V_{s,i,y,t} - 2\dfrac{r_i P_{s,i,y,t} + x_i Q_{s,i,y,t}}{V_0} \end{cases} \quad (6\text{-}28\mathrm{a})$$

$$\forall s\in\Omega_s, \forall i,j\in\Omega_I, \forall y\in Y, \forall t\in T$$

$$\begin{cases} H'_{s,ij,y,t} = -H'_{s,ji,y,t} + \Delta H'_{s,ij,y,t} \\ \Delta H'_{s,ij,y,t} = 2\pi\dfrac{\mathrm{TE}^{\mathrm{sw}} - \mathrm{TE}^e}{\sum R} l_{ij} \end{cases} \quad (6\text{-}28\mathrm{b})$$

$$\forall s\in\Omega_s, \forall i,j\in\Omega_I, \forall y\in Y, \forall t\in T$$

式中，H' 表示管道中可用的热能传输，TE^{sw} 是管道中供水温度，TE^e 代表管道周围介质的平均温度，$\sum R$ 表示每公里管道热介质对周围介质的热阻，l 表示相应节点间管道长度。

（3）上下限约束。

从外部市场采购的电力/天然气不得超过其可用容量，同时不允许反向潮流，如式（6-29）所示。此外，IESO 提供给用户的定价方案可能会使用户面临高电费或高取暖费的风险。为了避免以上情况，提供给用户的能源价格要高于相应的能源购买价格，但不超过预先设定的"上限"，即式（6-30a）和式（6-30b）。

$$0 \leqslant P_{s,y,t}^{GR} \leqslant P^{GR\,max} \quad \forall s \in \Omega_s, \forall y \in Y, \forall t \in T \tag{6-29a}$$

$$0 \leqslant G_{s,y,t}^{GS} \leqslant G^{GS\,max} \quad \forall s \in \Omega_s, \forall y \in Y, \forall t \in T \tag{6-29b}$$

$$\rho_{s,d,y,t}^{e,0}\lambda_{min} \leqslant \rho_{s,d,y,t}^{e} \leqslant \rho_{s,d,y,t}^{e,0}\lambda_{max} \quad \forall s \in \Omega_s, \forall d \in \Omega_d, \forall y \in Y, \forall t \in T \tag{6-30a}$$

$$\rho_{s,d,y,t}^{h,0}\lambda_{min} \leqslant \rho_{s,d,y,t}^{h} \leqslant \rho_{s,d,y,t}^{h,0}\lambda_{max} \quad \forall s \in \Omega_s, \forall d \in \Omega_d, \forall y \in Y, \forall t \in T \tag{6-30b}$$

式（6-31a）和式（6-31b）保证了所有馈线上的节点电压和电流的大小在运行期间保持在允许的范围内。式（6-31c）、式（6-31d）为对有功/无功潮流的界限有限制。同时，为了保证热网的效率，规定管道中输送的功率必须大于临界值 $H_{ij}'^{min} = 2\pi\dfrac{TE^{sw} - TE^e}{\sum R}l_{ij}$，小于管道中输送的最大有效热功率 $H_{ij}'^{max} = kv_{ij}^{max} S_{ij}(TE^{sw} - TE^{rw})$，式中，$v_{ij}^{max}$ 代表管道最大允许流速；S_{ij} 是管道横截面积；TE^{rw} 是管道回水温度；k 是比例常数，等于流体比热容乘以流体密度。

$$V_i^{min} \leqslant V_{s,i,y,t} \leqslant V_i^{max} \quad \forall s \in \Omega_s, \forall i \in \Omega_I, \forall y \in Y, \forall t \in T \tag{6-31a}$$

$$0 \leqslant I_{s,ij,y,t} \leqslant I_{ij}^{max}, \quad 若\ I_{s,ij,y,t} \geqslant 0 \quad \forall s \in \Omega_s, \forall i,j \in \Omega_I, \forall y \in Y, \forall t \in T \tag{6-31b}$$

$$P_{ij}^{min} \leqslant P_{s,ij,y,t} \leqslant P_{ij}^{max}, \quad 若\ P_{s,ij,y,t} \geqslant 0 \quad \forall s \in \Omega_s, \forall i,j \in \Omega_I, \forall y \in Y, \forall t \in T \tag{6-31c}$$

$$Q_{ij}^{min} \leqslant Q_{s,ij,y,t} \leqslant Q_{ij}^{max}, \quad 若\ Q_{s,ij,y,t} \geqslant 0 \quad \forall s \in \Omega_s, \forall i,j \in \Omega_I, \forall y \in Y, \forall t \in T \tag{6-31d}$$

$$H_{ij}'^{min} \leqslant H_{s,ij,y,t}' \leqslant H_{ij}'^{max}, \quad 若\ H_{s,ij,y,t}' \geqslant 0 \quad \forall s \in \Omega_s, \forall i,j \in \Omega_I, \forall y \in Y, \forall t \in T \tag{6-31e}$$

6.5　算例分析

1. 基础数据

本节对基于中国北方实际的电-热-气耦合系统进行了算例分析。该综合能源系统的拓扑结构如图 6-4 所示，该算例由 51 个节点的热力传输网络和 10 条传输线的配电系统网络组成，它们分别由位于节点 1 和 51 处的两个 CHP 单元耦合。将电-热-气耦合系统的负荷分为五个负荷聚集区，每个负荷聚集区的负荷信息如表 6-1 所示。

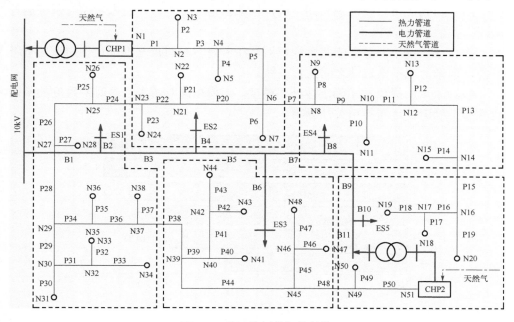

图 6-4　验证算例的拓扑结构

表 6-1　系统负荷情况

负荷聚集区	A	B	C	D	E
电力节点	ES1	ES2	ES3	ES4	ES5
热力节点	N25～N38	N1～N7 N21～N24	N39～N48	N8～N15	N16～N20 N49～N51
电负荷/kW	1757	1362	2572	1243	3105
热负荷/kW	2156	1974	2866	1432	4841

2. 结果分析

1) 多时间尺度不确定性分析

为了验证考虑多尺度不确定性综合能源系统源-荷协同增效模型的有效性，本节对比采用不同不确定性处理方法的规划结果。相关的计算结果如图 6-5 所示。

C1：作为基准模型，综合能源系统的规划没有考虑短期和长期的不确定性。

C2：忽略了负荷长期增长的问题，即忽略长期不确定性，考虑了短期不确定性，并未考虑短期不确定性之间的相关性。

C3：该情况下，忽略了负荷增长，而考虑了短期不确定性及其之间存在的相关性。

C4：该情况下，仅考虑长期不确定性即负荷长期增长，而未考虑与系统运行阶段有关的不确定性。

C5：该情况下，综合能源系统规划是在考虑多时间尺度不确定性的情况下进行的，但未考虑不确定性之间的相关性。

C6：采用所提出的不确定性处理模型，该模型同时考虑了多时间尺度的不确定性和不确定性之间的相关性影响。

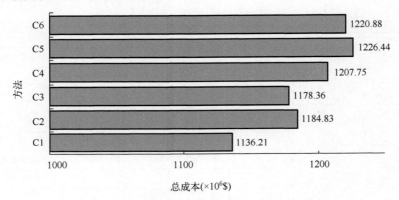

图 6-5　不同不确定性建模方法下目标函数比较

在不同的方法下，所得规划结果都存在显著差异。当在规划时忽略多尺度不确定性时，系统运营商就会高估或低估系统盈利能力。从图 6-5 可以看出，若忽略负荷长期变化，则系统总成本小于考虑负荷长期增长的情况。假设所有计划年度的负荷需求与第一年相同，且不随时间推移而变化，那么系统的运行成本相对于考虑负荷增长的情况要偏小。

2) 预想场景构建的有效性分析

为了证明预想场景生成方法的有效性，本节对场景削减前后的优化结果进行了比较分析。初始场景集的场景数量为 500 个，场景削减后设置的场景数目为 150 个。β 设定为 0.5。表 6-2 和表 6-3 比较了场景削减前后响应的规划结果。

表 6-2　场景削减前后规划结果比较　　　　　　　　（单位：%）

负荷区	A	B	C	D	E
场景削减前	风机-1200kW	风机-900kW	风机-1700kW	风机-800kW	风机-2000kW
	AMI 安装率				
	98	94	90	99	90

续表

负荷区	A	B	C	D	E
场景 削减后	风机-1200kW	风机-900kW	风机-1700kW	风机-800kW	风机-2000kW
	AMI 安装率				
	95	92	90	99	86

表 6-3　场景削减前后成本比较 （单位：M$）

		目标函数值
场景削减前	OA	7.25
	OB	1175.42
	总计	1182.67
场景削减后	OA	7.25
	OB	1213.63
	总计	1220.88

注：M$为百万美元(millions of dollars)

　　规划结果在场景削减前后比较相似，且场景削减前后目标函数值偏差小于5%。上述仿真结果证明本章的不确定性场景生成和削减方法的有效性。

　　3）场景削减权重系数灵敏度分析

　　式(6-8)中的加权因子 β 是决定场景削减有效性的关键参数。为了检验权重系数设置对场景削减方法的影响，本节进一步对上述参数影响进行灵敏度分析。$\beta = 0$ 为仅考虑保留概率相似性的场景削减，而 $\beta = 1$ 表示在原始场景集合和削减后的场景之间具有最小相关性损失的场景削减情况。随着 β 值的改变，不确定性之间相关性损失曲线如图 6-6 所示。在不同的 β 设定值下所获得的规划方案的目标函数偏差如图 6-7 所示。

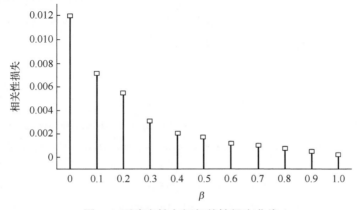

图 6-6　不确定性之间相关性损失曲线

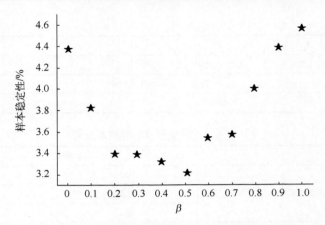

图 6-7　不同 β 值所获得的规划方案的目标函数差

结果表明，β 的设置对场景削减的有效性有显著影响。显然，随着 β 的增加，场景削减过程中，相关性损失减少，而统计一致性倾向于先减少后增加。具体而言，当 β 的值在 0.1～0.9 的范围内时，场景削减后场景集合稳定性比 β 为 0 或 1 提高。此外，当 β 的范围从 0.1 到 0.4 时，保留场景集的稳定性会随着 β 值的增加而提高。当相关损失占很大比例时，保留场景集的概率特征将造成一定的损失。

6.6　本 章 小 结

针对不同时间尺度下不确定性因素及其之间的相关性对城市电力能源系统规划带来的影响，提出了计及多尺度不确定性及相关性的城市综合能源系统规划模型。该模型可以对供应侧可再生能源发电和需求侧响应资源进行统一优化配置，以最大程度地降低系统总体经济成本。在求解过程中，将该模型转化成一个二阶段随机规划问题，并根据所提出模型的数学特征，引入计及不确定性之间相关性的场景生成和削减方法，有效提高了求解效率。

参 考 文 献

[1]　Zhang S X, Cheng H Z, Li K, et al. Multi-objective distributed generation planning in distribution network considering correlations among uncertainties[J]. Applied Energy, 2018, 226: 743-755.

[2]　Zhang S X, Cheng H Z, Zhang L B, et al. Probabilistic evaluation of available load supply capability for distribution system[J]. IEEE Transactions on Power Systems, 2013, 28(3):

　　3215-3225.

[3]　Chen Y H, Deng C H, Yao W W, et al. Impacts of stochastic forecast errors of renewable energy generation and load demands on microgrid operation[J]. Renewable Energy, 2018, 133: 442-461.

[4]　Chen Z P, Yan Z. Scenario tree reduction methods through clustering nodes[J]. Computers & Chemical Engineering, 2018, 109: 96-111.

[5]　谢明霞, 郭建忠, 张海波, 等. 高维数据相似性度量方法研究[J]. 计算机工程与科学, 2010, 32(5): 92-96.

[6]　Hu J X, Li H R. A new clustering approach for scenario reduction in multi-stochastic variable programming[J]. IEEE Transactions on Power Systems, 2019, 34(5): 3813-3825.

第7章　需求侧灵活性赋能的城市配电网高可靠性规划

7.1　概　　述

可再生能源发电的比例逐年升高，而终端能源用户的电气化已成为保障可再生能源利用效率、推动能源清洁化转型的重大战略措施。但是可再生能源发电与新兴电气化负荷的集成为电网引入了强随机性与强波动性，传统系统规划和运营模式难以满足未来城市配电网可靠经济运行的要求[1]。

随着城市公共交通系统的不断完善，世界范围内投建了大量的公交枢纽(public transport hub，PTH)项目。PTH 集公交车队车辆调度、充电管理和停放维修于一体，在城市交通系统中居于核心地位[2]。通过灵活的用能调度、发车调度及车–网互动(vehicle to grid，V2G)服务，实施 PTH 需求响应可以为城市配电网带来可观的运行灵活性，并对系统的经济性与可靠性产生深刻的影响。为此，本章提出了一种考虑 PTH 灵活性赋能的高可靠性配电网多层协同规划模型。

7.2　规划框架——以 PTH 为例

一个典型的 PTH 主要由调度中心、充电站、停车场等部分构成，如图 7-1 所示。

实际运行中，一方面，通过协调发车调度和能量调度，PTH 可以实现自身能耗管理。调度中心在满足公交服务质量约束的前提下，对公交车队的发车计划进行策略性调整，重塑 PTH 能耗曲线；此外充分利用储能的能耗时移特性调整公交充电时段与充电功率，进一步实现 PTH 交互功率与配电网实时运行状态间的紧密协调。另一方面，电动公交车(electric bus，EB)车队通过双向充电桩参与 V2G，可使配电网在正常状态下通过"高发低储"的方式进行价差套利，同时促进可再生能源消纳。在配电网发生故障时，动力电池可为配电网提供功率支撑，降低系统失负荷[3]。可见，PTH 需求响应作为一种新兴的电力平衡资源，将为配电网带来可观的运营灵活性，并因此对系统的经济性与可靠性产生深刻的影响。

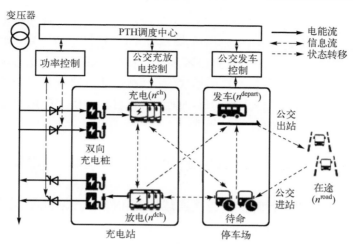

图 7-1 PTH 基本结构

基于上述分析，本节综合考虑投资约束、系统运行约束和供电可靠性约束，以年化投资与运维成本最小化为目标，构建 PTH 灵活性赋能的高可靠性城市配电网协同规划模型，如图 7-2 所示。

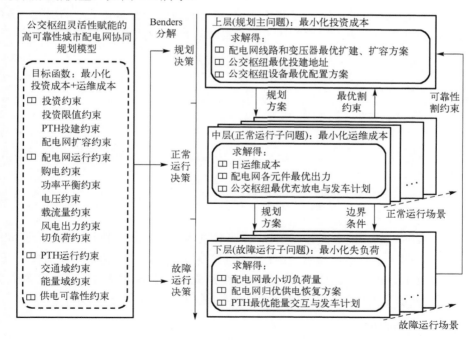

图 7-2 多层协同规划框架

该优化模型涉及的决策过程包含三个阶段：第一阶段为规划决策阶段，以投资成本最小化为目标，确定配电网网架扩容和 PTH 选址定容方案；第二阶段为系统正常运行状态模拟，该阶段决策以系统运行和维护成本最小化为优化目标，确定正常运行状态时配电网与 PTH 的最优调度策略；第三阶段为系统故障运行状态模拟，该阶段决策以配电网失负荷最小化为优化目标，确定配电网故障期间系统的最优供电恢复控制和 PTH 运行策略。

7.3　考虑多域约束的 PTH 需求响应建模

本节将 PTH 的运行特性分为交通域约束和能量域特性两类，具体约束构建如下。

7.3.1　交通域模型

交通域约束主要刻画 EB 运行状态间的协调与发车计划的制定。图 7-1 展示了电动公交充电、放电、发车、在途和待命五种运行状态，每辆电动公交车在每个时刻 t 只能处于其中的一种状态，如式(7-1)所示。式(7-2)表示每个时刻 t 执行充放电动作的 EB 数量不能超过 PTH 内配置充放电机的数量。式(7-3)和式(7-4)基于发车计划决定未来一段时间内 EB 的实时状态(站内/在途)。

$$\sum_{r \in \Omega^R} n_{s,i,r,t}^{\text{depart}} + n_{s,i,t}^{\text{road}} + n_{s,i,t}^{\text{ch}} + n_{s,i,t}^{\text{dch}} \leqslant n_i^{\text{conf}}, \quad \forall s \in \Omega^S, \forall i \in \Omega^I, \forall t \in \Omega^T \tag{7-1}$$

$$\sum_{i \in \Omega^I} (n_{s,i,t}^{\text{ch}} + n_{s,i,t}^{\text{dch}}) \leqslant N^{\text{CH}}, \quad \forall s \in \Omega^S, \forall t \in \Omega^T \tag{7-2}$$

$$n_{s,i,r,t}^{\text{depart}} T_r^R \leqslant \sum_{\tau=t+1}^{\tau=t+T_r^R} n_{s,i,\tau}^{\text{road}}, \quad \forall s \in \Omega^S, \quad \forall i \in \Omega^I, \forall r \in \Omega^R, \forall t \in \Omega^T \tag{7-3}$$

$$n_{s,i,t}^{\text{road}} + \sum_{r \in \Omega^R} n_{s,i,r,t}^{\text{depart}} \geqslant n_{s,i,t+1}^{\text{road}}, \quad \forall s \in \Omega^S, \forall i \in \Omega^I, \forall t \in \Omega^T \tag{7-4}$$

式中，$s(\Omega^S)$、$i(\Omega^I)$、$r(\Omega^R)$ 和 $t(\Omega^T)$ 分别为运行场景、待选 EB、公交线路和运行时刻的索引和对应集合，0-1 变量 $n_{s,i,r,t}^{\text{depart}}$、$n_{s,i,t}^{\text{road}}$、$n_{s,i,t}^{\text{ch}}$、$n_{s,i,t}^{\text{dch}}$ 分别表示 EB 是否处于发车、在途、充电和放电状态，0-1 变量 n_i^{conf} 表示是否配置第 i 辆待选 EB，N^{CH} 表示充电机的配置数量，T_r^R 为第 r 条公交线路的行驶时间。

7.3.2　能量域模型

有能量域方面，式(7-5)和式(7-6)代表 EB 的充放电功率不得超过额定值。式

(7-7)根据充放电功率和发车任务更新 EB 动力电池的实时电量。式(7-8)设定了动力电池在每日始末时刻的荷电状态(state of charge, SoC)为 SoC^{min}。为了避免过度充放电引起电池寿命的衰减, 动力电池的 SoC 应处于安全范围内, 如式(7-9)所示。在正常运行状态下 PTH 应当预留足够的电量作为故障时的备用, 如式(7-10)所示。该部分备用电量可以表示为最低电量备用比γ^{min}与 PTH 内动力电池总容量的乘积。其中, γ^{min} 代表了 PTH 应当达到的最低电量备用水平。式(7-11)和式(7-12)表示 PTH 的有功功率和无功功率。式(7-13)表示 PTH 负荷的视在功率不应超过变压器的额定容量。

$$0 \leqslant P_{s,i,t}^{\text{ch}} \leqslant n_{s,i,t}^{\text{ch}} P^{\text{chr}}, \quad \forall s \in \Omega^S, \forall i \in \Omega^I, \forall t \in \Omega^T \tag{7-5}$$

$$0 \leqslant P_{s,i,t}^{\text{dch}} \leqslant n_{s,i,t}^{\text{dch}} P^{\text{dchr}}, \quad \forall s \in \Omega^S, \forall i \in \Omega^I, \forall t \in \Omega^T \tag{7-6}$$

$$E_{s,i,t+1} = E_{s,i,t} + \eta^{\text{ch}} P_{s,i,t}^{\text{ch}} \Delta t - P_{s,i,t}^{\text{dch}} \Delta t / \eta^{\text{dch}} - \sum_{r \in \Omega^R} n_{s,i,r,t}^{\text{depart}} \pi^e L_r^R / \eta^{\text{dch}}$$
$$\forall s \in \Omega^S, \forall i \in \Omega^I, \forall t \in \Omega^T \tag{7-7}$$

$$E_{s,i,t_1} = E_{s,i,t_T} = \gamma^{\text{min}} n_{s,i}^{\text{conf}} E^r, \quad \forall s \in \Omega^S, \forall i \in \Omega^I \tag{7-8}$$

$$\text{soc}^{\text{min}} n_{s,i}^{\text{conf}} E^r \leqslant E_{s,i,t} \leqslant \text{soc}^{\text{max}} n_{s,i}^{\text{conf}} E^r, \quad \forall s \in \Omega^S, \forall i \in \Omega^I, \forall t \in \Omega^T \tag{7-9}$$

$$\sum_{i \in \Omega^I} E_{s,i,t} \geqslant \gamma^{\text{min}} N^{\text{EB}} E^r, \quad \forall s \in \Omega^S, \forall t \in \Omega^T \tag{7-10}$$

$$P_{s,t}^{\text{PTH}} = \sum_i (P_{s,i,t}^{\text{ch}} - P_{s,i,t}^{\text{dch}}), \quad \forall s \in \Omega^S, \forall t \in \Omega^T \tag{7-11}$$

$$Q_{s,t}^{\text{PTH}} = P_{s,t}^{\text{PTH}} \tan \varphi^{\text{PTH}}, \quad \forall s \in \Omega^S, \forall t \in \Omega^T \tag{7-12}$$

$$-S^{\text{TP}} \leqslant P_{s,t}^{\text{PTH}} / \cos \varphi^{\text{PTH}} \leqslant S^{\text{TP}}, \quad \forall s \in \Omega^S, \forall t \in \Omega^T \tag{7-13}$$

式中, $P_{s,i,t}^{\text{ch}}$、$P_{s,i,t}^{\text{dch}}$ 为 EB 的充放电功率, $E_{s,i,t}$ 为 EB 动力电池的实时容量, $P_{s,t}^{\text{PTH}}$、$Q_{s,t}^{\text{PTH}}$ 分别为 PTH 的有功和无功功率, S^{TP} 为 PTH 站内变压器的额定容量, P^{chr}、P^{dchr} 和 E^r 分别为动力电池的额定充放电功率和额定容量, π^e 为 EB 单位行驶距离对应的电量消耗, L_r^R 为公交线路 r 的行驶距离, φ^{PTH} 为 PTH 的功率因数角。

7.4　集成 PTH 灵活性的配电网多模态运行模拟

本节提出了一种基于多模态的 PTH-配电网优化调度模型。PTH-配电网在正常和紧急状态下的运行调度分别建模为最小化运行成本的经济调度模型(以下简称 P1)和可靠性驱动的滚动优化调度模型(以下简称 P2)。

7.4.1　正常运行调度模型(P1)

在正常情况下，配电网运营商的运行调度目标是协调能量系统和交通系统以最小化 PTH-配电网的总运营成本，其目标函数如下所示：

$$\text{Minimize} \sum_{t \in \Omega^{T1}} C_t^{\text{op}} \tag{7-14}$$

PTH-配电网的运营成本 C_t^{op} 包括四部分，即购电成本 C_t^{grid}、RES 弃电成本 C_t^{aban}、公交车队维护成本 C_t^{main} 以及电池退化成本 C_t^{deg}。

$$C_t^{\text{op}} = C_t^{\text{grid}} + C_t^{\text{aban}} + C_t^{\text{main}} + C_t^{\text{deg}}, \quad \forall t \in \Omega^{T1} \tag{7-15}$$

$$C_t^{\text{grid}} = c_t^e P_t^{\text{grid}} \Delta t, \quad t \in \Omega^{T1} \tag{7-16}$$

$$C_t^{\text{aban}} = c_t^{\text{aban}} (P_t^{\text{WT,max}} - P_t^{\text{WT}}) \Delta t, \quad t \in \Omega^{T1} \tag{7-17}$$

$$C_t^{\text{main}} = \sum_{r \in \Omega^R} (c^{\text{main},e} N_{r,t}^{e,\text{depart}} L_r^R + c^{\text{main},g} N_{r,t}^{g,\text{depart}} L_r^R), \quad t \in \Omega^{T1} \tag{7-18}$$

$$C_t^{\text{deg}} = \sum_{i \in \Omega^I} c^{\text{deg1}} (P_{i,t}^{\text{ch}} + P_{i,t}^{\text{dch}}) \Delta t + \sum_{i \in \Omega^I} \sum_{r \in \Omega^R} c^{\text{deg2}} n_{i,r,t}^{e,\text{depart}} \pi^e L_r^R, \quad t \in \Omega^{T1} \tag{7-19}$$

式中，P_t^{grid} 表示外部电网购电量，$P_t^{\text{WT,max}}$ 和 P_t^{WT} 表示最大风电出力和实时风电出力，c_t^e 和 c_t^{aban} 表示实时电价和弃风惩罚电价，$c^{\text{main},e}$ 和 $c^{\text{main},g}$ 表示电动公交和天然气公交的单位维护费用，c^{deg1} 和 c^{deg2} 表示与电池充放电和车辆行驶相关的单位电池退化成本。

本节提出了一个量化公交服务质量的综合指标，即乘客拥挤度(crowded-ness of passengers，COP)，以便将公交 QoS 约束纳入系统的运行模型中。定义 COP 为与公交车在行驶过程中运载的乘客数量相关的递增函数，如图 7-3 所示。COP 上界为 1，下界为 0。为了保证 PTH 提供的公交服务的质量满足要求，规定公交车的 COP 不能超过上限值 COP^{max}：

$$R_{r,t,g}^{\text{bus}} = R_{r,t,g-1}^{\text{bus}} + \sum_{g' \in \Omega_r^G} R_{r,t,g,g'}^{\text{OD}} - \sum_{g' \in \Omega_r^G} R_{r,t,g',g}^{\text{OD}}, \quad \forall r \in \Omega^R, \forall t \in \Omega^{T1}, \forall g \in \Omega_r^G \tag{7-20}$$

$$\text{COP}_{r,t,g} = \text{COP}(R_{r,t,g}^{\text{bus}} / N_{r,t}^{\text{depart}}) \leqslant \text{COP}^{\text{max}} (N^{c,\text{max}}), \quad \forall r \in \Omega^R, \forall t \in \Omega^{T1}, \forall g \in \Omega_r^G \tag{7-21}$$

式(7-20)表示公交车在路线 s 上的站点 g 运载的乘客总数。式(7-21)表示公交车的 COP，并基于预测的乘客出行需求量对其最大值施加上限 COP^{max}。式中，$g(\Omega^G)$ 为公交线路沿途各站点的索引和对应集合；$R_{r,t,g}^{\text{bus}}$ 为 t 时刻发车的公交车在各站点搭载的乘客数量；实时客流量通过起点-终点(origination-destination，OD)

矩阵 $\boldsymbol{R}^{\mathrm{OD}}$ 来表征，其中任一元素 $R_{r,t,g,g'}^{\mathrm{OD}}$ 表示以公交站 g 和 g' 为始发站和终点站的乘客数量；$N^{c,\max}$ 表示最大可容忍乘客舒适度 $\mathrm{COP}^{\max}$ 所对应的车厢内乘客数。考虑到 COP 是一个递增函数，式(7-21)可以转换成一个等价的线性形式，并改写为

$$0 \leqslant R_{r,t,g}^{\mathrm{bus}} / N_{r,t}^{\mathrm{depart}} \leqslant N^{c,\max}, \quad \forall r \in \Omega^R, \forall t \in \Omega^{T1}, \forall g \in \Omega_r^G \tag{7-22}$$

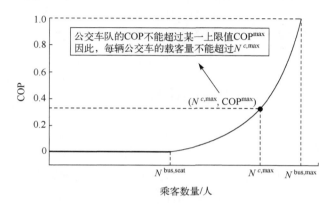

图 7-3　COP 的函数曲线示意

7.4.2　紧急运行调度模型(P2)

在运行期间，如果任意系统组件出现故障，含 PTH 的配电网系统将进入紧急状态。故障事件的发生和持续时间往往是高度随机和不可预测的。滚动优化的基本概念是在预设的时间窗 $\Omega^{T2} = [t, t+1, t+2, \cdots, t+np]$ 内进行优化调度，但只在当前时刻执行相应的最优操作方案。然后，以动态方式持续更新系统状态，并重复上述过程，直到系统的边界条件改变(如故障事件结束)。

基于滚动优化思想，PTH-配电网紧急运行调度模型的目标函数为最小化调度周期 Ω^{T2} 内的系统故障损失 C_t^{loss} 和运行成本 C_t^{op}。这两项通过系数 ξ_1 和 ξ_2 加权求和整合到同一个目标函数式(7-23)中。本节假设 ξ_1 远大于 ξ_2，即相较于节约成本，增强系统可靠性是配电网运营商在紧急状态下需要考虑的首要目标。

$$\text{Minimize} \sum_{t \in \Omega^{T2}} \xi_1 C_t^{\mathrm{loss}} + \xi_2 C_t^{\mathrm{op}} \tag{7-23}$$

$$C_t^{\mathrm{loss}} = \underbrace{\sum_{r \in \Omega^R} \sum_{g \in \Omega_r^G} \sum_{g' \in \Omega_r^G} c_{r,t,g,g'}^{\mathrm{unserved}} R_{r,t,g,g'}^{\mathrm{unserved}}}_{\text{公交服务中断损失}} + \underbrace{c_t^{e,\mathrm{curt}} P_t^{\mathrm{DE,curt}} \Delta t}_{\text{电负荷削减损失}} \tag{7-24}$$

$$R_{r,t,g}^{\mathrm{bus}} = R_{r,t,g-1}^{\mathrm{bus}} + \sum_{g' \in \Omega_r^G} (R_{r,t,g,g'}^{\mathrm{OD}} - R_{r,t,g,g'}^{\mathrm{unserved}}) - \sum_{g' \in \Omega_r^G} (R_{r,t,g',g}^{\mathrm{OD}} - R_{r,t,g',g}^{\mathrm{unserved}}),$$
$$\forall r \in \Omega^R, \forall t \in \Omega^{T2}, \forall g \in \Omega_r^G \tag{7-25}$$

$$0 \leqslant R_{r,t,g,g'}^{\text{unserved}} \leqslant \chi^{\text{unserved-max}} R_{r,t,g,g'}^{\text{OD}}, \quad \forall r \in \Omega^R, \forall t \in \Omega^{T2}, \forall g, g' \in \Omega_r^G \quad (7\text{-}26)$$

根据式(7-24)，负荷削减损失由负荷削减量与单位失负荷损失的乘积表示，公交服务中断损失由未服务乘客数量 $R_{r,t,g,g'}^{\text{unserved}}$ 与损失因子 $c_{r,t,g,g'}^{\text{unserved}}$ 的乘积表示。式(7-25)根据实时客流量和未服务乘客量，决定 t 时刻承担第 s 条线路发车任务的公交车队在每个车站的载客量。PTH-配电网紧急运行调度模型 P2 还应纳入未服务乘客量约束，即公交服务可达性约束式(7-26)，其中，$\chi^{\text{unserved-max}}$ 表示公交服务需求比例。

7.5　优化模型构建

7.5.1　目标函数

考虑 PTH 灵活性赋能的高可靠性配电网多层协同规划模型以系统年投资和运维成本最小化为目标，如式(7-27)所示：

$$\min C^{\text{inv}} + N^y \sum_{s \in \Omega^s} p_s (C_s^{\text{mai}} + C_s^{\text{opt}}) \quad (7\text{-}27)$$

式中，C^{inv}、C_s^{mai} 和 C_s^{opt} 分别为投资成本、维护成本和运行成本，p_s 为各场景对应的概率，N^y 为一年中运行日数量。投资成本如式(7-28)所示：

$$C^{\text{inv}} = \delta^{\text{LN}} \sum_{l \in \Omega^L} \sum_{m \in \Omega^M} cc_m^{\text{LN}} L_l^{\text{LN}} n_{l,m}^{\text{LN}} + \delta^{\text{TG}} \sum_{ss \in \Omega^{ss}} cc^{\text{TG}} S_{ss}^{\text{TG}} + \delta^{\text{TP}} cc^{\text{TP}} S^{\text{TP}}$$
$$+ \delta^{\text{EB}} cc^{\text{EB}} N^{\text{EB}} + \delta^{\text{CH}} cc^{\text{CH}} N^{\text{CH}} \quad (7\text{-}28)$$

式中，$l(\Omega^L)$、$m(\Omega^M)$、$ss(\Omega^{SS})$ 为配电网支路、待选线路种类和配电变压器的索引和对应集合，$\delta^{(\cdot)}$ 为各设备的投资等年值系数，cc_m^{LN}、cc^{TG}、cc^{TP}、cc^{EB} 和 cc^{CH} 分别为线路、配电变压器、PTH 站内变压器、EB 和充电机的单位投资成本，0-1 变量 $n_{l,m}^{\text{LN}}$ 表示是否使用线路 m 对支路 l 进行扩容，S_{ss}^{TG} 为配变的扩容容量，N^{EB} 为 EB 配置数量，L_l^{LN} 为支路 l 的全长。

维护成本包含线路、变压器、充电桩和 EB 的维护费用，如式(7-29)所示：

$$C_s^{\text{mai}} = \sum_{l \in \Omega^L} L_l^{\text{LN}} \left[\sum_{m \in \Omega^M} cm_m^{\text{LN}} n_{l,m}^{\text{LN}} + cm_l^{\text{LN0}} \left(1 - \sum_{m \in \Omega^M} n_{l,m}^{\text{LN}} \right) \right]$$
$$+ cm^{\text{TG}} \sum_{ss \in \Omega^{ss}} (S_{ss}^{\text{TG}} + S_{ss}^{\text{TG0}}) + cm^{\text{TP}} S^{\text{TP}} + cm^{\text{CH}} N^{\text{CH}} \quad (7\text{-}29)$$
$$+ cm^{\text{EB}} \sum_{i \in \Omega^I} \sum_{r \in \Omega^R} \sum_{t \in \Omega^T} L_r^R n_{s,i,r,t}^{\text{depart}}, \quad \forall s \in \Omega^S$$

式中，cm_m^{LN}、cm^{TG}、cm^{TP}、cm^{EB} 和 cm^{CH} 分别为线路、配电变压器、PTH 站内变压器、EB 和充电机的单位维护成本。

运行成本由购电成本、弃风成本、动力电池退化成本和失负荷损失与未服务乘客损失五部分构成，如式（7-30）所示：

$$C_s^{opt} = \sum_{t \in \Omega^T} \left(C_t^{grid} + C_t^{aban} + C_t^{deg} + M \sum_{d \in \Omega^D} P_{s,d,t}^{DE,curt} \Delta t + M \sum_{r \in \Omega^R} \sum_{g \in \Omega_r^G} \sum_{g' \in \Omega_r^G} R_{s,r,t,g,g'}^{unserved} \right)$$ 　(7-30)
$$\forall s \in \Omega^S$$

7.5.2　约束条件

1. 投资约束

投资约束用于确定 PTH 和配电网的建设方案，即 PTH 的选址、EB 与充电桩的配置数量、需扩容线路的型号以及变压器的安装/扩建容量。

式（7-31）表示总投资额不得超过最大投资预算，式（7-32）为 EB 配置数量约束，式（7-33）和式（7-34）为 PTH 占地面积约束[4]，式（7-35）表示 PTH 只能建设在待选节点中的一处，式（7-36）和式（7-37）表示新建/扩容的变压器容量不得超过最大新建/扩容容量，式（7-38）表示每条支路只能选择一种型号的线路进行扩容。

$$C^{inv} \leqslant C^{inv,max}$$ 　(7-31)

$$\sum_{i \in \Omega^I} n_i^{conf} = N^{EB}$$ 　(7-32)

$$A^{LA} = (A^{TP} S^{TP} + A^{EB} N^{EB} + A^{CH} N^{CH})(1+\phi)$$ 　(7-33)

$$A^{LA} \leqslant \sum_{h \in \Omega^H} n_h^{PTH} A_h^{LA,max}$$ 　(7-34)

$$\sum_{h \in \Omega^H} n_h^{PTH} = 1$$ 　(7-35)

$$0 \leqslant S^{TP} \leqslant S^{TP,max}$$ 　(7-36)

$$0 \leqslant S_{ss}^{TG} \leqslant S^{TG,max}, \quad \forall ss \in \Omega^{SS}$$ 　(7-37)

$$0 \leqslant \sum_{m \in \Omega^M} n_{l,m}^{LN} \leqslant 1, \quad \forall l \in \Omega^L$$ 　(7-38)

式中，$h(\Omega^H)$ 为 PTH 投建节点的索引和对应集合，变量 A^{LA} 为 PTH 总占地面积，

A^{TP}、A^{EB}、A^{CH} 为变压器机房、EB 车位和快充车位的单位占地面积，0-1 变量 n_h^{PTH} 表示是否在节点 h 投建 PTH。

2. 配电网运行约束

配电网运行约束保证不同运行场景下电网的安全运行。式(7-39)和式(7-40)表示配电系统向主网购电功率不得超过配电变压器的额定容量，这里采用多边形法进行线性化；式(7-41)和式(7-42)为配电网有功、无功平衡约束；式(7-43)和式(7-44)为节点电压约束；式(7-45)和式(7-46)为支路潮流约束；式(7-47)和式(7-48)为风电出力约束；式(7-49)和式(7-50)为切负荷约束。

$$0 \leqslant P_{s,t}^{\text{GD}}, Q_{s,t}^{\text{GD}} \leqslant \sum_{ss \in \Omega^{ss}} (S_{ss}^{\text{TG0}} + S_{ss}^{\text{TG}}), \quad \forall s \in \Omega^S, \forall t \in \Omega^T \tag{7-39}$$

$$0 \leqslant P_{s,t}^{\text{GD}} + Q_{s,t}^{\text{GD}} \leqslant \sqrt{2} \sum_{ss \in \Omega^{ss}} (S_{ss}^{\text{TG0}} + S_{ss}^{\text{TG}}), \quad \forall s \in \Omega^S, \forall t \in \Omega^T \tag{7-40}$$

$$\sum_{l \in \Omega^L} K_{b,l}^{\text{LN}} P_{s,l,t}^{\text{LN}} = K_b^{\text{GD}} P_{s,t}^{\text{GD}} + K_b^{\text{WT}} P_{s,t}^{\text{WT}} - \sum_{d \in \Omega^D} K_{b,d}^{\text{DE}} (P_{s,d,t}^{\text{DE}} - P_{s,d,t}^{\text{DE,curt}}) - \sum_{h \in \Omega^H} K_{b,h}^{\text{PTH}} n_h^{\text{PTH}} P_{s,t}^{\text{PTH}},$$
$$\forall s \in \Omega^S, \forall b \in \Omega^B, \forall t \in \Omega^T \tag{7-41}$$

$$\sum_{l \in \Omega^L} K_{b,l}^{\text{LN}} Q_{s,l,t}^{\text{LN}} = K_b^{\text{GD}} Q_{s,t}^{\text{GD}} + K_b^{\text{WT}} Q_{s,t}^{\text{WT}} - \sum_{d \in \Omega^D} K_{b,d}^{\text{DE}} (Q_{s,d,t}^{\text{DE}} - Q_{s,d,t}^{\text{DE,curt}}) - \sum_{h \in \Omega^H} K_{b,h}^{\text{PTH}} n_h^{\text{PTH}} Q_{s,t}^{\text{PTH}},$$
$$\forall s \in \Omega^S, \forall b \in \Omega^B, \forall t \in \Omega^T \tag{7-42}$$

$$\sum_{b \in \Omega^B} K_{b,l}^{\text{LN}} V_{s,b,t} - 2R_l P_{s,l,t}^{\text{LN}} / V_0 - 2X_l Q_{s,l,t}^{\text{LN}} / V_0 = 0, \quad \forall s \in \Omega^S, \forall l \in \Omega^L, \forall t \in \Omega^T \tag{7-43}$$

$$V^{\min} \leqslant V_{s,b,t} \leqslant V^{\max}, \quad \forall s \in \Omega^S, \forall b \in \Omega^B, \forall t \in \Omega^T \tag{7-44}$$

$$-S_l^L \leqslant P_{s,l,t}^{\text{LN}}, Q_{s,l,t}^{\text{LN}} \leqslant S_l^L, \quad \forall s \in \Omega^S, \forall l \in \Omega^L, \forall t \in \Omega^T \tag{7-45}$$

$$-\sqrt{2} S_l^L \leqslant P_{s,l,t}^{\text{LN}} \pm Q_{s,l,t}^{\text{LN}} \leqslant \sqrt{2} S_l^L, \quad \forall s \in \Omega^S, \forall l \in \Omega^L, \forall t \in \Omega^T \tag{7-46}$$

$$S_l^L = \left(1 - \sum_{m \in \Omega^M} n_{l,m}^{\text{LN}}\right) S_l^{\text{LN0}} + \sum_{m \in \Omega^M} n_{l,m}^{\text{LN}} S_m^{\text{LN}}, \quad \forall l \in \Omega^L \tag{7-47}$$

$$0 \leqslant P_{s,t}^{\text{WT}} \leqslant P_{s,t}^{\text{WT,max}}, \quad \forall s \in \Omega^S, \forall t \in \Omega^T \tag{7-48}$$

$$Q_{s,t}^{\text{WT}} = P_{s,t}^{\text{WT}} \tan \varphi^{\text{WT}}, \quad \forall s \in \Omega^S, \forall t \in \Omega^T \tag{7-49}$$

$$0 \leqslant P_{s,d,t}^{\text{DE,curt}} \leqslant P_{s,d,t}^{\text{DE}}, \quad \forall s \in \Omega^S, \forall d \in \Omega^D, \forall t \in \Omega^T \tag{7-50}$$

$$P_{s,d,t}^{\text{DE}} / Q_{s,d,t}^{\text{DE}} = P_{s,d,t}^{\text{DE,curt}} / Q_{s,d,t}^{\text{DE,curt}}, \quad \forall s \in \Omega^S, \forall d \in \Omega^D, \forall t \in \Omega^T \tag{7-51}$$

式中，$b(\Omega^B)$ 为配电网节点的索引和对应集合，$P_{s,t}^{\text{GD}}$ 和 $Q_{s,t}^{\text{GD}}$ 为配电变压器的有功和无功功率，$P_{s,l,t}^{\text{LN}}$ 和 $Q_{s,l,t}^{\text{LN}}$ 为支路 l 传输的有功和无功功率，$V_{s,b,t}$ 为节点电压幅值的平方，$K_{b,l}^{\text{LN}}$、$K_{b,d}^{\text{DE}}$ 为配网节点-支路关联矩阵和节点-负荷关联矩阵的对应元素，0-1 参数 K_b^{GD}、K_b^{WT} 表示节点 b 是否接有配电变压器或风电场，K_h^{PTH} 表示节点 h 是否为 PTH 待建节点，$P_{s,d,t}^{\text{DE}}$ 和 $Q_{s,d,t}^{\text{DE}}$ 为节点负荷功率，V_0 为基准电压，R_l 和 X_l 为扩容后支路 l 的电阻和电抗值，S_l^L 和 S_l^{LN0} 为扩容前后支路 l 的额定容量，φ^{WT} 为风电场功率因数角。

3. PTH 运行约束

PTH 运行约束刻画了 PTH 的能量-交通耦合特性，具体叙述见 7.4 节。

4. 供电可靠性约束

本节采用 EENS 作为系统的供电可靠性指标。系统规划方案应满足可靠性约束式(7-52)，即 EENS 不超过某上限值 EENS^T。

$$\text{EENS}(S^{\text{TP}}; n_{l,m}^{\text{LN}}; S^{\text{TG}}; N^{\text{EB}}; N^{\text{CH}}) \leqslant \text{EENS}^T \tag{7-52}$$

7.6　基于多层 Benders 分解的模型求解

本节提出了基于 Benders 分解的多层求解算法，将该模型分解为上层（规划主问题）、中层（正常运行子问题）和下层（故障运行子问题）三层进行迭代求解。为了便于介绍三层 Benders 分解，现给出模型的紧凑形式：

$$\min \boldsymbol{cx} + \sum_X (\boldsymbol{dy}_s + \boldsymbol{gz}_s) \tag{7-53}$$

$$\boldsymbol{x} \in \Omega^X \tag{7-54}$$

$$\boldsymbol{Dy}_s + \boldsymbol{Gz}_s \leqslant \boldsymbol{f}_s - \boldsymbol{Ex} \tag{7-55}$$

$$\boldsymbol{y}_s \in \Omega_s^Y \tag{7-56}$$

$$\boldsymbol{z}_s \in \Omega_s^Z \tag{7-57}$$

$$\text{EENS}(\boldsymbol{x}) \leqslant \text{EENS}^T \tag{7-58}$$

式中，$\boldsymbol{x}$ 为与规划方案相关的变量矩阵，包括 $n_{l,m}^{\text{LN}}$、S_{ss}^{TG}、N^{EB}、N^{CH} 等；$\boldsymbol{y}_s$ 为与

系统运行相关的连续变量矩阵，包括 $P_{s,i,t}^{\text{ch}}$、$P_{s,l,t}^{\text{LN}}$、$P_{s,d,t}^{\text{DE,curt}}$ 等；z_s 为系统运行的 0-1 变量矩阵，包括 $n_{s,i,r,t}^{\text{depart}}$、$n_{s,i,t}^{\text{road}}$、$n_{s,i,t}^{\text{ch}}$、$n_{s,i,t}^{\text{dch}}$ 等；c、d、g 为目标函数中的系数矩阵；D、G、f_s、E 为约束条件中的系数矩阵。

1. 上层：规划主问题

三层 Benders 分解的上层是规划主问题，用以确定城市配电系统的最佳扩容方案以及 PTH 的最优选址定容方案，同时考虑正常运行子问题返回的最优性割集和故障运行子问题返回的可靠性割集。上述主问题记为 MP（main problem），其不含割约束的形式如式（7-59）所示。割约束的具体生成方法将在下一小节中详细介绍。

$$\text{MP：} \min cx + \sum_{s \in \Omega^S} \alpha_s$$

$$\text{s.t.} \begin{cases} x \in \Omega^X \\ \alpha_s \geqslant 0, \quad \forall s \in \Omega^S \end{cases} \tag{7-59}$$

式中，α_s 为主问题的辅助变量。

2. 中层：正常运行子问题

在求解 MP 后，将会得到一组备选规划方案 x^*。三层 Benders 分解的中层为正常运行子问题，在上述备选方案 x^* 的基础上，实现系统正常运行时各场景的运维成本最小化，并向 MP 返回最优割约束。每个子问题对应规划期内的一个运行场景，记为 SP（sub-problem）[5]。上述 SP 的形式为

$$\text{SP：} \min dy_s + gz_s$$

$$\text{s.t.} \begin{cases} Dy_s + Gz_s \leqslant f_s - Ex^* \\ y_s \in \Omega_s^Y \\ z_s \in \Omega_s^Z \end{cases} \tag{7-60}$$

由于 SP 中含有离散变量 z_s，无法通过其对偶问题最优解生成最优割约束，因此需要对 SP 进行进一步处理。求解 SP，得到离散变量最优值 z_s^*。固定 SP 中的离散变量 z_s 的值为 z_s^*，可将 SP 转化为一个线性规划问题，记为 SP-1：

$$\text{SP-1：} \min dy_s$$

$$\text{s.t.} \begin{cases} Dy_s \leqslant f_s - Ex^* - Gz_s^* : u_s^{\text{SP1}} \\ y_s \in \Omega_s^Y \end{cases} \tag{7-61}$$

式中，$\boldsymbol{u}_s^{\mathrm{SP1}}$ 为对应约束的对偶变量最优值矩阵。记 SP-1 的目标函数最优值为 $\mathrm{obj}_s^{\mathrm{SP1}}$。通过求解 SP-1，可生成子问题最优割约束式(7-62)，用于约束下述松弛子问题 SP-2 的下界。

$$\theta_s \geqslant \boldsymbol{gz}_s^c + \mathrm{obj}_s^{\mathrm{SP1}}(\boldsymbol{x}^*, \boldsymbol{z}_s^*) - (\boldsymbol{z}_s^c - \boldsymbol{z}_s^*)^{\mathrm{T}} \boldsymbol{G}^{\mathrm{T}} \boldsymbol{u}_s^{\mathrm{SP1}} \tag{7-62}$$

将 SP 中的离散变量 $\boldsymbol{z}_s$ 松弛为 $\boldsymbol{z}_s^c$，并纳入最优割式(7-54)，可生成 SP 的松弛子问题 SP-2。其形式为

$$\mathrm{SP\text{-}2}: \min \theta_s$$

$$\mathrm{s.t.} \begin{cases} \theta_s \geqslant \boldsymbol{dy}_s + \boldsymbol{gz}_s^c \\ \boldsymbol{Dy}_s + \boldsymbol{Gz}_s^c \leqslant \boldsymbol{f}_s - \boldsymbol{Ex}^* : \boldsymbol{u}_s^{\mathrm{SP2}} \\ \boldsymbol{y}_s \in \Omega_s^Y \\ \boldsymbol{z}_s^c \in \Omega_s^Z \\ \theta_s \geqslant \boldsymbol{gz}_s^c + \mathrm{obj}_s^{\mathrm{SP1}}(\boldsymbol{x}^*, \boldsymbol{z}_s^*) - (\boldsymbol{z}_s^c - \boldsymbol{z}_s^*)^{\mathrm{T}} \boldsymbol{G}^{\mathrm{T}} \boldsymbol{u}_s^{\mathrm{SP1}} \end{cases} \tag{7-63}$$

式中，$\boldsymbol{u}_s^{\mathrm{SP2}}$ 为对应约束的对偶变量最优值矩阵，θ_s 为松弛子问题的辅助变量。记 SP-2 的目标函数最优值为 $\mathrm{obj}_s^{\mathrm{SP2}}$。通过求解 SP-2，可生成主问题最优割约束式(7-64)并返回主问题，用于得到 MP 的一个更紧的下界。

$$\alpha_s \geqslant \mathrm{obj}_s^{\mathrm{SP2}}(\boldsymbol{x}^*) - (\boldsymbol{x} - \boldsymbol{x}^*)^{\mathrm{T}} \boldsymbol{E}^{\mathrm{T}} \boldsymbol{u}_s^{\mathrm{SP2}} \tag{7-64}$$

3. 下层：故障运行子问题

三层 Benders 分解的下层是故障运行子问题，在现有的规划方案 $\boldsymbol{x}^*$ 下，以满足 PTH 公交服务可达性约束为前提，实现配电网的失负荷最小，并向 MP 返回可靠性割约束。本节根据系统元件的故障率参数，采用序贯蒙特卡罗模拟(sequential Monte Carlo simulation，SMCS)生成系统故障场景，所生成的故障场景将作为各故障运行子问题的输入参数。

1) 故障运行子问题模型

故障运行子问题的优化目标为配电网失负荷最小，以第 k 年第 j 次故障对应的子问题为例，其目标函数如式(7-65)所示。

$$\min \sum_{t \in \Omega_{k,j}^{\mathrm{Tc}}} \sum_{d \in \Omega^D} P_{k,j,d,t}^{\mathrm{DE,curt}} \Delta t \tag{7-65}$$

式中，$\Omega_{k,j}^{\mathrm{Tc}}$ 为第 k 年第 j 次故障对应子问题的运行时刻集；$P_{k,j,d,t}^{\mathrm{DE,curt}}$ 为切负荷量。

模型的约束条件包括：

$$0 \leqslant P^{\mathrm{GD}}_{k,j,t}, Q^{\mathrm{GD}}_{k,j,t} \leqslant \sum_{ss \in \Omega^{ss}} \beta^{\mathrm{TG}}_{k,j,ss,t}(S^{\mathrm{TG0}}_{ss} + S^{\mathrm{TG}}_{ss}), \quad \forall t \in \Omega^{\mathrm{Tc}}_{k,j} \tag{7-66}$$

$$0 \leqslant P^{\mathrm{GD}}_{k,j,t} + Q^{\mathrm{GD}}_{k,j,t} \leqslant \sqrt{2} \sum_{ss \in \Omega^{ss}} \beta^{\mathrm{TG}}_{k,j,ss,t}(S^{\mathrm{TG0}}_{ss} + S^{\mathrm{TG}}_{ss}), \quad \forall t \in \Omega^{\mathrm{Tc}}_{k,j} \tag{7-67}$$

$$\left\{ -\beta^{\mathrm{LN}}_{k,j,l,t} S^L_l \leqslant P^{\mathrm{LN}}_{k,j,l,t}, Q^{\mathrm{LN}}_{k,j,l,t} \leqslant \beta^{\mathrm{LN}}_{k,j,l,t} S^L_l, \quad \forall l \in \Omega^L, \forall t \in \Omega^{\mathrm{Tc}}_{k,j} \right\} \tag{7-68}$$

$$-\sqrt{2}\beta^{\mathrm{LN}}_{k,j,l,t} S^L_l \leqslant P^{\mathrm{LN}}_{k,j,l,t} \pm Q^{\mathrm{LN}}_{k,j,l,t} \leqslant \sqrt{2}\beta^{\mathrm{LN}}_{k,j,l,t} S^L_l, \quad \forall l \in \Omega^L, \forall t \in \Omega^{\mathrm{Tc}}_{k,j} \tag{7-69}$$

$$M(1-\beta^{\mathrm{LN}}_{k,j,l,t}) \geqslant \sum_{b \in \Omega^B} K^{\mathrm{LN}}_{b,l} V_{k,j,b,t} - 2R_l P^{\mathrm{LN}}_{k,j,l,t} / V_0 - 2X_l Q^{\mathrm{LN}}_{k,j,l,t} / V_0 \geqslant M(\beta^{\mathrm{LN}}_{k,j,l,t}-1),$$
$$\forall l \in \Omega^L, \forall t \in \Omega^{\mathrm{Tc}}_{k,j} \tag{7-70}$$

$$\boldsymbol{\Phi}_{k,j,t} = \boldsymbol{\Lambda}_{s_c,t}, \quad \forall t < t_c \tag{7-71}$$

$$\boldsymbol{\Phi}_{k,j,t} = [E_{k,j,i,t}\big|_{i \in \Omega^I}, n^{\mathrm{depart}}_{k,j,i,r,t}\big|_{i \in \Omega^I, r \in \Omega^R}, n^{\mathrm{road}}_{k,j,i,t}\big|_{i \in \Omega^I}]^{\mathrm{T}}, \quad \forall t < t_c \tag{7-72}$$

$$\boldsymbol{\Lambda}_{s_c,t} = [E_{s_c,i,t}\big|_{i \in \Omega^I}, n^{\mathrm{depart}}_{s_c,i,r,t}\big|_{i \in \Omega^I, r \in \Omega^R}, n^{\mathrm{road}}_{s_c,i,t}\big|_{i \in \Omega^I}]^{\mathrm{T}}, \quad \forall t < t_c \tag{7-73}$$

式(7-66)~式(7-70)为配电网元件故障约束。式(7-71)~式(7-73)为边界条件一致性约束，即故障发生时刻前系统运行状态与其对应的正常运行场景下的调度结果一致。式中，$\beta^{\mathrm{TG}}_{k,j,ss,t}$ 和 $\beta^{\mathrm{LN}}_{k,j,l,t}$ 为系统故障期间配变和线路的故障状态序列（若故障则取值为 0，否则为 1）；$\boldsymbol{\Phi}_{k,j,t}$ 和 $\boldsymbol{\Lambda}_{s_c,t}$ 分别为故障发生前各时刻系统元件的状态变量和对应正常运行场景下的元件状态信息，s_c 为故障时段对应的正常运行场景。

2）供电可靠性割约束的生成

通过求解每个故障场景下的可靠性子问题，可以对现有规划方案下的系统可靠性进行评估，并向主问题返回可靠性割约束，具体步骤如下。

步骤 1：初始化 $k=1$，$j=1$。

步骤 2：求解第 k 年的第 j 次故障时的运行子问题，记为 RSP（recursive subproblem）：

$$\mathrm{RSP}: \min \boldsymbol{d}_{k,j}\boldsymbol{y}_{k,j}$$
$$\mathrm{s.t.} \begin{cases} \boldsymbol{D}_{k,j}\boldsymbol{y}_{k,j} + \boldsymbol{G}_{k,j}\boldsymbol{z}_{k,j} \leqslant \boldsymbol{f}_{k,j} - \boldsymbol{E}_{k,j}\boldsymbol{x}^* \\ \boldsymbol{y}_{k,j} \in \Omega^Y_{k,j} \\ \boldsymbol{z}_{k,j} \in \Omega^Z_{k,j} \end{cases} \tag{7-74}$$

记其目标函数最优值为 $\mathrm{ENS}_{k,j}$，并得到离散变量 $\mathbf{z}_{k,j}$ 的最优值 $\mathbf{z}_{k,j}^*$。

步骤 3：固定 RSP 中的离散变量 $\mathbf{z}_{k,j}$ 的值为 $\mathbf{z}_{k,j}^*$，将 RSP 转化为一个线性规划，记为 RSP-1。

记 RSP-1 的目标函数最优值为 $\mathrm{obj}_{k,j}^{\mathrm{RSP1}}$。求解 RSP-1 并生成子问题最优割约束式(7-75)，用于约束下述松弛子问题 RSP-2 的下界。

$$\theta \geqslant \mathrm{obj}_{k,j}^{\mathrm{RSP1}}(\mathbf{x}^*, \mathbf{z}_{k,j}^*) - (\mathbf{z}_{k,j}^c - \mathbf{z}_{k,j}^*)^{\mathrm{T}} \mathbf{G}_{k,j}^{\mathrm{T}} \mathbf{u}_{k,j}^{\mathrm{RSP1}} \tag{7-75}$$

步骤 4：将 RSP 中的离散变量 $\mathbf{z}_{k,j}$ 松弛为 $\mathbf{z}_{k,j}^c$，并纳入最优割式(7-75)，可生成 RSP 的松弛子问题 RSP-2。

步骤 5：判断是否遍历完第 k 年的所有故障，如果是则继续，否则令 $j=j+1$ 并返回步骤 2。

步骤 6：按式(7-76)更新系统预期缺供电量 EENS：

$$\mathrm{EENS} = \sum_{k'=1}^{k} \sum_{j'=1}^{N_{k'}^J} \mathrm{ENS}_{k',j'} / k \tag{7-76}$$

式中，$N_{k'}^J$ 为第 k' 年的系统故障次数。判断 SMCS 是否收敛或者到达最大仿真年限。如果是则继续，否则令 $k=k+1$ 并返回步骤 2。

步骤 7：判断 EENS 是否小于设定的系统供电可靠性阈值 EENS^T。如果是，则现有规划方案 $\mathbf{x}^*$ 满足系统可靠性约束，发出程序终止指令并输出规划结果；否则继续。

步骤 8：与中层正常运行子问题相似，由于故障运行子问题 RSP 是一个混合整数线性规划问题，无法直接利用其对应的对偶问题构造可行性割。因此仍需要利用松弛子问题 RSP2 来构造如式(7-77)所示的可靠性割约束，并添加到上层 MP 问题中。

$$\mathrm{obj}^R - (\mathbf{x} - \mathbf{x}^*)^{\mathrm{T}} l \leqslant \mathrm{EENS}^T \tag{7-77}$$

式中，obj^R 和 λ 可根据式(7-78)和式(7-79)得出。

$$\mathrm{obj}^R = \sum_{k'=1}^{k} \sum_{j'=1}^{N_{k'}^J} \mathrm{obj}_{k',j'}^{\mathrm{RSP2}} / k \tag{7-78}$$

$$l = \sum_{k'=1}^{k} \sum_{j'=1}^{N_{k'}^J} \mathbf{E}_{k',j}^{\mathrm{T}} \mathbf{u}_{k',j'}^{\mathrm{RSP2}} / k \tag{7-79}$$

4. 三层 Benders 分解的整体算法流程

最终三层 Benders 分解的整体算法流程如图 7-4 所示。

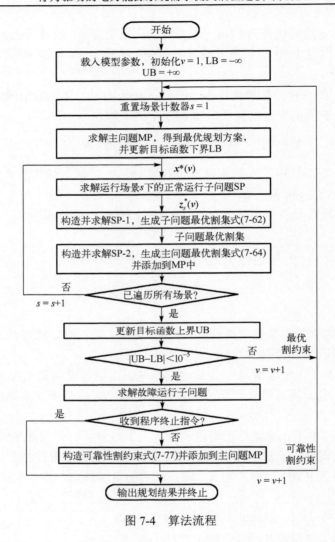

图 7-4　算法流程

7.7　算 例 分 析

1.　参数设置

为了验证本节所提多层协同规划方法的有效性，采用修改的 IEEE-33 节点配电网为例进行算例分析[6]，如图 7-5 所示。筛选出四个 PTH 待建节点为 {9,12,16,31}。此外，本节假设规划年限为 10 年。

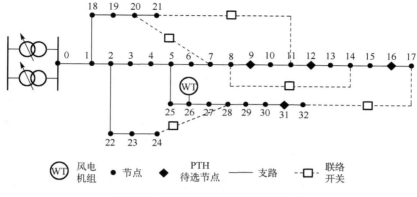

图 7-5　修改的 IEEE-33 节点配电网

配电网变压器单位扩容成本设为 60 万元/MVA，单位维护成本为 2.2 万元/MVA。备选扩容线路选取容量和成本依次增大的六种型号（型号 1~6）。PTH 相关设备的参数如表 7-1 所示。系统内各支路和配电变压器的故障率分别设为 0.1 次/(km·年) 和 1.5 次/年，故障修复时间设为 6h。

表 7-1　PTH 设备参数

设备	投资成本	维护成本
电动公交	60 万元/辆	0.84 元/km
充电机	10 万元/台	0.1 万元/台
站内变压器	25 万元/MVA	1 万元/MVA

本节将以北京市四惠枢纽作为始发站的 3 条公交线路（58 路、455 路和 496 路）为例进行分析，如图 7-6 所示，三条线路全长分别为 24.8km、31.4km 和 25.2km。为方便描述，下面将三条公交线路简写为线路 I、线路 II 和线路 III。

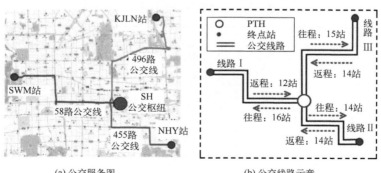

(a) 公交服务图　　　　　　　　　(b) 公交线路示意

图 7-6　PTH 及其公交线路

2. 仿真结果

为了证明本节所提出的 PTH 灵活性赋能的配电网多层协同规划方法的有效性,本节设计以下四种规划情景进行比较分析。

情景 1:PTH 和配电网独立规划。所得结果反映了 PTH 和配电网在非协同规划条件下的效益情况。

情景 2:PTH 和配电网协同规划,但不开发 PTH 的需求响应潜力。该方案模拟了 PTH 基于经验的运营模式,所得结果反映了不考虑 PTH 灵活性赋能条件下的规划效益。

情景 3:PTH 和配电网协同规划,但 PTH 仅执行能量-车辆调度,不提供 V2G 服务。该情景反映部分开发 PTH 灵活性条件下的规划效益。

情景 4:本节所提模型。PTH 和配电网协同规划,且 PTH 可以通过能量调度、车辆调度和参与 V2G 服务充分释放自身运营灵活性。

各情景下的规划成本和最优规划方案如表 7-2 和表 7-3 所示。从表 7-2 可以看出,从情景 1 到情景 4,规划总成本逐渐降低。

表 7-2　各情景下的规划成本

情景	投资成本/万元						维护成本/万元	运行成本/万元				年值化成本/万元
	总投资成本	配电网扩容成本		PTH 投建成本				总运行成本	购电成本	弃风成本	电池退化成本	
		线路	变压器	电动公交	充电桩	变压器						
1	1749.50	1299.74	31.50	389.60	25.03	3.66	352.29	5105.89	4868.15	81.92	155.82	7207.68
2	1413.81	964.54	34.17	384.88	26.60	3.64	347.75	5106.04	4868.74	81.70	155.59	6867.60
3	940.50	605.67	21.06	300.39	10.17	3.21	284.08	4276.50	4164.43	12.71	99.36	5501.08
4	612.23	247.98	11.62	328.55	20.34	3.75	278.70	4185.56	4048.09	2.50	134.97	5076.49

表 7-3　各情景下的最优规划方案

情景	配电网扩容							PTH 投建			
	线路扩容(支路编号以该支路末节点编号表示)						变压器扩容/MVA	电动公交/辆	充电桩/个	变压器/MW	投建节点
	型号 1	型号 2	型号 3	型号 4	型号 5	型号 6					
1	—	32	11~15,17	3~10,25~31	16	1	3.36	83	32	1.87	31
2	—	24	6~9,20,22~23	3~5,18~19		1	3.64	82	34	1.85	9
3	—	18~20,24	22~23				2.24	64	13	1.64	12
4	13~17,31	32	—	—	—	—	1.24	70	26	1.91	31

对比情景 1 和情景 2 的规划结果,其中线路投资的节约最为明显。因为在情

景 2 下，决策者可以根据故障时 PTH 负荷对潮流的影响合理选择其接入位置。可最大限度降低支路越限数量和越限程度，大幅节约线路扩容成本。

为了更直观地对情景 2、情景 3、情景 4 情况下配电网潮流进行定量分析，引入线路最大负载率 $\psi_l^{\max}$ 的概念。$\psi_l^{\max}$ 的大小可以表征支路 l 在运行时承载的最大潮流相对于线路额定容量的越限程度，可表示为

$$\psi_l^{\max} = \frac{\max_{t\in\Omega^T}\left\{\sqrt{(P_{l,t}^{\mathrm{LN}})^2 + (Q_{l,t}^{\mathrm{LN}})^2}\right\}}{S_l^{\mathrm{LN0}}}, \quad \forall l \in \Omega^L \tag{7-80}$$

式中，$P_{l,t}^{\mathrm{LN}}$ 和 $Q_{l,t}^{\mathrm{LN}}$ 分别代表线路 l 在 t 时刻传输的有功和无功功率。

四种规划情景下的六种典型运行场景下配电网各支路的最大负载率如图 7-7 所示。六种典型运行场景包括：正常运行、支路 6 故障、支路 11 故障、支路 15 故障、支路 28 故障以及单台配变故障，并依次编号为 1 到 6 号。其中，支路编号用该支路对应的末节点编号表示。

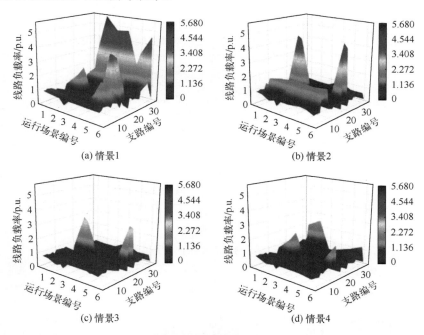

图 7-7　配电网各支路最大负载率(见彩图)

以冬季典型日为例，系统正常运行状态下 PTH 与配电网之间的交互功率和系统总负荷功率如图 7-8 所示。图 7-9 给出不同情景下的风电出力。图 7-10 给出系统正常运行时不同情景下的 EB 发车计划。图 7-11 给出正常运行状态下某典型日

内的 PTH 车辆调度结果。图 7-12 给出单台配电变压器故障期间 PTH 与配网间交互功率和非故障变压器的视在功率。

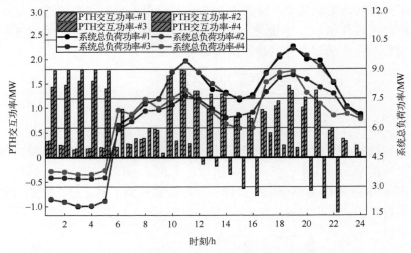

图 7-8　PTH 与配电网之间的交互功率和系统总负荷（见彩图）

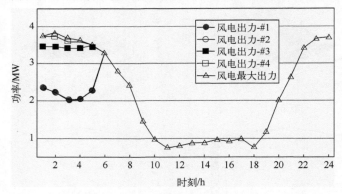

图 7-9　不同情景下的风电出力

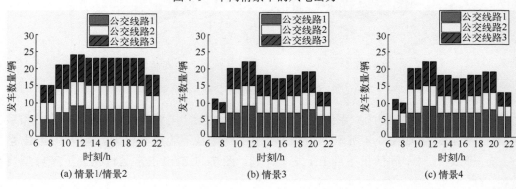

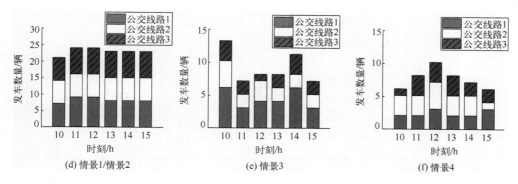

图 7-10　不同情景下的 EB 发车计划

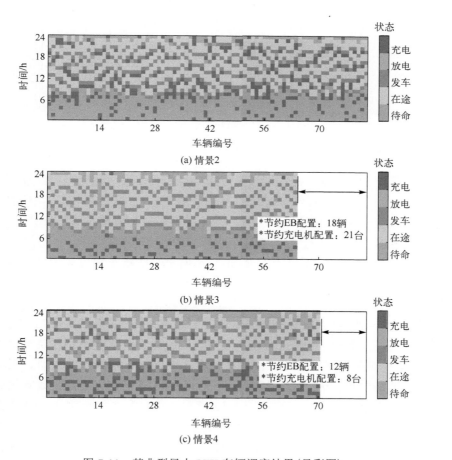

图 7-11　某典型日内 PTH 车辆调度结果（见彩图）

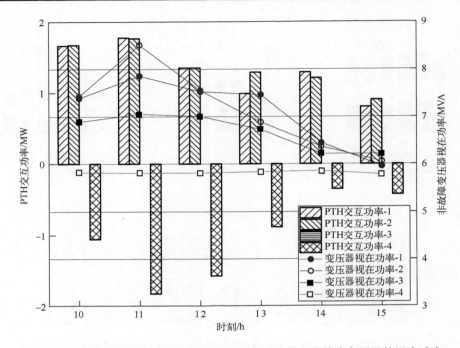

图 7-12　变压器故障期间 PTH 与配网间交互功率和非故障变压器的视在功率

对比情景 2 和情景 3 的规划方案可知, 开发 PTH 灵活性资源可以显著降低系统的投资和运行成本。如图 7-8 所示, 在情景 3 中, 通过能量调度, PTH 将 EB 的充电操作转移到风电高发的夜间(0:00～5:00)进行, 降低了 PTH 在峰时的电负荷。由图 7-10 可知, 情景 3 中 PTH 可以根据系统的实时状态灵活安排发车计划, 降低了 PTH 在日间的整体能耗。如图 7-11 所示, 情景 3 通过灵活性开发, 实现了 EB 的充电和发车操作在时域上的解耦, 可节约 EB 配置 18 辆、充电机 21 台, 大幅度减小了投资成本。

最后, 对比情景 3 和情景 4 的规划方案。由图 7-8 和图 7-9 可知, 情景 4 中 PTH 在风电高发时段(0:00～5:00)和低电价时段为 EB 充电, 并在高电价时段参与 V2G 服务向配电网倒送电。这在降低了配电网的购电成本的同时, 表现出最佳的风电消纳效果。因此, 相较于情景 3, 情景 4 虽然 PTH 投建成本稍高, 但系统运行成本进一步降低。观察图 7-12 可得, 单台配变故障期间, PTH 作为备用电源向配网提供容量支撑, 配变承担的视在功率峰值由情景 3 的 7.05MVA 降低到情景 4 的 5.86MVA。与情景 3 相比, 情景 4 中 PTH 进一步降低了 EB 发车数量(为情景 3 的 82%)。综上所述, 相较于情景 3, 情景 4 的配电网扩容成本进一步降低。

7.8　本 章 小 结

本章基于电力-交通耦合视角，建立了 PTH 灵活性赋能的高可靠性配电网协同规划模型，并设计了一种多层 Benders 分解方法进行高效求解。通过算例分析可知，本章提出的 PTH 与配电网协同规划模型可以有效促进能源-交通系统协调发展，充分发掘 PTH 的灵活性潜力，显著降低系统投资成本和运行成本，并满足供电可靠性和公交服务可达性的需求。

参 考 文 献

[1] Moon J, Kim Y J, Cheong T, et al. Locating battery swapping stations for a smart e-bus system[J]. Sustainability, 2020, 12: 1142.

[2] Rafique S, Nizami M S H, Irshad U B, et al. A two-stage multi-objective stochastic optimization strategy to minimize cost for electric bus depot operators[J]. Journal of Cleaner Production, 2022, 332: 129856.

[3] Zeng B, Sun B, Wei X, et al. Capacity value estimation of plug-in electric vehicle parking-lots in urban power systems: A physical-social coupling perspective[J]. Applied Energy, 2020, 265: 114809.

[4] 吴志, 刘亚斐, 顾伟, 等. 基于改进 Benders 分解的储能、分布式电源与配电网多阶段规划[J]. 中国电机工程学报, 2019, 39(16): 4705-4715, 4973.

[5] Dehghan S, Amjady N, Conejo A J. Reliability-constrained robust power system expansion planning[J]. IEEE Transactions on Power Systems, 2016, 31(3): 2383-2392.

[6] 曾博, 罗旸凡, 周吟雨, 等. 公交枢纽灵活性赋能的高可靠城市配电网多层协同优化规划方法[J]. 中国电机工程学报, 2023, 43(18): 7061-7079.

第 8 章 计及需求侧不确定性的电力能源系统多目标区间优化

8.1 概 述

相比传统电力能源系统中能源之间关联性差、运行方式相对独立，能量枢纽（energy hub，EH）借助先进的转换、存储设备，使不同能源之间实现灵活转化与统一管理，能够有效提升未来电力能源系统的运行效益。但是，由于 EH 中的可再生能源与用户负荷的不确定性，导致 EH 的协调安全运行面临着严峻的挑战。

为此，本章研究并提出一种计及需求侧不确定性的电力能源系统多目标区间规划方法。首先，搭建了面向源-荷协同增效的系统多目标规划框架；然后，基于区间多面体的不确定性刻画，对不确定因素进行建模；在此基础上，进一步构建面向 EH 的多目标区间优化模型，以实现经济性和环境效益综合最优；最后，给出可行的求解方法，并进行算例分析，验证了所提方法的有效性。

8.2 面向源-荷互动的多目标规划框架

实际电力能源系统规划中，对于投资商而言，希望最大限度地减少系统经济成本，同时尽可能地提升系统的 RES 利用率，提高系统能效；而用户的目标需求在于，希望获得较高的供能质量和用能舒适度，降低因参与需求侧响应项目带来的效用损失。投资商和用户的目标之间相互制约与内在联系，且存在明显的矛盾。相较于传统双目标优化，本章问题的优化目标数量更多且不同目标之间存在复杂的关联性；此外，系统 RES 出力与需求侧参与度的天然不确定性还导致决策的可行空间是动态变化的。这些因素的共同作用使得上述模型建立和求解均存在很大挑战。

为解决上述问题，本章提出了一种基于高维多目标区间优化的能量枢纽规划模型[1]，其基本框架如图 8-1 所示。

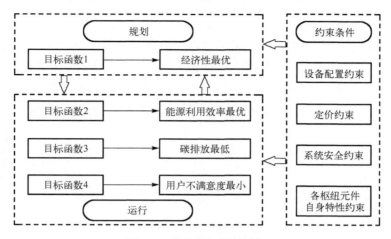

图 8-1　能量枢纽规划框架

8.3　基于区间多面体的不确定性刻画

由于 EH 中的 RES 出力和需求侧负荷存在不确定性，能量枢纽中不确定性问题处理尤为重要。本节利用区间方法对上述不确定性影响进行刻画，在有效适应不确定性环境下实现可再生能源与需求响应的协同增效[2]。

(1) 风机模型。

风电机组的输出功率主要受所在位置风速的影响。在大自然中，由于风速具有随机性和间歇性，因此风机出力为不确定变量。为此，本章定义载荷因数 $\tilde{k}_t^{\mathrm{WG}}$ 表示 t 时刻风速下风机实际发电功率与其额定容量之比，进而其数学模型可表示为

$$\tilde{P}_t^{\mathrm{WG}} = \tilde{k}_t^{\mathrm{WG}} M^{\mathrm{WG}} \tag{8-1}$$

式中，$\tilde{P}_t^{\mathrm{WG}}$ 为风机的发电功率；$\tilde{k}_t^{\mathrm{WG}}$ 为描述随机风速下风机载荷率变化的区间变量，$\tilde{k}_t^{\mathrm{WG}} = [\underline{k}_t^{\mathrm{WG}}, \overline{k}_t^{\mathrm{WG}}]$，$\underline{k}_t^{\mathrm{WG}}$ 和 $\overline{k}_t^{\mathrm{WG}}$ 分别代表波动区间的下界和上界；M^{WG} 为风机的配置容量。

(2) 光伏模型。

太阳光照强度和环境温度是影响光伏发电输出功率的关键性因素。计及温度和光照的不确定性影响，类比风机模型，光伏的运行特性表示为

$$\tilde{P}_t^{\mathrm{PV}} = \tilde{k}_t^{\mathrm{PV}} M^{\mathrm{PV}} \tag{8-2}$$

式中，$\tilde{P}_t^{\mathrm{PV}}$ 为光伏的发电功率；M^{PV} 为光伏的配置容量；$\tilde{k}_t^{\mathrm{PV}} = [\underline{k}_t^{\mathrm{PV}}, \overline{k}_t^{\mathrm{PV}}]$ 为表征光伏载荷率随机变化的区间变量。

(3) 时间可转移负荷 (time shiftable load, TSL)。

时间可转移负荷通常指的是用户可以灵活调整用能时间的负荷。EH 里常见的 TSL 有家用电器以及电动汽车等。在基于实时电价的 DR 项目中，用户根据所得到的动态电价调整自身 TSL 的用能时间，该转移过程可用价格弹性模型描述：

$$\tilde{P}_i^{\text{TSL}} = \gamma_i^{\text{TSL}} P_i^{\text{DE},0} \left[1 + \frac{\tilde{\varepsilon}_i^{\text{TSL}}(\rho_i^{\varepsilon} - \rho_i^{\varepsilon,0})}{\rho_i^{\varepsilon,0}} \right] + \left[\sum_{\text{th}F,\text{the}} \frac{\gamma_i^{\text{TSL}} P_i^{\text{DE},0} \tilde{\varepsilon}_{ii'}^{\text{TSL}}(\rho_i^{\varepsilon} - \rho_i^{\varepsilon,0})}{\rho_i^{\varepsilon,0}} \right] \tag{8-3}$$

式中，γ_t^{TSL} 代表 TSL 在系统总电负荷需求中所占的比例；$\rho_i^{\varepsilon,0}$ 和 ρ_i^{ε} 分别为基准电价及实时电价下时段 t 对应的电价；此外，$\tilde{\varepsilon}_i^{\text{TSL}}$ 和 $\tilde{\varepsilon}_{ii'}^{\text{TSL}}$ 分别代表 TSL 的价格自弹性系数和交叉弹性系数，用于表示 TSL 需求对当前时段及相邻时段 t' 能源价格变化的敏感性。一般而言，$\tilde{\varepsilon}_i^{\text{TSL}} < 0$ 且 $\tilde{\varepsilon}_{ii'}^{\text{TSL}} > 0$。

在实际运行中，由于用户具有不同的生活习惯及行为偏好，因此对于 EH 运营商而言，上述模型中的参数 $\tilde{\varepsilon}_i^{\text{TSL}}$ 和 $\tilde{\varepsilon}_{ii'}^{\text{TSL}}$ 为不确定性变量。与风机/光伏建模类似，本节采用区间描述，即有 $\tilde{\varepsilon}_i^{\text{TSL}} = [\underline{\varepsilon}_i^{\text{TSL}}, \overline{\varepsilon}_i^{\text{TSL}}]$。

(4) 能量可替代负荷 (energy fungible load, EFL)。

能量可替代负荷指用能时间固定但是用户能够按照自身所需选择不同类别能源的负荷。常见的 EFL 有可混合制冷的空调、家用的电器、燃气厨具等。在基于实时价格的 DR 项目中，用户根据各时段不同能源的实时价格选择 EFL 的用能形式，该过程可用微观经济学中的替代品模型表示：

$$\tilde{P}_t^{\text{EFL}} = \gamma_t^{\text{EFL-e}} P_t^{\text{DE},0} \left[1 + \frac{\tilde{\varepsilon}_t^{\text{EFL}}(\rho_t^{\text{e}} - \rho^{\text{h}})}{\rho^{\text{h}}} \right] \tag{8-4}$$

$$\tilde{H}_t^{\text{EFL}} = \gamma_t^{\text{EFL-h}} H_t^{\text{DEQ}} - \delta^{\text{EFL}}(\tilde{P}_t^{\text{EFL}} - \gamma_t^{\text{EFL-e}} P_t^{\text{DEQ}}) \tag{8-5}$$

式中，$\gamma_t^{\text{EFL-e}}$ 代表基准电价下 EFL 电负荷占 EH 总电负荷需求的比例；$\gamma_t^{\text{EFL-h}}$ 代表 EFL 热负荷占 EH 总热负荷需求的比例；ρ^{h} 为 EH 向终端用户的售热价格，在本文中假设为恒值；$\tilde{\varepsilon}_t^{\text{EFL}}$ 为替代价格弹性系数，表示 EFL 用户对于电、热相对价格变化的敏感度，属于不确定性变量，表示为区间数的形式为 $\tilde{\varepsilon}_t^{\text{EFL}} = [\underline{\varepsilon}_t^{\text{EFL}}, \overline{\varepsilon}_t^{\text{EFL}}]$；$\tilde{H}_t^{\text{EFL}}$ 代表实时电价下 EFL 在时段 t 的热负荷需求；δ^{EFL} 为 EFL 的电-热转换效率。

8.4　多目标区间优化模型构建

针对园区级能量枢纽的规划，在综合考虑经济、环境、社会等因素的基础上，以系统投资运行经济性最优、综合能效最大、碳排放最低和用户不满意度最低为目标，构建能量枢纽的高维多目标区间优化规划模型[3]。

1. 目标函数

(1)投资经济性最优。

以系统投资成本年值、年运行成本以及需求响应费用最小化作为反映 EH 规划经济性的目标函数，如下所示：

$$\min f_1 = C^{\text{inv}} + C^{\text{opt}} + \tilde{C}^{\text{DR}} \tag{8-6}$$

式中，C^{inv} 为系统投资成本年值；C^{opt} 为系统年运行成本；$\tilde{C}^{\text{DR}}$ 为系统的需求响应成本，其具体计算式如下所示：

$$C^{\text{inv}} = \sum_{i \in I} \frac{r(1+r)^{y_i}}{(1+r)^{y_i} - 1} c_i^{\text{inv}} M_i \tag{8-7}$$

$$C^{\text{opt}} = \sum_{i \in I} c_i^{\text{mai}} M_i + \tau \sum_{t \in T} \Delta t (c_t^{\text{ele}} P_t^{\text{ele}} + c_t^{\text{gas}} G_t^{\text{gas}}) \tag{8-8}$$

$$\tilde{C}^{\text{DR}} = \tau \sum_{t \in T} \Delta t \left\{ [\rho_t^{\text{e,0}} P_t^{\text{DE,0}} (\gamma_t^{\text{TSL}} + \gamma_t^{\text{EFL-e}}) + \rho^{\text{h}} \gamma_t^{\text{EFL-h}} H_t^{\text{DE,0}}] - [\rho_t^{\text{e}} (\tilde{P}_t^{\text{TSL}} + \tilde{P}_t^{\text{EFL}}) + \rho^{\text{h}} \tilde{H}_t^{\text{EFL}}] \right\} \tag{8-9}$$

式中，I 为系统设备元件类型集合，i 代表设备类别，c_i^{inv} 和 M_i 分别代表设备 i 的单位容量投资成本及总配置容量，y_i 为设备寿命期，r 为折现率，c_i^{mai} 为设备 i 的单位容量年固定维护成本，T 为系统运行周期，τ 为一年中的天数，c_t^{ele} 和 c_t^{gas} 分别为系统从外部市场的购电和购气价格，P_t^{ele} 和 G_t^{gas} 分别为系统购电量和购气量。

(2)能源利用效率最优。

以系统输出能量与上级电网和气网向系统输入的能量之间的比值最大化作为反映能量枢纽中能源利用效率的目标函数，如下式所示。

$$\max f_2 = \frac{\sum_{t \in T} (\tilde{P}_t^{\text{DE}} + \tilde{H}_t^{\text{DE}})}{\sum_{t \in T} (P_t^{\text{ele}} + v^{\text{gas}} G_t^{\text{gas}})} \tag{8-10}$$

(3)碳排放最低。

以系统总体碳排放量最小作为反映 EH 环境效益的优化目标：

$$\min f_3 = \tau \sum_{t \in T} \Delta t (\varphi^{\text{ele}} P_t^{\text{ele}} + \varphi^{\text{gas}} G_t^{\text{gas}}) \tag{8-11}$$

式中，φ^{ele} 为外部系统电能生产的碳排放系数，φ^{gas} 为燃烧天然气的碳排放系数。

(4)用户不满意度最小。

实施需求响应中的负荷转移与用能替代往往会造成用户用能舒适度降低。为规避上述不利影响，以用户不满意度最小作为反映系统服务质量的优化目标：

$$\min f_4 = \tau \sum_{t \in T} S_t \left(\left| \tilde{P}_t^{\mathrm{DE}} - P_t^{\mathrm{DE},0} \right| + \left| \tilde{H}_t^{\mathrm{DE}} - H_t^{\mathrm{DE},0} \right| \right) \tag{8-12}$$

式中，S_t 代表时刻 t 因需求响应项目引起的用户不满意率。

2. 约束条件

(1) 系统配置约束。

各类设备的最大配置容量不能超过一定限度：

$$0 \leqslant M_i \leqslant M_i^{\max}, \quad \forall i \in I \tag{8-13}$$

(2) 定价约束。

实时电价变化可能造成用户经济效益的损失，需限制实时电价的范围：

$$\rho^{\mathrm{e,min}} \leqslant \rho_t^{\mathrm{e}} \leqslant \rho^{\mathrm{e,max}}, \quad \forall t \in T \tag{8-14}$$

式中，$\rho^{\mathrm{e,min}}$、$\rho^{\mathrm{e,max}}$ 分别代表实时电价允许波动范围的上、下限值。

为保证 DR 项目的可实施性，还需要使用户在实时电价下的预期总用能费用低于其在常规电价模式下的成本支出：

$$\sum_{t \in T} \left[\rho_t^{\mathrm{e},0} P_t^{\mathrm{DE},0} (\gamma_t^{\mathrm{TSL}} + \gamma_t^{\mathrm{EFL-e}}) + \rho^{\mathrm{h}} \gamma^{\mathrm{EFL-h}} H_t^{\mathrm{DE},0} \right] \geqslant \sum_{t \in T} \left[\rho_t^{\mathrm{e}} (\tilde{P}_t^{\mathrm{TSL}} + \tilde{P}_t^{\mathrm{EFL}}) + \rho^{\mathrm{h}} \tilde{H}_t^{\mathrm{EFL}} \right] \tag{8-15}$$

(3) 系统安全约束。

系统安全约束主要包括内部电/热/气功率平衡约束式(8-16)～式(8-18)以及系统与外部市场之间的能量交互约束式(8-19)和式(8-20)。

$$P_t^{\mathrm{ele}} + P_t^{\mathrm{CHP}} + \tilde{P}_t^{\mathrm{WG}} + \tilde{P}_t^{\mathrm{PV}} + P_t^{\mathrm{ES\text{-}dch}} = \tilde{P}_t^{\mathrm{DE}} + P_t^{\mathrm{EB}} + P_t^{\mathrm{ES\text{-}ch}}, \quad \forall t \in T \tag{8-16}$$

$$H_t^{\mathrm{CHP}} + H_t^{\mathrm{GB}} + H_t^{\mathrm{EB}} + H_t^{\mathrm{TS\text{-}dch}} = \tilde{H}_t^{\mathrm{DE}} + H_t^{\mathrm{TS\text{-}ch}}, \quad \forall t \in T \tag{8-17}$$

$$G_t^{\mathrm{gas}} = G_t^{\mathrm{CHP}} + G_t^{\mathrm{GB}}, \quad \forall t \in T \tag{8-18}$$

$$0 \leqslant P_t^{\mathrm{ele}} \leqslant P^{\mathrm{ele\text{-}max}}, \quad \forall t \in T \tag{8-19}$$

$$0 \leqslant G_t^{\mathrm{gas}} \leqslant G^{\mathrm{gas\text{-}max}}, \quad \forall t \in T \tag{8-20}$$

此外，在能量枢纽的运行过程中，还需满足系统内部所含的各元件自身特性约束。

8.5 求 解 方 法

针对 EH 规划的多目标区间优化模型，采用区间序关系和可能度分别对含区间变量的目标函数和约束条件进行处理，将不确定问题转换为确定性多目标优化问题[4]。

1. 目标函数转换

在多目标区间优化模型中，对于任一目标函数 $f_i(\boldsymbol{X}, \boldsymbol{U})$，其在决策变量 $\boldsymbol{X}$ 处由不确定变量 $\boldsymbol{U}$ 造成的可能取值，可用区间数 $[\underline{f_i}(\boldsymbol{X}), \overline{f_i}(\boldsymbol{X})]$ 表示。其中，$\underline{f_i}(\boldsymbol{X})$ 和 $\overline{f_i}(\boldsymbol{X})$ 分别代表目标函数值波动的下限和上限，可通过区间分析方法得到：

$$\begin{cases} \underline{f_i}(\boldsymbol{X}) = \min_{\boldsymbol{U}} f_i(\boldsymbol{X}, \boldsymbol{U}) \\ \overline{f_i}(\boldsymbol{X}) = \max_{\boldsymbol{U}} f_i(\boldsymbol{X}, \boldsymbol{U}) \end{cases} \quad i = 1, 2, 3, 4 \tag{8-21}$$

为定量判断目标区间的优劣以寻找最优决策变量，本节利用区间序关系对目标函数进行处理，使其等效转换为一个由区间中点 $f_i^{\mathrm{m}}(\boldsymbol{X})$ 和半径值 $f_i^{\mathrm{w}}(\boldsymbol{X})$ 构成的确定性目标：

$$\min_{\boldsymbol{X}} f_i(\boldsymbol{X}, \boldsymbol{U}) = \min_{\boldsymbol{X}} \left\langle f_i^{\mathrm{m}}(\boldsymbol{X}), f_i^{\mathrm{w}}(\boldsymbol{X}) \right\rangle, \quad i = 1, 2, 3, 4 \tag{8-22}$$

式中，$f_i^{\mathrm{m}}(\boldsymbol{X}) = [\underline{f_i}(\boldsymbol{X}) + \overline{f_i}(\boldsymbol{X})] / 2, i = 1, 2, 3, 4$ 和 $f_i^{\mathrm{w}}(\boldsymbol{X}) = [\overline{f_i}(\boldsymbol{X}) - \underline{f_i}(\boldsymbol{X})] / 2, i = 1, 2, 3, 4$ 分别反映规划方案的预期效益及其对不确定性因素影响的敏感程度。

在实际应用中，由于决策者对于投资风险和回报具有不同的偏好，为灵活满足上述需求，本节采用线性加权求和法将式(8-22)中 $f_i^{\mathrm{m}}(\boldsymbol{X})$ 和 $f_i^{\mathrm{w}}(\boldsymbol{X})$ 集成，最终得到标准形式的优化目标函数如下：

$$\min_{\boldsymbol{X}} \varphi_i f_i^{\mathrm{m}}(\boldsymbol{X}) + (1 - \varphi_i) f_i^{\mathrm{w}}(\boldsymbol{X}), \quad i = 1, 2, 3, 4 \tag{8-23}$$

式中，φ_i、$1 - \varphi_i$ 分别表示决策者对各优化目标期望值和波动性偏好的权重系数。

2. 约束条件转换

针对模型中的约束条件 $h_i(\boldsymbol{X}, \boldsymbol{U})$，其在决策变量 $\boldsymbol{X}$ 处由不确定变量 $\boldsymbol{U}$ 造成的可能取值，可用区间数 $[\underline{h_i}(\boldsymbol{X}), \overline{h_i}(\boldsymbol{X})]$ 表示。本节采用区间可能度对其进行转换处理。相比于区间序关系，区间可能度利用定量化的可能度函数判断相关区间是否满足给定的关系约束，因此其本身的数学含义和客观性更强，故更适合用于含区间数的约束条件的转化。

根据上述方法，5.4 节中的区间约束条件 $h_i(\boldsymbol{X}, \boldsymbol{U})$ 可转化为如下确定性形式：

$$\psi(h_i(\boldsymbol{X}) \leqslant \tilde{b}_i) \geqslant \lambda_i, \quad i = 1, 2, \cdots, l$$

其中，$\psi(\cdot)$ 为区间可能度。本节所采用的区间可能度构造方法相比于传统基于模糊集的可能度方法，可有效避免可能度量化过程中因函数形式选择等导致主观性过强和缺乏数学依据的问题，因此所得结果具有更好的可解释性。

上式中，$h_i(\boldsymbol{X})$ 为不确定性约束 i 在 $\boldsymbol{X}$ 处对应的可能区间，即 $h_i(\boldsymbol{X}) = [\underline{h_i}(\boldsymbol{X}), \overline{h_i}(\boldsymbol{X})]$，可通过下式确定：

$$\begin{cases} \underline{h_i}(\boldsymbol{X}) = \min_{\boldsymbol{U}} h_i(\boldsymbol{X}, \boldsymbol{U}) \\ \overline{h_i}(\boldsymbol{X}) = \max_{\boldsymbol{U}} h_i(\boldsymbol{X}, \boldsymbol{U}) \end{cases} \tag{8-24}$$

此外，式中 λ_i 表示针对约束条件 i 的可能度限值，其大小决定了模型中优化变量 $\boldsymbol{X}$ 的可行域。选择较大的 λ_i 表示决策者对于该约束条件的要求更为严格。

通过上述步骤，本节所建的高维多目标区间优化模型即转化为一个常规确定性的高维多目标优化问题，进而可使用高维多目标求解算法实现求解[4]。

8.6　高维多目标问题的处理

由于本章所建的 EH 优化模型中优化目标较多且存在不确定性参数，传统的优化方法难以对这样的优化问题进行求解。为高效求解所得确定性高维多目标优化问题，本节采用一种基于降维分解的带精英策略非支配排序遗传算法（decomposition-based non-dominated sorting genetic algorithm-II，DNSGA-II）来进行求解[5]。

该算法将原优化问题分解为若干子优化问题，以降低问题求解的难度；采用多种群并行进化算法，协同求解分解后的每一子优化问题，并在求解过程中，充分利用其他子种群的信息，提高收敛速率；基于各子种群的优势个体形成外部保存集，从而得到高维多目标优化问题的最优解集。该算法的主要步骤说明如下。

（1）参数初始化。输入算法初始参数。

（2）问题分解。计算目标函数之间的相关系数，基于相关系数对目标函数进行分组，将高维多目标优化问题转化为多个子问题。

（3）随机生成种群。通过随机函数产生多个子问题的初始种群。

（4）计算区间上下界。针对各种群成员，通过区间分析法得到各目标函数和约束条件的最大值和最小值。

（5）确定性转换。根据式（8-21）～式（8-24），求解目标函数的均值和半径大小，此外，求解所有约束的可能度，从而实现对原模型的确定性转换。

（6）针对转化后的确定性子问题并行求解，将所得子问题帕累托解集存储到外部的保存集中。

（7）判断是否满足输出要求，若是，则输出帕累托最优解集；否则，返回上一步继续求解。

8.7　算　例　分　析

1. 参数设置

基于参考文献的 EH 进行仿真分析。各类枢纽元件的技术经济参数如表 8-1 所示，同时假设 CHP、可再生分布式电源及电/热锅炉的最大可配置容量分别为 2000kW、1000kW 和 1000kW。储能设备的配置容量上限设为 500kW/2000kW·h。EH 从外部市场的购电价格如图 8-2 所示，购气价格为 3.45 元/m³。此外，假设在未考虑 DR 时的基准售电价格恒为 0.8 元/kW·h，售热价格为 0.7 元/kW·h[6]。系统总电能/热能需求曲线如图 8-3 所示，系统中各类负荷分时变化情况如表 8-2 所示。

表 8-1　EH 设备参数

设备类型	参数	成本/(元/kW)
CHP	y^{CHP}=20 年 η^e=0.35　　β^{CHP}=1.3	$c^{CHP\text{-}Inv}$=4500 $c^{CHP\text{-}Mai}$=45
WG	y^{WG}=25 年	$c^{WG\text{-}Inv}$=7000 $c^{WG\text{-}Mai}$=90
PV	y^{PV}=25 年	$c^{PV\text{-}Inv}$=12000 $c^{PV\text{-}Mai}$=240
EB	y^{EB}=15 年　　η^{EB}=0.95	$c^{EB\text{-}Inv}$=1000 $c^{EB\text{-}Mai}$=40
GB	y^{GB}=15 年　　η^{GB}=0.86	$c^{GB\text{-}Inv}$=800 $c^{GB\text{-}Mai}$=32
ES	y^{ES}=10 年 $\eta^{ES\text{-}ch}$=0.95　　$\eta^{ES\text{-}dch}$=0.95 $\mu^{ES\text{-}min}$=0.2　　$\mu^{ES\text{-}max}$=0.9 λ^{ES}=0.001　　ξ^{ES}=0.2	$c^{ES\text{-}Inv}$=1800 $c^{ES\text{-}Mai}$=18
TS	y^{TS}=20 年 $\eta^{TS\text{-}ch}$=0.88　　$\eta^{TS\text{-}dch}$=0.88 $\mu^{TS\text{-}min}$=0.1　　$\mu^{TS\text{-}max}$=0.9 λ^{TS}=0.01　　ξ^{TS}=0.2	$c^{TS\text{-}Inv}$=200 $c^{TS\text{-}Mai}$=2

表 8-2　不同类型负荷在 EH 中的占比　　　　（单位：%）

时段	$\gamma_t^{IL\text{-}e}$	γ_t^{TSL}	$\gamma_t^{EFL\text{-}e}$	$\gamma_t^{IL\text{-}h}$	$\gamma_t^{EFL\text{-}h}$
22:00~7:00	80	10	10	30	70
7:00~8:00 11:00~18:00	20	60	20	50	50
8:00~11:00 18:00~22:00	40	20	40	40	60

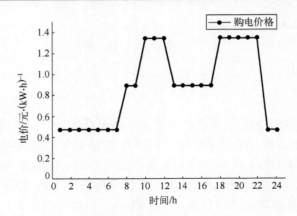

图 8-2　EH 购电电价

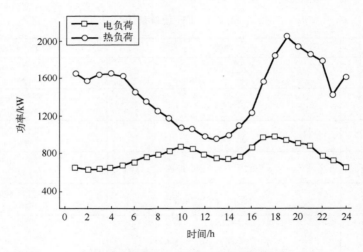

图 8-3　基准电价下 EH 电/热负荷需求

　　风电机组和光伏的日出力预测曲线分别如图 8-4 和图 8-5 所示。根据目前商业气象软件的预测精度，本节假设风电和光伏出力的预测误差分别为各自预测值的±20%和±15%。此外，系统中时间可转移负荷和能量可替代负荷（TSL/EFL）的价格弹性系数如表 8-3 所示，并假设波动范围均为±15%。在优化过程中，取系统运行仿真周期为 1d（即 24 个时段），且 Δt=1h。受配变容量与燃气压力限制，EH 与外部系统之间传输的电功率和天然气流量上限分别取为 1000kW 和 300m³/h。假设实时电价波动的上、下限分别为对应基准电价的 150%和 30%。此外，假设决策者对于各优化目标期望和波动性的权重系数均为 (0.6, 0.4)。

基于前期测试结果，对于算法的参数设置如下：种群规模为 100，最大进化代数为 300，变异因子为 0.2，交叉因子为 0.6。

表 8-3　EFL/TSL 价格弹性系数

弹性系数	$\tilde{\varepsilon}_t^{TSL}$	$\tilde{\varepsilon}_{tt'}^{TSL}$	$\tilde{\varepsilon}_t^{EFL}$
变化区间	$[-2, -1.45]$	$[0.06, 0.08]$	$[-1.6, -1]$

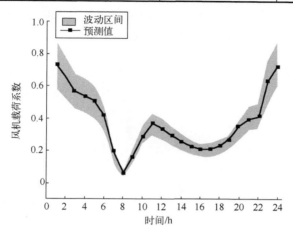

图 8-4　风机出力预测曲线

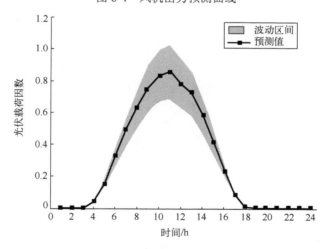

图 8-5　光伏出力预测曲线

2. 优化结果分析

基于参数设置并考虑有关计算结果的工程意义，图 8-6 分别展示了基于本节方法得到的三组帕累托前沿情况。相关结果分别描述了系统经济-环境、经济-供能质量以及能效-供能质量等目标之间的关联关系。

由图 8-6(a)可知，若系统以消纳可再生能源为目标，将导致系统经济成本的显著增加，这说明要实现环境效益的最大化，将会造成系统投资成本上升。此外，图 8-6(b)表明系统的经济成本和用户不满意度呈正相关的关系。最后，图 8-6(c)还表明在提高能源利用效率的同时，用户不满意度也随之增加。因而，在规划的过程中，需根据决策者的期望要求，充分考虑到目标之间的相互关系，科学确定 EH 的最优规划方案，对系统进行整体优化。

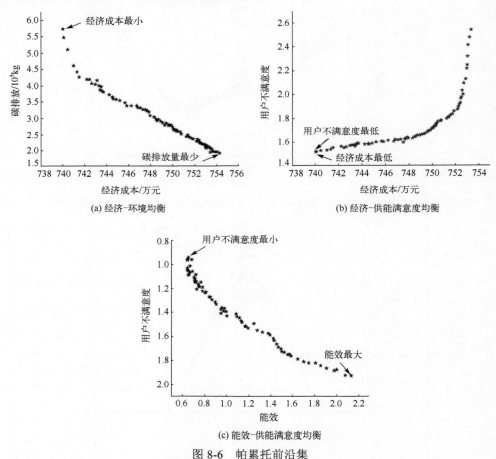

图 8-6　帕累托前沿集

针对上述所得帕累托前沿，假设决策者对各优化目标具有相同的权重偏好，进一步采用改进逼近理想解排序法确定唯一的折中方案，所得最终决策方案及其综合效益情况如表 8-4 所示。

表 8-4　系统规划方案

设备类型	配置容量
热电联产	1342kW
电锅炉	860kW
燃气锅炉	964kW
风机	845kW
光伏	386kW
蓄电池	950kW·h
储热罐	894kW·h

由表 8-4 可见，本节方案风机和光伏的配置容量较大，在经济性、环境、能效以及用能舒适度四个方面均有较好的表现。在本节研究中，系统运营商可通过需求响应对高峰负荷进行转移或者转换，避免了高峰时段从外部市场购电，在降低系统总运行成本的同时也进一步减少了系统的碳排放，从而使得系统能够获得较好的经济和环境效益。此外，在夜间电负荷低谷时，采用电锅炉进行集中供暖，实现了电能与热能之间的能量转换，夜间电负荷的增加能够消耗系统中更多的风电提升了系统的用能效率。由于需求响应项目的作用，也使得用户用能舒适度降低。作为系统运营商，在规划的过程中，充分考虑不同主体的需求，不能只以提升系统经济性或用能效率为目的，而完全不考虑用户用能舒适度。

为揭示 DR 对 EH 投资运行效益的影响，在 8.2 节参数设置的基础上，本节分别对有无 DR、不同负荷响应特性及源-荷匹配情况下的 EH 规划方案进行对比分析。

1）有无 DR 下 EH 规划方案对比

首先分析在有无 DR 情况下的 EH 最优规划方案及其成本效益。其中，无 DR 是指假设 EH 中所有终端负荷均为 IL 时的情况。两种场景下的计算结果如表 8-5 所示。

表 8-5　有无 DR 下的优化结果

设备	配置容量	
	未含 DR	计及 DR
热电联产	1580kW	1342kW
电锅炉	785kW	860kW
燃气锅炉	862kW	964kW
风机	368kW	845kW
光伏	214kW	386kW

续表

设备	配置容量	
	未含 DR	计及 DR
蓄电池	1897kW·h	950kW·h
储热罐	1961kW·h	894kW·h
投资成本/万元	136.9	160.2
运行成本/万元	652.6	534.1
DR 成本/万元	0	53.3
总成本/万元	789.5	747.6
碳排放量/10^5kg	5.16	3.26
能效	1.12	1.34
用户不满意度	0	1.61

可以看到，相比未考虑 DR 的规划方案而言，本节方案风机和光伏的配置容量更大，在综合经济性和环境效益方面均有更优的表现。在实时电价的驱动下，用户通过主动调整自身负荷用能，使 EH 中的 RES 资源得以充分利用，同时避免了高峰时段从外部市场购电从而降低了系统总运行成本。

2）不同负荷响应特性下 EH 规划方案对比

在以上研究中，不同类型负荷在终端需求中的占比被假设为固定。但是，在实际 EH 中，由于负荷构成及使用习惯方面的天然差异，终端用户对 RTP 往往具有不同的响应意愿，因而产生的 DR 效益也不尽相同。为揭示上述影响，下面假设系统中 DR 分别由：①EFL 独立提供；②TSL 独立提供；③EFL+TSL 联合提供。三种场景下，假设系统中 IL 与可响应负荷（即 EFL+TSL）总容量的比例均为 40%和 60%，所得最优规划方案的对比情况如表 8-6 所示。

表 8-6　不同负荷构成下 DR 效果分析

场景		总成本/万元	碳排放量/10^5kg	能效	用户不满意度
EFL	无 DR	789.5	5.16	1.12	0
	含 DR	765.4	4.58	1.17	1.43
TSL	无 DR	789.5	5.16	1.12	0
	含 DR	754.2	3.89	1.20	1.56
EFL+TSL	无 DR	789.5	5.16	1.12	0
	含 DR	747.6	3.26	1.34	1.61

根据计算结果可知，在总量相等的前提下，不同类型 DR 资源对 EH 效益提升的贡献不同。基于目标值改善度排序可知，DR 效益由大到小分别为：EFL+TSL

方案、TSL 方案和 EFL 方案。上述结果的主要原因在于：在仅含 TSL 或 EFL 的情况下，由于 EH 运行受到 RTP 变化和天然气最大流量约束的限制，因此难以充分释放 DR 的灵活调节能力。而在 TSL+EFL 模式下，利用不同形态 DR 资源在响应特性上的互补性，可使系统同时具备对于负荷用能时间和用能形式两方面的控制能力，从而在满足运行约束的前提下，更加灵活地追踪 RES 出力并提高 EH 运行的经济性。因此，基于 EFL+TSL 模式的 DR 可带来更大的效益提升。

3) 不同源-荷匹配情况下的 EH 规划方案对比

在以上研究中，我们假设 EH 中同时含有风电和光伏。而实际工程中由于不同区域的 RES 资源禀赋不同，电源结构的变化会对 DR 效益产生影响。鉴于此，下面将对 DR 分别作用于仅含风电、仅含光伏以及风光混合 EH 的贡献效果进行分析，相关计算结果及对比如表 8-7 所示。

表 8-7　不同电源结构下 DR 影响

场景		总成本/万元	碳排放量/10^5kg	能效	用户不满意度
仅风电	无 DR	819.54	7.33	1.05	0
	含 DR	768.73	4.12	1.29	2.31
仅光伏	无 DR	829.41	6.96	1.08	0
	含 DR	796.82	5.67	1.19	0.89
风光混合	无 DR	789.51	5.16	1.12	0
	含 DR	747.60	3.26	1.34	1.61

由实验结果可见，当负荷种类和数量相同时，若 EH 中只含有风力发电，配置 DR 所带来的收益明显大于系统中同时含有风光两种可再生能源的情况。这说明，在 EH 中配置 DR 的作用价值往往与系统中供需侧资源时间匹配度有很大关系。当系统中 RES 供给与用电需求曲线的一致性较低时（如与光伏相比，风电出力具有明显的反负荷调节特性），引入 DR 后带来的预期经济与环境效益较高。因此，在 EH 规划中，将 DR 策略与 RES 发电容量配置统筹考虑，有助于获得更好的预期效益。

8.8　本 章 小 结

为促进多能耦合环境下能源资源的高效利用，本章提出了一种计及 DR 的 EH 多目标区间规划方法。基于区间方法考虑了供需双侧不确定性因素的影响，并通过对系统元件配置与需求侧管理策略进行协同优化，以实现对系统经济性、环境效益、能效、供能质量等多方面目标的协同趋优。在实际工程中，利用本章所提出的 EH 规划模型可以科学地确定综合能源园区中各类设备的最优安装容量和配置策略，从而为综合能源园区绿色、经济、高质量可持续发展提供重要指导。

参 考 文 献

[1] 曾博, 徐富强, 刘裕, 等. 考虑可再生能源与需求响应协同增效的能量枢纽多目标区间优化规划方法[J]. 中国电机工程学报, 2021, 41(21): 7212-7225.

[2] 赵冬梅, 殷加玞. 考虑源荷双侧不确定性的模糊随机机会约束优先目标规划调度模型[J]. 电工技术学报, 2018, 33(5): 1076-1085.

[3] 艾欣, 陈政琦, 孙英云, 等. 基于需求响应的电-热-气耦合系统综合直接负荷控制协调优化研究[J]. 电网技术, 2019, 43(4): 1160-1171.

[4] 刘益萍. 高维多目标进化优化理论与方法[D]. 徐州: 中国矿业大学, 2017.

[5] Bai L Q, Li F X, Cui H T, et al. Interval optimization based operating strategy for gas-electricity integrated energy systems considering demand response and wind uncertainty[J]. Applied Energy, 2016, 167: 270-279.

[6] 姜潮, 韩旭, 谢慧超. 区间不确定性优化设计理论与方法[M]. 北京: 科学出版社, 2017: 30-43.

第9章 多形态需求侧灵活性与电力能源系统的分散聚合优化

9.1 概 述

在电力能源系统中，需求侧资源的聚合优化是指通过先进的信息通信技术，将分散的小型资源如分布式发电、储能设备和可控负荷等集成起来，作为一个协调一致的整体参与电力市场的运营和电网调节。这一过程的核心在于信息管理和优化调度，使得这些分散资源能够得以协调并共同响应电网运行的变化。

对海量分散的需求侧资源聚合不仅能够为电力能源系统提供可观的灵活性，适应可再生能源的波动，还能够促进电网功率平衡和稳定运行。此外，聚合优化策略有助于激发用户参与电力市场的积极性，通过价格或激励机制引导用户用能行为的改变，有助于实现市场环境下各参与主体的共赢。

本章将详细探讨需求侧资源分散聚合的实现路径，包括时间转移、空间转移和用能替代等策略。时间转移策略侧重于通过价格激励引导用户在电价低时段增加用能，在电价高时段减少用能；空间转移策略则关注于通过优化资源的地理分布来提高电网的运行调节能力；用能替代策略则利用电能与天然气、热能、氢能等其他能源形式的互补性，提高系统的运行效率和可靠性。通过对多形态需求侧灵活性与电力能源系统的分散聚合进行研究，将有助于充分挖掘负荷侧资源的潜力价值，助力电力能源系统可持续发展。

9.2 基于实时电价的需求响应与配电网集成优化

9.2.1 引言

本节首先针对分散价格型敏感电力负荷与有源配电网集成问题，提出了一种考虑实时电价的综合资源规划方法。为此，通过分析智能电表渗透率与负荷节点响应能力之间的关系，建立了实时电价信号下节点负荷响应特性模型；在此基础上，对配电网扩展规划与低碳效益之间耦合关系进行了剖析，揭示了智能配电网下影响系统效益的时空阻滞因素及其作用机理；针对规划过程涉及的不确定性，提出了复杂预想场景集的概念及基于 Taguchi 正交测试的冗余信息约减策略；基于所提实时电价需求响应及不确定性，构建了综合考虑经济性和低碳目标的配电网规划二阶段机会约束模型。采用智能算法实现模型求解，并通过算例分析揭示了价格型需求响应对于提升配电网运行经济性和低碳阻滞问题的重要作用。

9.2.2　智能表计与需求响应资源可用性关系

负荷对价格波动的响应能力主要出于用户的"趋利性"。因此，与一般市场商品相似，电力需求随电价的增长而减小，其斜率为

$$\varepsilon = \frac{\dfrac{\Delta d}{d_0}}{\dfrac{\Delta \rho}{\rho_0}} \tag{9-1}$$

其中，Δd 是需求的变化量，$\Delta \rho$ 是价格的变化量，d_0 是某一均衡点对应的原始需求量，ρ_0 是某一均衡点对应的原始价格。式 (9-1) 中 ε 在经济学中被称为需求-价格弹性（简称"弹性"），其大小表征了商品需求对价格变化的敏感程度。由于需求与价格之间为负相关关系，因此 $\varepsilon < 0$。

1. 智能电表渗透率与需求节点响应能力的关系推导

智能表计 (smart metering, SM) 是负荷价格响应实现的物理基础。如果将 SM 在负荷节点 k 的渗透率记为 κ_k，那么该节点在时段 t 的负荷需求 $D_{k,t}$ 可分解为如下形式：

$$D_{k,t} = [(1 - \kappa_k)D_{k,t}] + (\kappa_k D_{k,t}) \tag{9-2}$$

式中第 1 项和第 2 项分别代表节点 k 已安装及未安装 SM，用户在时段 t 对应的总负荷，即节点可响应及不可响应需求。为方便起见，若分别以 $D_{k,t}^{\text{ure}}$ 及 $D_{k,t}^{\text{re}}$ 替代式 (9-2) 中的前、后构成项，则对于 LCTP 我们只需要重点探讨 $D_{k,t}^{\text{re}}$ 特性。

根据式 (9-1) 弹性的概念，针对时段 t 的电价变化，用户 k 所对应负荷的表达式如下：

$$\tilde{D}_{k,t}^{\text{re}} = D_{k,t}^{\text{re}}\left[1 + \frac{\varepsilon_{k,t}(\rho_t - \rho_{0,t})}{\rho_{0,t}}\right] \tag{9-3}$$

可见，RTP 对系统负荷产生的影响效果由初始负荷值、所实施电价及其变化幅度，以及该时段用户自身响应意愿（即弹性值 ε）共同决定。

2. 需求响应中的负荷复原与渐退效应

在不同应用场景下，用户在其他时段以补偿形式"恢复"的总电能可能等于

或大于之前时段产生的总节电量。因此，若引入变量 ϑ 表示补偿用电与 t 时段 DR 降低负荷之比，可用以下等式描述负荷复原过程：

$$\sum_{t'\in\text{TR}} P^{\text{cov}}(t,t')r_t = (D_{k,t}^{\text{re}} - \tilde{D}_{k,t}^{\text{re}})r_t\vartheta \tag{9-4}$$

其中，r_t 为时段 t 的时间长度；TR 为负荷复原的持续周期；$P^{\text{cov}}(t,\ t')$ 代表时段 t 负荷降低为时段 t' 带来的补偿性负荷。

为实现精确模拟，DR 模型中必须计及负荷复原的内在渐退效应（fading effect）。在本章研究中，为不失一般性，认为复原周期内各时段分配的补偿性负荷随时间间隔 $|t'-t|$ 以效用衰减率 ϖ 而线性递减[1]；此外，由于理性的 DR 用户不仅可以推迟用电也能够根据电价信息选择提前预支用电，因此对于 $P^{\text{cov}}(t,\ t')$ 描述如下：

$$P^{\text{cov}}(t,t') = \begin{cases} (D_{k,t}^{\text{re}} - \tilde{D}_{k,t}^{\text{re}})\vartheta + \varpi\cdot(t-t') & t' < t \\ (D_{k,t}^{\text{re}} - \tilde{D}_{k,t}^{\text{re}})\vartheta - \varpi\cdot(t'-t) & t' > t \end{cases} \quad \forall t' \in \text{TR} \tag{9-5}$$

3. 基于实时电价的需求响应复合模型

综合式（9-3）及式（9-4），可得到 RTP 下终端负荷需求的表达式如下：

$$D(t) = D_{k,t}^{\text{ure}} + D_{k,t}^{\text{re}}\left[1 + \frac{\varepsilon_{k,t}(\rho_t - \rho_{0,t})}{\rho_{0,t}}\right] + \sum_{t'\in\text{TR}} P^{\text{cov}}(t',t) \tag{9-6}$$

不同于将 DR 作为负荷处理的简单建模方法，由于细致考虑了负荷变化在多时间段的耦合及渐退效应，故式（9-6）是一种全新的复合模型。

9.2.3　行为驱动下需求侧响应的多阶段与不确定性

从系统论的角度看，主动配电网（active distribution network，ADN）内在碳足迹（carbon footprint）实际上由规划和运行两个阶段的碳排放"贡献"共同组成。

对于设备元件而言，碳排放实际贯穿于生产、安装直至报废处理的寿命周期各个环节中。对于任何一种资源的使用，都意味着将会直接或间接地导致碳排放的发生。由于这部分碳排放具有转移性与虚拟性的特点，因此也被称作隐含碳（embodied carbon，EC）。电力资产往往具有较长的服役年限，这就使得规划者所作出的投资决策将会产生碳锁定效应（carbon locked-in effect），即系统碳排放取决于初始资源的选择，一旦确定了初始状态，在相当长一段时间内就很难对其做出改变。因此，在 LCTP 问题中，EC 属于存在于长时间尺度（"年级别"）的碳排放因素。

在 ADN 运行阶段，DSO 从上级电网或区域内 DG 获取电能并传向终端用户。为实现低碳目标，ADN 需要在传统经济调度的基础上，考虑并分析不同调度策略的碳减排效益，以达到"电平衡"与"碳平衡"的协调统一。发电侧的化石燃料机组(既包括主网机组也包含 ADN 内部的传统能源 DG)在运行过程中会产生 CO_2 排放。显然，发电排放属于存在于短时间尺度("小时级")的碳排放因素。

1. 多阶段的应对思路

不同碳排因素出现的阶段不同，决定了时间尺度的不一致性，可描述为如下数学形式：

$$OF = \hbar(A_i^{\text{inv}}, A_i^{\text{ctp}}) + \wp[\hbar(B_s^{\text{inv}}, B_s^{\text{ctp}})]$$

$$\text{st.} \begin{cases} g_l(X) = 0 \\ h_l(X) \leqslant 0 \\ g_s(Y) = 0 \\ h_s(Y) \leqslant 0 \end{cases} \tag{9-7}$$

式中，OF 表示 LCTP 问题的优化目标；A^{inv}、A^{ctp} 及 B^{inv}、B^{ctp} 分别代表规划维度及运行维度对应的投资成本与系统碳排放；$\hbar(\boldsymbol{R}^{X\text{inv}} \times \boldsymbol{R}^{X\text{ctp}} | \rightarrow \boldsymbol{R}^{X\text{inv}})$ 为经济与碳排放属性之间的转换关系；$\wp(\boldsymbol{R}^{Ys} | \rightarrow \boldsymbol{R}^{Xl})$ 则代表短时间尺度空间向长时间尺度空间变换的映射函数。此外，$g(\cdot)$ 及 $h(\cdot)$ 分别表示模型的等式及不等式约束；$X(X \in \boldsymbol{R}^{X\text{inv}}$ 或 $\boldsymbol{R}^{X\text{ctp}})$ 与 $Y(Y \in \boldsymbol{R}^{Ys})$ 分别代表规划和运行阶段的系统决策变量。在式(9-7)中，为便于区别，下角标 l 及 s 分别表征相关要素所对应的长时间或短时间尺度研究周期。

2. 对不确定性因素的考虑

LCTP 决策面临的不确定性因素主要包括分布式可再生发电(renewable distributed generation，RDG)和 DR 两个方面。

在本章中，考虑分布式风机(distributed windturbine generation，DWG)及 PV 两种类型的 RDG，认为风速及光照分别符合含双参数的 Weibull 和 Beta 分布。

DR 的负荷整形效果取决于用户对动态价格信号的响应程度。由于在用电设备构成及花费理性上的差异，加之其他一些偶然因素的影响，在特定 RTP 下，不同用户的响应行为可能存在极大差异。因此，对于上述模型，式(9-3)~式(9-5)中参数 $\varepsilon_{k,t}$、ϑ 和 ϖ 的取值具有高度不确定性。

9.2.4 基于 Taguchi 正交法的场景生成与削减

ADN 规划决策面临来自 RDG 及外生故障两方面的不确定性。为在建模中有效考虑上述问题，本章将建立复杂预想场景集，并利用 Taguchi 正交阵列测试进行冗余信息约减。

1. RDG 运行场景

若一个 ADN 系统中含有 G 个 RDG 节点，且假定各节点之间相互独立。如果将每个 RDG 节点输出功率的变化范围平均分为 B 个区间，则系统中 RDG 所有可能运行状态可用以下矩阵形式表示：

$$H = \begin{bmatrix} x_{11} & x_{12} & \cdots & x_{1G} \\ x_{21} & x_{22} & \cdots & x_{2G} \\ \cdots & \cdots & x_{mn} & \cdots \\ x_{u1} & x_{u2} & \cdots & x_{uG} \end{bmatrix} \tag{9-8}$$

式中，矩阵中每行代表系统的一个运行状态；u 为状态总数目，且 $u=B^G$；元素 x_{mn} 代表系统运行状态 m 下 RDG 节点 n 在理想状态下的输出功率的序数值。

因此，RDG 状态集合 Ω_{SS} 可表示如下：$\Omega_{SS}=\{ss_1, ss_2, \cdots, ss_u\}$，其中，元素 ss 由矩阵 H 中各行组成。

2. 基于线路故障概率分析的网络运行状态场景构建

在 ADN 实际运行中，线路长时间因重载处于高温下，将严重降低其原有绝缘或机械强度，导致停运概率随之增大。若以 $I_{\max}^n$ 及 $I_{\max}^u$ 分别代表线路载流量的最大正常值及极限值，则故障概率随载流量变化的关系如下：

$$\omega(I)=\begin{cases} \omega_0, & 0 \leqslant I \leqslant I_{\max}^n \\ \dfrac{1-\omega_0}{I_{\max}^u - I_{\max}^n} \cdot I + \dfrac{\omega_0 \cdot I_{\max}^u - I_{\max}^n}{I_{\max}^u - I_{\max}^n}, & I_{\max}^n \leqslant I \leqslant I_{\max}^u \\ 1, & I > I_{\max}^u \end{cases} \tag{9-9}$$

若假定各线路故障事件之间彼此独立，根据全概率定理，任一网络运行工况 s（既包括正常也包括故障状态）出现的概率为其所对应的系统内各相关线路状态概率的乘积，其计算如下：

$$\omega(s) = \prod_{ij=1}^{n'} \omega_{ij} \prod_{\hat{i}\hat{j}=1}^{m'} (1-\omega_{\hat{i}\hat{j}}) \tag{9-10}$$

其中，$\omega_{ij} / \omega_{\hat{i}\hat{j}}$ 分别表示线路 $ij/\hat{i}\hat{j}$ 的故障停运概率，n' 为故障状态线路的数目，m' 为正常状态下线路的数目。

实际中，很难一一考虑所有可能的系统运行工况，故一般只需对具有较高概率的状态进行分析即可。尽管不同规划目的下对预想场景的选择原则可能不同，但从模型通用性出发，本节对网络运行状态集的构建如下：$\Omega_S = \{s_1, s_2, \cdots, s_n\}$，且集合元素满足 $\sum_{i=1}^{n} \omega(s_i) \geqslant 0.9$。

由于在不同系统规划方案及 RDG 运行场景下对应的系统潮流分布不同，Ω_S 中的元素构成实际上是动态变化的，因此 Ω_S 是一个特殊的"因变性"集合。

3. 基于 Taguchi 正交测试的场景信息约减

对于由 RDG 及网络状态组成的任意系统预想场景 $\{(s, ss) | s \in \Omega_S, ss \in \Omega_{SS}\}$，ADN 规划都要进行相应运行模拟以评估方案的适应性。显然，当系统中 RDG 节点数量较多或选取的步长区间 B 较小时，集合 Ω_{SS} 的庞大规模将使问题的计算时间变得难以承受。

Taguchi 正交序列测试（Taguchi's orthogonal array testing，TOAT）是日本学者 Taguchi 等提出的一种信息约减技术。本节应用 TOAT 对 RDG 集合 Ω_{SS} 进行处理。在 TOAT 中，情景约减主要依靠对正交矩阵（orthogonal array，OA）的选择。对于 9.2.4 节第一部分的系统，相应的 OA 可表示为 $L_D(B^G)$，其中，D 为约减后的不确定场景数目，$L_D(B^G)$ 为 D 行 G 列矩阵，具有如下特征：

①对于各列对应的随机变量，每个区间水平都必须出现 D/B 次；

②在任意两列中，要求两个变量区间水平的组合出现相同的次数；

③OA 对应的变量组合均匀分布在决策空间内；

④如果交换或省略 OA 中的任何列，所得到的矩阵仍然满足上述基本特征。

9.2.5　模型构建与求解

1. 模型框架

本节在已有研究的基础上，考虑 RDG 及 DR 不确定性，基于机会约束规划（chance-constrained programming，CCP）及 9.2.3 节中的"投影积分"理念，提出了面向低碳化过渡 ADN 综合规划方法，并建立了与之对应的二阶段动态 CCP 模型，该规划模型的基本框架如图 9-1 所示。

模型由两个独立而又相互关联的序列子模型构成，分别从配电公司（distribution company，DISCO）角度模拟针对 ADN 的"资源投资决策"与"系统运行管理"。其中，第一阶段反映的是 ADN 在资源维度的优化配置，主要面向关注具有长时间尺度特征隐含碳排放因子。

第二阶段模块描述的是所设计 ADN 实际优化运行过程，以模拟仿真系统在运行维度下的碳排放水平。在第一阶段确定的系统规划方案基础上，ADN 运行者通过综合考虑系统负荷需求、市场购电电价、风速及光照预测信息，以系统期望运行成本最大为目标，基于最优潮流计算结果，制定面向 DR 用户的电价激励机制。通过以上两阶段的反复优化，将不断修正第一阶段所做的规划投资决策，并最终得到兼顾低碳与经济性双重目标的 ADN 最优过渡规划方案。

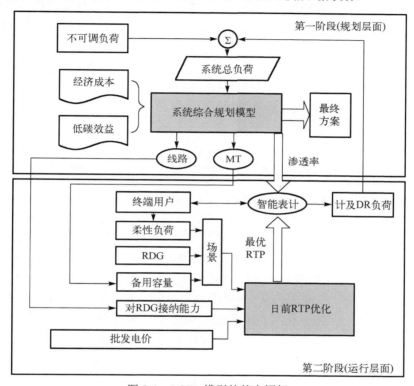

图 9-1　LCTP 模型的基本框架

2. 目标函数

本节以规划期内系统经济成本和碳排放税费用的综合净现值最小作为第一阶段规划目标，即模型的主目标函数(OF)，其基本表达式如下：

$$\min \quad OF = \sum_{\lambda=1}^{TY} \eta_\lambda \left[(A_\lambda^{\mathrm{inv}} + A_\lambda^{\mathrm{ctp}}) + H \cdot \int_{t=1}^{TH} (B_t^{\mathrm{opr}} + B_t^{\mathrm{ctp}}) \mathrm{d}t \right] \qquad (9\text{-}11)$$

其中，A_λ^{inv} 及 A_λ^{ctp} 分别代表在规划期第 λ 年系统的投资成本及规划设备隐含碳排放对应的碳税费用，$(A_\lambda^{\mathrm{inv}} + A_\lambda^{\mathrm{ctp}})$ 为所规划系统在第 λ 年对应的总投资成本。

B_t^{opr} 及 B_t^{ctp} 分别表示系统在时段 t 的运行费用及所对应的碳排放成本，TH 为第二阶段模型对应时间研究域内的总时段数目，$\int_{t=1}^{\mathrm{TH}}(B_t^{\mathrm{opr}}+B_t^{\mathrm{ctp}})\mathrm{d}t$ 则代表所规划系统对应的综合预期运行成本，其最小化问题即为第二阶段子模型的目标函数。

采用净现值（net present value，NPV）法将规划方案在计算周期内所产生的成本或收益现金流统一折算到规划初始年。式(9-12)中 TY 为规划期内包含的总年份数；η_λ 为第 λ 年的折现因子，其表达式为 $\eta_\lambda=1/(1+d)^\lambda$，$d$ 为行业基准折现率。

式(9-11)中各构成项的具体计算如下：

$$A_\lambda^{\mathrm{inv}}=\left[\sum_{(i,j)\in\Omega_F}C_a^{\mathrm{fdr}}l_{ij}\tau_{ij,a,\lambda}+\sum_{g\in\Omega_G^{\mathrm{gt}}}C^{\mathrm{gt}}n_{g,\lambda}^{\mathrm{gt}}+\sum_{g\in\Omega_G^w}C^w n_{g,\lambda}^w+\sum_{g\in\Omega_G^{\mathrm{pv}}}C^{\mathrm{pv}}n_{g,\lambda}^{\mathrm{pv}}\right.$$
$$\left.+\sum_{k\in\Omega_D}C^{\mathrm{sm}}(\kappa_{k,\lambda}^{\mathrm{sm}}-\kappa_{k,\lambda-1}^{\mathrm{sm}})n_k^{\mathrm{hd}}\right]$$
$$-\left[\sum_{(i,j)\in\Omega_F}Z_{a,\lambda}^{\mathrm{fdr}}+\sum_{g\in\Omega_G^{\mathrm{gt}}}Z_{g,\lambda}^{\mathrm{gt}}+\sum_{g\in\Omega_G^w}Z_{g,\lambda}^w+\sum_{g\in\Omega_G^{\mathrm{pv}}}Z_{g,\lambda}^{\mathrm{pv}}+\sum_{k\in\Omega_D}Z_{k,\lambda}^{\mathrm{sm}}\right] \tag{9-12}$$

式中，第1行各项分别为第 λ 年 ADN 系统中线路、微型燃气轮机（microturbine，MT）、DWG、PV 和 SM 的投资成本，其中，Ω_F、$\Omega_G^{\mathrm{gt}}/\Omega_G^w/\Omega_G^{\mathrm{pv}}$、$\Omega_D$ 分别代表线路、MT/DWG/PV 待选节点，以及系统节点全集合；C_a^{fdr} 为单位长度线型 a 的造价；C^{gt}、C^w 及 C^{pv} 分别为 MT、DWG 与 PV 对应的单位容量投资成本；C^{sm} 为 SM 单元造价；l_{ij} 代表线路 ij 的长度（km）；$\tau_{ij,a,\lambda}$ 为表征是否对线路进行扩容的 0-1 布尔变量；$n_{g,\lambda}^w$、$n_{g,\lambda}^{\mathrm{pv}}$ 与 $n_{g,\lambda}^{\mathrm{gt}}$ 分别代表节点 g 上 DWG、PV 与 MT 的配置容量（kW）；n_k^{hd} 与 $\kappa_{k,\lambda}^{\mathrm{sm}}$ 分别代表负荷节点 k 的用户数及第 λ 年对应的 SM 渗透率（%）。

由于各类设备的寿命期不同，规划期结束后未到使用寿命而退出运行的设备仍然存在一定的剩余价值。为此，采用等年值分解法将设备投资成本平摊至其寿命周期，并在目标函数中扣除规划期后的残值（residual value，RV）。在式(9-12)第2行，$Z_{a,\lambda}^{\mathrm{fdr}}$、$Z_{g,\lambda}^{\mathrm{gt}}$、$Z_{g,\lambda}^w$、$Z_{g,\lambda}^{\mathrm{pv}}$ 及 $Z_{k,\lambda}^{\mathrm{sm}}$ 分别代表在第 λ 年发生的线路、MT、DWG、PV 及 SM 的折旧“收益”，其表达式如下：

$$Z=\frac{C}{\mathrm{TL}}\left[\mathrm{TL}-(\mathrm{TY}-\lambda_0)\right] \tag{9-13}$$

其中，C、λ_0 及 TL 分别代表各设备的初始投资成本、投运年份以及寿命期。

由于 SM 单元的隐含碳排放量较低，与其他系统设备相比可以忽略不计，因此 A_λ^{ctp} 计算主要考虑线路 MT、DWG 及 PV，其表达式如下：

$$A_\lambda^{\mathrm{ctp}}=C_\lambda^{\mathrm{ct}}\left(\sum_{(i,j)\in\Omega_F}\sum_{a\in\Omega_a}eb_a^{\mathrm{fdr}}l_{ij}\tau_{ij,a,\lambda}+\sum_{g\in\Omega_G^{\mathrm{gt}}}eb^{\mathrm{gt}}n_{g,\lambda}^{\mathrm{gt}}+\sum_{g\in\Omega_G^w}eb^w n_{g,\lambda}^w+\sum_{g\in\Omega_G^{\mathrm{pv}}}eb^{\mathrm{pv}}n_{g,\lambda}^{\mathrm{pv}}\right) \tag{9-14}$$

其中，eb_a^{fdr} 为线型 a 的隐含碳排放强度（$\mathrm{kgCO_2/km}$）；eb^{gt}、eb^w 及 eb^{pv} 则分别代表

单位容量 MT、DWG 与 PV 设备的隐含碳排放量平均值（kgCO$_2$/kW）；C_λ^{ct} 为第 λ 年所施行的碳税税率（\$/t CO$_2$）。本节仅考虑生产制造过程中的隐含碳排放，并认为其大小不随时间推移发生变化。

对于第二阶段优化，系统运行费用 B_t^{opr} 包括电网购电成本、MT 发电成本以及网损成本，其具体表达式为

$$B_t^{\text{opr}} = r_t \left(\rho_t^{\text{gsp}} P_t^{\text{gsp}} + \rho^{\text{gt}} \sum_{g \in \Omega_o^\#} P_{g,t}^{\text{gt}} + \rho^{\text{los}} P_t^{\text{los}} \right) \tag{9-15}$$

其中，r_t 为时段 t 的持续时间（h）；P_t^{gsp} 和 P_t^{los} 分别为时段 t 外部电网输入功率和系统网损；$P_{g,t}^{\text{gt}}$ 则为节点 g 上 MT 在 t 时段输出功率的期望值；ρ_t^{gsp} 及 ρ^{gt} 分别为时段 t 从主网的购电电价及 MT 发电成本（\$/kW·h）；ρ^{los} 代表单位电量网损成本（\$/kW·h）。

ADN 系统在运行阶段的碳排放成本 B_t^{ctp} 由电网购电及 MT 发电两方面所产生，其计算如下：

$$B_t^{\text{ctp}} = C_\lambda^{\text{ct}} \left(eg^{\text{gsp}} P_t^{\text{gsp}} r_t + eg^{\text{gt}} \sum_{g \in \Omega_o^\#} P_{g,t}^{\text{gt}} r_t \right) \tag{9-16}$$

其中，eg^{gsp} 与 eg^{gt} 分别代表电网的综合碳排放强度以及 MT 单位发电量的碳排放。

事实上，式（9-15）～式（9-16）中，P_t^{gsp}、$P_{g,t}^{\text{gt}}$ 和 P_t^{los} 属于因变量，与第二阶段优化后所实施的实时电价 ρ 直接相关。

3. 约束条件

对于第一阶段资源维度优化，相关约束条件如下。

① SM 节点渗透率约束：

$$0 \leqslant n_{k,\lambda}^{\text{sm}} \leqslant n_k^{\text{hd}} \qquad \forall k \in \Omega_D, \forall \lambda \in \text{TY} \tag{9-17}$$

② 单一馈线类型约束：

$$\sum_{a \in \Omega_a} \tau_{ij,a,\lambda} = 0 \text{ 或 } 1 \qquad \forall (i,j) \in \Omega_F, \forall \lambda \in \text{TY} \tag{9-18}$$

③ RDG 节点渗透率约束：

$$\begin{cases} 0 \leqslant \sum_{\lambda=1}^{\text{TY}} n_{g,\lambda}^w \leqslant n_{\max}^w & \forall g \in \Omega_G^w \\ 0 \leqslant \sum_{\lambda=1}^{\text{TY}} n_{g,\lambda}^{\text{pv}} \leqslant n_{\max}^{\text{pv}} & \forall g \in \Omega_G^w \end{cases} \tag{9-19}$$

其中，$n_{\max}^w$ 及 $n_{\max}^{\text{pv}}$ 分别表示 DWG 及 PV 在发电节点的最大允许安装容量。

在第二阶段运行优化中，对于任意时段 t，需要满足如下约束条件。

④系统潮流约束：

$$P_{i,t}^{\text{gsp}} + P_{i,t}^{\text{gt}} + P_{i,t}^{\text{pv}} + P_{i,t}^{w} - P_{i,t}^{\text{cur}} - D_{i,t} = \sum_{j \in \Omega, j \neq i} V_{i,t} V_{j,t} Y_{ij} \cos(\theta_{ij} + \delta_{j,t} - \delta_{i,t}) \quad \forall i \in \Omega \quad (9\text{-}20)$$

$$Q_{i,t}^{\text{gsp}} + Q_{i,t}^{\text{gt}} - Dq_{i,t} = -\sum_{j \in \Omega, j \neq i} V_{i,t} V_{j,t} Y_{ij} \sin(\theta_{ij} + \delta_{j,t} - \delta_{i,t}) \quad \forall i \in \Omega \quad (9\text{-}21)$$

其中，$D_{i,t}/Dq_{i,t}$ 分别为 t 时段系统节点 i 的有功/无功负荷；$P_{i,t}^{\text{gsp}} / P_{i,t}^{\text{gt}} / P_{i,t}^{\text{pv}} / P_{i,t}^{w}$ 为上级电网/MT/PV/DWG 向系统提供的有功功率值；$Q_{i,t}^{\text{gsp}} / Q_{i,t}^{\text{gt}}$ 为上级电网及 MT 输出的无功功率值；$P_{i,t}^{\text{cur}}$ 为 t 时段 RDG 的削减功率。此外，$V_{i,t}(V_{j,t})$ 与 $\delta_{i,t}(\delta_{j,t})$ 分别代表时段 t 节点 $i(j)$ 的电压幅值及相角；Y_{ij} 为线路 ij 导纳；θ_{ij} 为节点 i 和 j 的电压相角差。

⑤系统平衡节点约束：

$$V_t^{\text{gsp}} = 1, \delta_t^{\text{gsp}} = 0 \tag{9-22}$$

⑥线路载流量约束：

$$0 \leq I_{ij,t} \tau_{ij,a,\lambda} \leq I_{a,\max} \quad \forall (i,j) \in \Omega_F, \forall \lambda \in \text{TY} \tag{9-23}$$

其中，$I_{a,\max}$ 为线型 a 的最大载流量(A)。

⑦受端特性约束：

$$0 \leq P_t^{\text{gsp}} \leq \text{Cap}_{\text{rated}}^{\text{sb}} \tag{9-24}$$

⑧入网功率波动约束：

$$\left| P_t^{\text{gsp}} - P_{t-1}^{\text{gsp}} \right| / r_t \leq \psi_{\max} \tag{9-25}$$

其中，$\psi_{\max}$ 代表最大入网功率波动率(MW/h)。

⑨可再生能源开发经济性约束：

$$1 - \left[\sum_{g \in \Omega_G^{\text{rdg}}} P_{g,t}^{\text{cur}} \bigg/ \left(\sum_{g \in \Omega_G^{\text{pv}}} P_{g,t}^{\text{pv}} + \sum_{g \in \Omega_G^{w}} P_{g,t}^{w} \right) \right] \geq \alpha_{tol} \tag{9-26}$$

⑩节点电压机会约束：

$$\text{POS}\{\Delta V_{\min} \leq \Delta V_{i,t} \leq \Delta V_{\max}\} \geq \beta_1 \qquad \forall i \in \Omega \tag{9-27}$$

其中，$\Delta V_{i,t}$，$\Delta V_{\max}$ 及 $\Delta V_{\min}$ 分别为时段 t 系统节点 i 的电压波动及其允许的上、下限；β_1 为预先确定的置信系数，反映 $\Delta V_{i,t}$ 落入区间 $[\Delta V_{\min}, \Delta V_{\max}]$ 的可信程度。β_1 的取值应满足 $0 < \beta_1 \leq 1$。当 $\beta_1 = 1$ 时，则以上机会约束将等同为确定性约束，即不允许任何不满足约束条件的情况发生。

⑪ RTP 波动机会约束：

$$POS\{\rho_k^{gsp} \leqslant \rho_{k,t} \leqslant \rho_{k,\max}\} \geqslant \beta_2 \quad \forall k \in \Omega_D \tag{9-28}$$

其中，$\rho_{k,\max}$ 代表政府监管机构确立的最高指导电价，β_2 为置信系数。通过上式的引入，能够有效保证 RTP 框架下的实际执行电价整体处于合理水平，同时也为配电系统运营者的价格激励控制保留了必要的自由度。

4. 求解方法

算法步骤如图 9-2 所示。

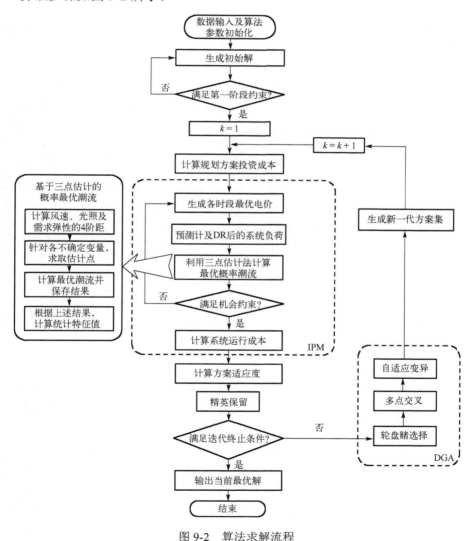

图 9-2　算法求解流程

LCTP 属于动态规划，各年投资方案都需要在上一年电网的基础上制定，因此针对 DGA 采用一种矩阵形式对待选方案（即种群个体）进行编码，如图 9-3 所示。其中，TY 为规划期包含的总年份；X 则代表各年对应的具体资源配置方案，分别表示需要更换的馈线线型、DWG、PV、MT 容量以及 SM 渗透率。显然，X 的长度取决于系统所所含线路和分布式能源资源（distributed energy resources，DER）待选节点的数量。

此外，为评价各规划方案的优劣，构建适应度函数 Fit$(\cdot)$ 如下：

$$\mathrm{Fit}(k) = \mathrm{OF}(k) + \chi \cdot \sum_{c=1}^{nc} \omega_c \qquad (9\text{-}29)$$

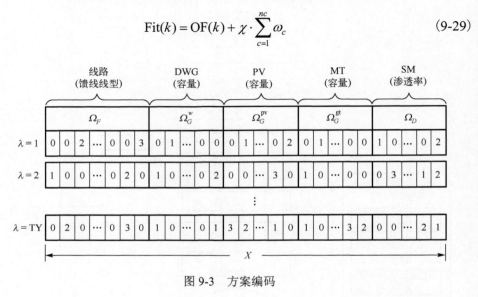

图 9-3　方案编码

9.2.6　算例分析

1. 基础数据

选取如图 9-4 所示的 33 节点配电系统作为算例，验证本节方法的有效性。该系统含有 32 条支路及 5 条联络开关支路，通过该区域变电站（节点 0）与高压配电网连接。系统额定电压为 12.66kV。系统中 DWG/ PV/ MT/ SM 待选安装节点分别为 {3, 17, 21}/{16, 19, 30, 31}/{2, 10}/{2, 3, 7, 12, 13, 18, 19, 23, 24, 27, 28, 30}。

假设系统中包含居民、商业及工业三种类型用户。为简单起见，认为各负荷节点用户数均为 100，柔性负荷的可转移周期取为 DR 事件发生前后的各 4 h。假设 LCTP 的总规划期为 15 年，分为三个阶段实施（其中，第一阶段为 0~5 年，第二阶段 6~10 年，第三阶段 11~15 年）。系统年负荷增长率取为 3%，折现率 d=8%。

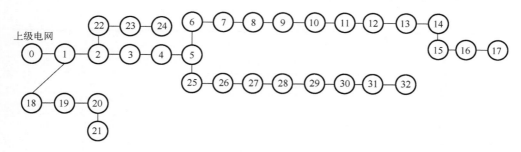

图 9-4　节点配电系统算例

在优化计算过程中，对于约束条件的限制如下：各节点可接入 DWG/PV 容量上限 $n_{\max}^w$ / $n_{\max}^{pv}$ 均为 6MW；参考国内外相关技术标准，取主网注入功率的最大变化率 $\psi_{\max}=1$MW/h；RDG 最低允许运行效率 α_{tol} 则设为 90%。此外，针对机会约束，首先假设节点电压的波动范围为系统额定值的 ±7%；实时电价浮动的上限为原标杆电价的 150%；在此基础上，取置信水平 β_1 及 β_2 均为 0.95。

2. 结果分析

为便于对比分析，分别对表 9-1 中 7 种预想情景进行仿真研究。

表 9-1　情景设置

预想情景		1	2	3	4	5	6	7
线路扩展		√	√	√	√	√	√	√
DR		×	×	×	×	×	√	√
DG	DWG	×	√	×	√	√	×	√
	PV	×	×	√	√	×	√	√
	MT	×	√	√	√	√	√	√

表 9-2 给出了各情景的优化计算结果，而基于本节方法得到的各情景下 LCTP 最优规划方案列于表 9-3。

表 9-2　各情景下的优化计算结果

场景	1	2	3	4	5	6	7
线路投资/M$	0.36	0.37	0.37	0.36	0.36	0.36	0.35
DWG 投资/M$	N/A	2.30	N/A	1.49	2.30	N/A	1.54
PV 投资/M$	N/A	N/A	3.36	1.03	N/A	3.46	1.03
MT 投资/M$	N/A	0.31	0.05	0.19	0.19	0	0.06
SM 投资/M$	N/A	N/A	N/A	N/A	0.05	0.04	0.04
隐含碳税/M$	0.01	0.01	0.02	0.01	0.01	0.01	0.01

续表

场景	1	2	3	4	5	6	7
购电成本/M$	8.96	6.34	6.10	5.75	6.02	5.97	5.35
网损成本/M$	0.91	0.62	0.58	0.46	0.50	0.49	0.41
备用发电/M$	—	0.34	0.15	0.25	0.20	0	0.04
发电碳税/M$	2.32	1.67	1.57	1.43	1.55	1.52	1.35
总成本/M$	12.56	11.96	12.20	10.97	11.18	11.85	10.18
费用节余/%	—	4.78	2.87	12.66	10.98	5.65	18.95
RDG 发电量/(10^5 MW·h)	—	1.02	1.19	1.39	1.23	1.27	1.54
MT 发电量/(10^5 MW·h)	—	0.07	0.01	0.06	0.04	0	0.01
RDG 电能贡献/%	—	24.46	30.38	34.23	30.01	31.96	37.05
CO_2 排放量/(10^5 t)	3.28	2.33	2.18	1.99	2.15	2.11	1.86
碳排放降低率/%	—	28.96	33.54	39.33	34.45	35.67	43.29

表 9-3　各情景下的最优规划方案

阶段		1	2	3	4	5	6	7
I	DWG/MW		0.6(3); 0.4(17); 0.6(21)	N/A	0.2(3); 0.6(17); 0.4(21)	0.6(3); 0.4(17); 0.6(21)	N/A	0.4(3); 0.6(17); 0.2(21)
	PV/MW	N/A	0.4(16,30); 0.3(31)	0.2 (16, 31)	N/A		0.4(16, 30); 0.3(31)	0.2(16, 31)
	MT/MW	0	0	0	0	0	0	0
	SM/%	N/A	N/A	N/A	N/A	10(13); 30(2,7,28); 40(24); 50(19,30);	10(19,23,28); 20(7,13,18,24,30); 30(2,12);	10(13,28); 30(2,7,12,24,30); 40(18)
II	DWG/MW	0.6(3)	N/A	0.2(21)	0.6(3)		N/A	0.2(21)
	PV/MW	N/A	0.5(30, 31)	0.2(30)	N/A		0.1(16); 0.5(30, 31)	0.2(30)
	MT/MW	0.6(2)	0	0.3(2)	0.3(2)		0	0
	SM/%	N/A	N/A	N/A	N/A	20(3, 7); 30(13, 28); 40(12,24,18); 50(2, 23, 27)	10(7, 12,24); 20(3,3,27,30); 30(13, 19,28)	10(7, 24); 20(3,12,18,23,27); 30(13,23,28); 50(30)
III	DWG/MW	0.4(17)	N/A	0		0.2(17); 0.2(21)	N/A	0.2(17)

续表

阶段		1	2	3	4	5	6	7
Ⅲ	PV/MW	N/A	0.7(19)	0.2(19)	N/A	0.7(19)	0.2(19)
	MT/MW	0.3(10)	0.3(2)	0.3(10)	0.3(10)	0	0.3(10)
	SM/%	N/A	N/A	N/A	10(23); 20(12, 13); 30(18, 19, 30)	10(23,30); 20(12,18); 40(2)	10(23);20(12, 18,24,30); 30(2, 19, 27)

注：括号内数字代表相应资源在系统中的安装位置

　　由以上结果可见，无论是否考虑 DR，由于 RDG 减少了配电系统从主网的电能输入，场景 2～场景 7 最优方案的总成本和碳排放较基准场景 1 相比，均有了明显的降低。虽然风能和太阳能均具有间歇性与不确定性，但由场景 2 和场景 3 的结果对比可见，风力发电的碳减排效益要低于光伏发电。由表 9-2 可见，与 DWG 相比，PV 投资成本较高，这在一定程度上影响了方案的整体经济性。同时，由于在能源类型的单一，在场景 2 和场景 3 中 RDG 的总体电能贡献仍旧有限，分别仅为 24.46% 和 30.38%。场景 4 将 DWG、PV 和 MT 进行综合优化配置，由计算结果可见，虽然各类型 RDG 的装机容量较之前单独考虑 DWG 或 PV 时有所减少，但可再生能源的总体发电量却显著提高。这表明如要实现 ADN 的低碳目标，应将 DWG 及 PV 进行综合优化配置，充分利用风能和太阳能的内在互补性以降低单一供能结构导致的 RDG 效能折损风险，从而提高系统运行的经济及环境效益。

　　为了进一步分析 DR 对于上述结果的作用效果，图 9-5 给出了场景 7 中各类不同用户对应的实时电价变化情况。

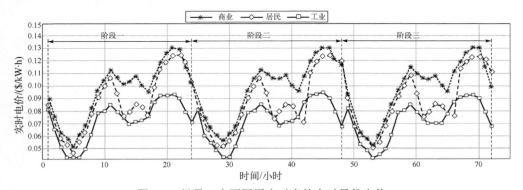

图 9-5　场景 7 中不同用户对应的实时最优电价

　　可见，引入 RTP 机制之后，所实施电价在一天中不同时段将发生显著变化。对于所有用户，高峰电价时段出现在下午 6～9 点(此时风力较弱，且因太阳落山光照同样减少），而低谷电价则主要集中在早上 2～6 点（这时风力资源为一天中最大时段）。图 9-6 进一步比较了场景 4 和场景 7 最优规划方案下终端电能的来源构成情况。

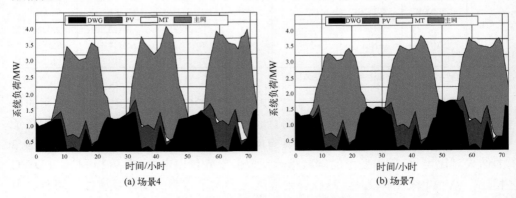

(a) 场景4　　　　　　　　　　　　　　　　(b) 场景7

图 9-6　场景 4 和场景 7 下终端电能来源构成

可以发现，DR 作用将一部分日间用电平移到了风资源充沛但负荷原本处于低谷的夜间时段，这就使得更多的可再生能源电力可以被终端负荷所利用。同时，"弃风"的减少有效提高了 RDG 的运行效率，风电比例（ratio of wind power generation percentage，RDGP）由 34.23%上升至 37.05%，总发电量达 15400 万千瓦时。相当于超过 1500 万千瓦时的传统高碳电能被近零排放的风电所替代。此外，由于峰谷差减小，系统整体负荷曲线变得更加"平滑"。这就使得配电系统与主网的电能交易活动受入网功率波动约束影响的概率将大大减小，进而降低对系统备用容量的需求。因此，场景 7 无论 MT 容量或实际输出功率均低于场景 4 方案。

为分析本节 DR 模型的有效性，表 9-4 分别比较了在忽略不确定性和渐退效应情况下所得最优方案的计算结果。

表 9-4　DR 模型的有效性对比

	系统总经济成本/M$	CO_2 排放量/(10^5 t)
忽略不确定性和渐退效应	9.50	1.72
仅忽略不确定性	10.03	1.81
忽略渐退效应	9.85	1.77
本章模型	10.18	1.86

由上表可见，当计及 DR 的渐退效应及内在不确定性后，最终规划方案具有

更高的经济成本与 CO_2 排放量。这就表明 DRR 上述特征的存在会部分抵消负荷平移产生的效益，并影响实施 RTP 项目的实际预期效果。

9.2.7　小结

本章主要研究了低碳经济下传统配电网向 ADN 的优化过渡问题，重点考虑需求响应资源对于提高 RDG 运行效率的潜在作用，提出了 ADN 综合资源规划新模式及其方法。立足于价格型 DR 机制，通过分析智能电表渗透率与负荷节点响应能力之间的关系，并考虑负荷复原与渐退效应的影响，建立了客观描述 RTP 下节点负荷响应特性的复合模型；在此基础上，结合 RDG 和 DR 两方面的不确定性，进一步建立了与之相适应的 ADN 二阶段机会约束模型。以 33 节点配电系统为例进行计算分析，探讨了对供应侧和 DR 资源进行综合优化配置的必要性，相关结果揭示了 DR 对于降低 ADN 系统综合经济成本以及提高低碳效益的显著作用。

9.3　面向时间转移的需求侧灵活性聚合优化

9.3.1　引言

电动汽车(EV)充电负荷具有良好的时间可转移特性，可以作为高效的需求响应资源参与电网灵活调节。基于上述特性，本节针对面向时间转移的需求侧灵活性聚合优化，提出了一种含可再生能源的充电站(renewable energy charging stations，RCS)规划运行双层博弈模型。该模型考虑了 EV 用户响应价格信号的行为策略及其对 RCS 效率的影响。采用鲁棒方法刻画能源批发价格、可再生能源出力和 EV 流量的不确定性，并利用行列约束生成算法求解该模型。最后，通过算例分析，证明了所提模型的有效性。

9.3.2　面向时间转移的需求侧灵活性聚合框架——以电动汽车充电负荷为例

1.　决策过程

图 9-7 所示为一个典型 RCS 的基本结构。RCS 通常由充电设施(charging facility，CF)、储能单元(energy storage，ES)和分布式可再生能源(renewable distributed generation，RDG)单元组成，通过配电变压器与当地电网相连。由于 ES 可在 RDG 输出过剩时以充电模式存储多余电能，或在 RDG 输出不足时以放电模式工作，因此通过适当协调 ES 和 RDG 的运行，可最大限度地提高可再生能

源利用水平，进而提升系统的预期效益。

在本研究中，假设充电桩的投资和运营均由一个非公用事业实体负责。该电动汽车充电站运营商（renewable energy charging stations operator，RCSO）旨在确定 RCS 在架构和供应方案选择方面的最佳规划设计，以实现自身利润（即投资回报）最大化，同时考虑 EV 的充电需求约束。由于充电桩的性能与其运行模式密切相关，因此，为了取得最大收益，充电桩运营商在规划配置充电桩时，必须充分考虑控制策略的影响。

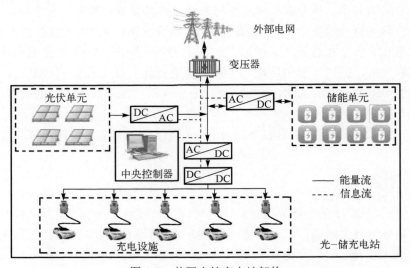

图 9-7 并网光储充电站架构

在放松管制的环境下，RCSO 可以从分布式能源或外部电网获得电力，为 EV 提供服务，然后从中获利。此外，RCSO 还可以通过与电网进行能源交易（即输送其分布式能源生产的电力），从电力市场套利。因此，在运行阶段，RCSO 将扮演一个消费者的角色，面临为 RCS 制定最佳能源管理策略的问题，以获得最大利润。

然而，在实际情况中，RCS 的运行性能可能在很大程度上取决于 EV 用户的行为。具体来说，作为充电服务的接受者，EV 用户可以自由决定每次使用 RCS 时要购买的能量（即充电水平）。一般来说，较低的价格（充电电价）往往会促使 EV 用户从 RCS 系统中购买比必要电量（即确保下次行程必要行驶距离的最低充电电量）更多的电能，以利用低价套利机会；而较高的电价则会阻止他们采取这种"预充电"行动。

因此，在实践中，一旦 RCSO 确定了其价格收费标准并向公众发布，电动汽车用户将对此做出反应,从 RCS 中决定其最佳收费水平,目标是在基本行驶限制下使其总回报最大化。由于 EV 的能源需求直接决定了 RCSO 的收入,因此在规划设计 RCS 时必须适当模拟和考虑这种互动的影响。

除上述方面外,与 RCS 规划相关的另一个重要问题是 RCSO 在决策时会面临各种不确定因素。包括,规划阶段中未来的能源市场价格,以及 RCS 的可再生能源发电量和 EV 耗电量。因此,RCSO 必须考虑这些不确定性及其在充电设施规划策中产生的风险。鉴于上述解释,该决策过程如图 9-8 描述。

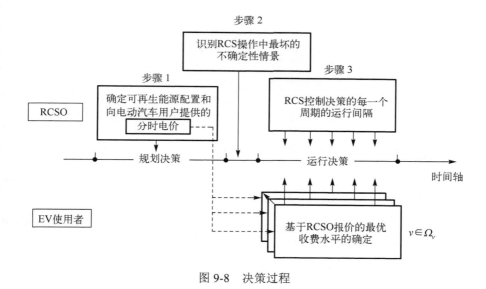

图 9-8　决策过程

2. 模型框架

本节将 RCSO 面临的上述规划问题表述为一个双层鲁棒模型,如图 9-9 所示。在该框架中,上层问题表示 RCSO 关于 RCS 配置设计及其在规划范围内运行的最优决策。在实践中,考虑到上述决策过程通常是按时序进行的,且存在不确定性,因此所构建的上层模型对应于一个三阶段的鲁棒优化(robust optimization,RO)问题,即在考虑基于 RO 的不确定性因素(第二阶段)和运行期间采取控制决策潜在影响(第三阶段)的同时,确定 RCS 的最佳配置(第一阶段)。该问题的决策变量包括 CF/RDG/ES 的安装容量、不确定变量的最坏情况以及每个时间段的 RCS 运行和价格设定方案。

考虑到每个 EV 用户都会调整充电计划来对 RCSO 在下层的运营决策(即充电价格)做出最佳反应。这些 EV 用户的反应是计算决策在 RCS 提供的价格下的最佳充电水平，使其总预期收益最大化。这些决策都是基于上层信息和每个相关时间段内 RCSO 的相应决策变量的完全信息而做出的。

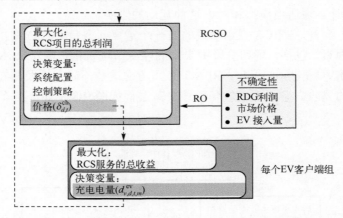

图 9-9　基于双层鲁棒优化的电动汽车聚合模型框架

9.3.3　基于双层鲁棒优化的聚合模型构建

1.　上层模型

上层优化问题是光-储充电站的优化配置和定价问题，确定站内可再生能源（PV）、储能（ES）和充电桩（CF）的容量和定价，上层目标如下式所示：

$$\max_{\Omega_1}\left\{-C^{\mathrm{Inv}}-C^{\mathrm{Mai}}+\min_{W}\max_{\Omega_2}B^{\mathrm{Ope}}\right\} \tag{9-30}$$

式中，

$$C^{\mathrm{Inv}}=k^{\mathrm{cf}}c^{\mathrm{cf}}P^{\mathrm{Ncf}}+k^{\mathrm{rdg}}c^{\mathrm{rdg}}P^{\mathrm{Nrdg}}+k^{\mathrm{es}}(c^{\mathrm{esp}}P^{\mathrm{Nes}}+c^{\mathrm{ese}}E^{\mathrm{Nes}}) \tag{9-31}$$

$$C^{\mathrm{Mai}}=c^{\mathrm{cfm}}P^{\mathrm{Ncf}}+c^{\mathrm{rdgm}}P^{\mathrm{Nrdg}}+c^{\mathrm{esm}}E^{\mathrm{Nes}} \tag{9-32}$$

$$B^{\mathrm{Ope}}=\sum_{d\in D}\theta_d\sum_{t\in T}(\delta_{d,t}^{\mathrm{ch}}P_{d,t}^{\mathrm{ch}}-\delta_{d,t}^{\mathrm{int}}P_{d,t}^{\mathrm{int}})\Delta t \tag{9-33}$$

上层目标函数为 RCSO 根据其决策变量获得的净收益最大，其决策变量包含规划阶段 $\Omega_1=\{P^{\mathrm{Nrdg}},P^{\mathrm{Ncf}},P^{\mathrm{Nes}},E^{\mathrm{Nes}},\delta_{d,t}^{\mathrm{ch}}\}$ 和运营阶段 $\Omega_2=\{P_{d,t}^{\mathrm{rdg}},P_{d,t}^{\mathrm{esc}},P_{d,t}^{\mathrm{esd}},P_{d,t}^{\mathrm{ch}},P_{d,t}^{\mathrm{int}}\}$ 两部分，与此同时使不确定参数 $W=\{W_{d,t}^{\mathrm{rdg}},W_{d,t}^{\mathrm{int}},W_{d,t}^{\mathrm{ev}}\}$ 最小化。RCSO 的收益被定义为其从 RCS 运营中获得的预期收入 B^{Ope}、投资成本 C^{Inv} 和维护成本 C^{Mai} 的差额。式(9-31)为投资成本 C^{Inv} 的计算方式，C^{Inv} 包括建设 CF/PV/ES 设施的投资费用、土地租赁和其他相关费用，式中，P^{Ncf}、P^{Nrdg}、P^{Nes}、E^{Nes} 分别表示 CF、PV、ES

的装机容量和 ES 的装机功率，c^{cf}、c^{rdg}、c^{esp}、c^{ese} 分别表示各类设备的单位投资成本，k 表示资本回收系数，计算方式为 $k = \zeta(1+\zeta)^d / [(1+\zeta)^d - 1]$，其中，$d$ 和 ζ 表示年数和折现率。式 (9-32) 为维护成本 C^{Mai} 的计算公式，c^{cfm}、c^{rdgm}、c^{esm} 表示各类设备的年运维成本。式 (9-33) 为运行效益 B^{Ope} 的计算公式。

在本节中，RCSO 的利润不仅来自为 EV 用户提供充电服务，还来自与电网的互动交易，因此 RCSO 的总收入是上述方式获得的预期收益的总和。式中，θ_d 为一年中的典型天数，$\delta_{d,t}^{\text{ch}}$、$\delta_{d,t}^{\text{int}}$ 表示 RCSO 的售电电价和主网交易电价，$P_{d,t}^{\text{ch}}$、$P_{d,t}^{\text{int}}$ 表示 t 时刻 EV 用户的充电功率和 RCSO 与主网的交互功率，需要指出的是 $P_{d,t}^{\text{int}}$ 为正时，表示从主网购电，$P_{d,t}^{\text{int}}$ 为负时，表示向主网售电。

系统运行约束主要考虑以下内容。

①CF/PV/ES 的出力限制，主要来源于预算限制、空间限制或资源限制。

$$0 \leqslant P^{\text{Ncf}} \leqslant P_{\max}^{\text{Ncf}} \tag{9-34}$$

$$0 \leqslant P^{\text{Nrdg}} \leqslant P_{\max}^{\text{Nrdg}} \tag{9-35}$$

$$0 \leqslant P^{\text{Nes}} \leqslant P_{\max}^{\text{Nes}} \tag{9-36}$$

$$0 \leqslant E^{\text{Nes}} \leqslant E_{\max}^{\text{Nes}} \tag{9-37}$$

②充电价格监管限制：

$$0 \leqslant \delta_{d,t}^{\text{ch}} \leqslant \delta_{\max}^{\text{ch}} \qquad \forall d \in D, \ \forall t \in T \tag{9-38}$$

③设备运行约束：

$$-P_{\max}^{\text{tr}} \leqslant P_{d,t}^{\text{int}} \leqslant P_{\max}^{\text{tr}} : \varphi_{d,t}^1, \varphi_{d,t}^2 \qquad \forall d \in D, \ \forall t \in T \tag{9-39}$$

$$0 \leqslant P_{d,t}^{\text{rdg}} \leqslant P^{\text{Nrdg}} \gamma_{d,t}^{\text{rdg}} : \varphi_{d,t}^3 \qquad \forall d \in D, \ \forall t \in T \tag{9-40}$$

$$0 \leqslant P_{d,t}^{\text{ch}} \leqslant P^{\text{Ncf}} : \varphi_{d,t}^4 \qquad \forall d \in D, \ \forall t \in T \tag{9-41}$$

$$0 \leqslant P_{d,t}^{\text{esc}} \leqslant P^{\text{Nes}} : \varphi_{d,t}^5 \qquad \forall d \in D, \ \forall t \in T \tag{9-42}$$

$$0 \leqslant P_{d,t}^{\text{esd}} \leqslant P^{\text{Nes}} : \varphi_{d,t}^6 \qquad \forall d \in D, \ \forall t \in T \tag{9-43}$$

$$E^{\text{Nes}}\text{SOC}_{\min}^{\text{es}} \leqslant E_{d,t}^{\text{es}} \leqslant E^{\text{Nes}}\text{SOC}_{\max}^{\text{es}} : \varphi_{d,t}^7, \varphi_{d,t}^8 \quad \forall d \in D, \ \forall t \in T \tag{9-44}$$

$$E_{d,t}^{\text{es}} = E_{d,t-1}^{\text{es}} + P_{d,t}^{\text{esc}} \eta^{\text{esc}} \Delta t - P_{d,t}^{\text{esd}} \Delta t / \eta^{\text{esd}} \qquad \forall d \in D, \ \forall t \in T \tag{9-45}$$

$$E_{d,t_0}^{\text{es}} = E_{d,t_\tau}^{\text{es}} : \varphi_d^9 \qquad \forall d \in D \tag{9-46}$$

其中，$\gamma_{d,t}^{\text{rdg}}$ 为光伏出力系数，$P_{d,t}^{\text{esc}}$、$P_{d,t}^{\text{esd}}$ 表示 t 时刻 ES 的充电和放电功率，$\text{SOC}_{\min}^{\text{es}}$、$\text{SOC}_{\max}^{\text{es}}$ 表示最小充放电状态和最大充放电状态，η^{esc}、η^{esd} 为充放电效率。

④功率平衡约束，同时确保通过 RCS 的服务满足所有电动汽车充电需求：

$$P_{d,t}^{\mathrm{rdg}} + P_{d,t}^{\mathrm{int}} = P_{d,t}^{\mathrm{ch}} + P_{d,t}^{\mathrm{esc}} - P_{d,t}^{\mathrm{esd}} : \varphi_{d,t}^{10} \qquad \forall d \in D, \ \forall t \in T \tag{9-47}$$

$$P_{d,t}^{\mathrm{ch}} \eta^{\mathrm{cf}} \Delta t = \sum_{v \in \Omega_V} \sum_{n=1}^{N} d_{v,d,t,n}^{\mathrm{ev}} f_{v,d,t}^{\mathrm{ev}} \qquad \forall d \in D, \ \forall t \in T \tag{9-48}$$

其中，$d_{v,d,t,n}^{\mathrm{ev}}$ 表示 v 类电动汽车用户在 t 时刻的电量需求。

2. 下层模型

下层问题模拟了在上层 RCSO 提供的电价信息（$\delta_{d,t}^{\mathrm{ch}}, \forall d,t$）下，各类 EV 用户再决定从 RCS 获取的最佳充电策略。下层目标函数为 EV 用户利润的最大化，即从 RCS 获取能源所带来的效益 U^{EV} 减去相应的充电成本 C^{EV}。在本研究中，EV 用户的效用函数采用分段函数建模，如式(9-50)和式(9-51)所示。

$$d_{v,d,t,n}^{\mathrm{ev}} \in \arg \left\{ \max_{d_{v,d,t,n}^{\mathrm{ev}}} U_{v,d,t}^{\mathrm{EV}} - C_{v,d,t}^{\mathrm{EV}} \right\} \tag{9-49}$$

$$U^{\mathrm{EV}} = \sum_{n=1}^{N} u_{v,n}^{\mathrm{ev}} d_{v,d,t,n}^{\mathrm{ev}} \tag{9-50}$$

$$C^{\mathrm{EV}} = \sum_{n=1}^{N} \delta_{d,t}^{\mathrm{ch}} d_{v,d,t,n}^{\mathrm{ev}} \tag{9-51}$$

下层约束对每个 $n \in N$ 的分段中 EV 充电需求的非负性，以及 EV 用户的总充电电量进行限制。

$$\sum_{n=1}^{N} d_{v,d,t,n}^{\mathrm{ev}} - d_{v,d,\max}^{\mathrm{ev}} \leqslant 0 \qquad \forall v \in \Omega_V, \ \forall d \in D, \ \forall t \in T \quad (\mu_{v,d,t}^1) \tag{9-52}$$

$$d_{v,d,\min}^{\mathrm{ev}} - \sum_{n=1}^{N} d_{v,d,t,n}^{\mathrm{ev}} \leqslant 0 \qquad \forall v \in \Omega_V, \ \forall d \in D, \ \forall t \in T \quad (\mu_{v,d,t}^2) \tag{9-53}$$

$$d_{v,d,t,n}^{\mathrm{ev}} - d_{v,n}^{\mathrm{ub}} \leqslant 0 \quad \forall v \in \Omega_V, \forall d \in D, \ \forall t \in T, \ n = 1, \cdots, N \quad (\mu_{v,d,t,n}^3) \tag{9-54}$$

$$d_{v,d,t,n}^{\mathrm{ev}} \geqslant 0 \quad \forall v \in \Omega_V, \ \forall d \in D, \ \forall t \in T, \ n = 1, \cdots, N \quad (\mu_{v,d,t,n}^4) \tag{9-55}$$

在实际中，由于 EV 从 RCS 出发时的可用电量必须足以满足用户随后的行驶距离，但不能超过 EV 电池的额定容量，因此得到 $d_{v,d,\max}^{\mathrm{ev}} = E_{\mathrm{rated}}^{\mathrm{ev}} (\mathrm{SOC}_{\max}^{\mathrm{ev}} - \mathrm{SOC}_{v,d,\mathrm{in}}^{\mathrm{ev}})$ 和 $d_{v,d,\min}^{\mathrm{ev}} = l_{v,d}^{\mathrm{tot}} \varepsilon^{\mathrm{ev}} - E_{\mathrm{rated}}^{\mathrm{ev}} (\mathrm{SOC}_{v,d,\mathrm{in}}^{\mathrm{ev}} - \mathrm{SOC}_{\min}^{\mathrm{ev}})$，其中，$E_{\mathrm{rated}}^{\mathrm{ev}}$ 和 $\varepsilon^{\mathrm{ev}}$ 分别代表 EV 的电池容量(kW)和耗电率(kW/km)，$l_{v,d}^{\mathrm{tot}}$ 是 EV 用户 v 在典型日 d 的预期行驶距离，

$SOC_{min}^{ev}/SOC_{max}^{ev}$ 和 $SOC_{v,d,in}^{ev}$ 分别表示 EV 电池允许的最小/最大 SOC 和 EV 用户 v 的初始 SOC。

9.3.4　问题重构

如前所述，本节问题对应于一个非线性双层鲁棒问题，数学上较难求解。为此，本节提出了一种基于行列约束生成的复合求解方法，将其转化为等效的线性规划（linear programming，LP）。主要包括如图 9-10 所示的 4 个步骤：①采用 KKT（Karush-Kuhn-Tucker）优化条件将双层问题转换为单层问题；②将基于单层的 max-min-max 问题分解为主问题和子问题；③非线性项线性化；④使用行列约束生成（column and constraint generation，C&CG）算法求解线性化的主–子问题[2]。

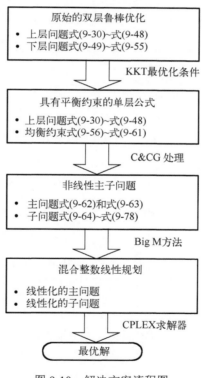

图 9-10　解决方案流程图

1. 等效单层问题

在双层鲁棒模型中，上层问题中的决策变量可被下层问题视为参数。此外，对于给定的 $\delta_{d,t}^{ch}$，每个下层问题都是线性的、连续的、凸的。因此，可用相应的

KKT 最优条件替换下层模型，并将其纳入上层问题中。下层模型的 KKT 条件的详细表达式如下：

$$L(d_{v,d,t,n}^{\text{ev}}, \mu_{v,d,t}^{1,2,3,4}) = \sum_{n=1}^{N} d_{v,d,t,n}^{\text{ev}} \delta_{d,t}^{\text{ch}} - \sum_{n=1}^{N} d_{v,d,t,n}^{\text{ev}} u_{v,n}^{\text{ev}}$$
$$+ \mu_{v,d,t}^{1} \left(\sum_{n=1}^{N} d_{v,d,t,n}^{\text{ev}} - d_{v,t,\max}^{\text{ev}} \right)$$
$$+ \mu_{v,d,t}^{2} \left(d_{v,t,\min}^{\text{ev}} - \sum_{n=1}^{N} d_{v,d,t,n}^{\text{ev}} \right) \tag{9-56}$$
$$+ \mu_{v,d,t,n}^{3} (d_{v,d,t,n}^{\text{ev}} - d_{v,n}^{\text{ub}})$$
$$- \mu_{v,d,t,n}^{4} d_{v,d,t,n}^{\text{ev}}$$

$$\frac{\delta L}{\delta(d_{v,d,t,n}^{\text{ev}})} = \delta_{d,t}^{\text{ch}} - u_{v,n}^{\text{ev}} + \mu_{v,d,t}^{1} - \mu_{v,d,t}^{2} + \mu_{v,d,t,n}^{3} - \mu_{v,d,t,n}^{4} = 0 \tag{9-57}$$
$$\forall v \in \Omega_V, \ \forall d \in D, \ \forall t \in T, \ n = 1, 2, \cdots, N$$

$$0 \leqslant \mu_{v,d,t}^{1} \perp \left(d_{v,d,\max}^{\text{ev}} - \sum_{n=1}^{N} d_{v,d,t,n}^{\text{ev}} \right) \geqslant 0 \quad \forall v \in \Omega_V, \ \forall d \in D, \ \forall t \in T \tag{9-58}$$

$$0 \leqslant \mu_{v,d,t}^{2} \perp \left(\sum_{n=1}^{N} d_{v,d,t,n}^{\text{ev}} - d_{v,d,\min}^{\text{ev}} \right) \geqslant 0 \quad \forall v \in \Omega_V, \ \forall d \in D, \ \forall t \in T \tag{9-59}$$

$$0 \leqslant \mu_{v,d,t,n}^{3} \perp (d_{v,n}^{\text{ub}} - d_{v,d,t,n}^{\text{ev}}) \geqslant 0 \quad \forall v \in \Omega_V, \ \forall d \in D, \ \forall t \in T, \ n = 1, 2, \cdots, N \tag{9-60}$$

$$0 \leqslant \mu_{v,d,t,n}^{4} \perp d_{v,d,t,n}^{\text{ev}} \geqslant 0 \quad \forall v \in \Omega_V, \ \forall d \in D, \ \forall t \in T, \ n = 1, 2, \cdots, N \tag{9-61}$$

其中，$\mu_{v,d,t}^{1}$、$\mu_{v,d,t}^{2}$、$\mu_{v,d,t,n}^{3}$ 和 $\mu_{v,d,t,n}^{4}$ 分别是为约束条件式 (9-52) ～式 (9-55) 引入的拉格朗日乘数，且 $0 \leqslant \mu \perp d \geqslant 0$ 相当于 $\mu \geqslant 0, d \geqslant 0, \mu d = 0$。

为便于记述，我们将转化后的单层模型标记为 $\mathcal{S}$。

2. 问题分解

经过单层处理后，$\mathcal{S}$ 属于标准的最大最小问题。为求解该问题，首先需要把原模型的第二和第三阶段合并为一个子问题来将 $\mathcal{S}$ 重新表述为标准的主-子问题结构。

主问题 $\widehat{\mathcal{S}_M}$ 对应于 $\mathcal{S}$ 的第一阶段决策，其可表述如下。

主问题 $(\widehat{\mathcal{S}_M})$：

$$\max_{\Omega_M, \psi} \quad -C^{\text{Inv}} - C^{\text{Mai}} + \psi \tag{9-62}$$

$$\psi \geq \sum_{d \in D} \theta_d \sum_{t \in T} (\delta_{d,t}^{\mathrm{ch}} P_{d,t}^{\mathrm{ch}} - \delta_{d,t}^{\mathrm{int}} P_{d,t}^{\mathrm{int}}) \Delta t \tag{9-63}$$

在上述公式中，优化变量包括 ψ 和 Ω_M 中的分量，其中，$\Omega_M = \Omega_1 \cup$ $\{d_{v,d,t,n}^{\mathrm{ev}}, \mu_{v,d,t,n}^{1,2,3,4}\}$，此外，在 $\widehat{\mathcal{S}_M}$ 中，不确定变量 $\gamma_{d,t}^{\mathrm{rdg}}$、$\delta_{d,t}^{\mathrm{int}}$ 和 $f_{v,d,t}^{\mathrm{ev}}$ 被视为固定不变。式 (9-62) 受式 (9-34) ~式 (9-48)、式 (9-57) ~式 (9-61) 约束。求解主问题 $\widehat{\mathcal{S}_M}$ 可以得到 $\mathcal{S}$ 的最优解的上界。

子问题对应于 $\mathcal{S}$ 的第二和第三阶段决策。在本研究中，由于 RCSO 在第二和第三阶段具有"最小-最大"的冲突形式，因此必须首先进行一些处理。为此，采用第三阶段的 KKT 最优条件来替代原第三阶段问题，并将其纳入第二阶段模型中。这样，原来的最小-最大公式，可以等价转换为一个标准的最小化问题 $\widehat{\mathcal{S}_S}$。

子问题 ($\widehat{\mathcal{S}_S}$)：

$$\min_{\Omega_S} \quad B^{\mathrm{Ope}} = \sum_{d \in D} \theta_d \sum_{t \in T} [\delta_{d,t}^{\mathrm{ch}} (P_{d,t}^{\mathrm{rdg}} + P_{d,t}^{\mathrm{int}} - P_{d,t}^{\mathrm{esc}} + P_{d,t}^{\mathrm{esd}}) - \delta_{d,t}^{\mathrm{int}} P_{d,t}^{\mathrm{int}}] \Delta t \tag{9-64}$$

$$\varphi_{d,t}^1 - \varphi_{d,t}^2 + \varphi_{d,t}^4 + \varphi_{d,t}^{10} = \theta_d \delta_{d,t}^{\mathrm{ch}} \Delta t - \theta_d \delta_{d,t}^{\mathrm{int}} \Delta t \quad \forall d \in D, \ \forall t \in T \tag{9-65}$$

$$\sum_{t=1}^{T} (P_{d,t}^{\mathrm{esc}} \eta^{\mathrm{esc}} \Delta t - P_{d,t}^{\mathrm{esd}} \Delta t / \eta^{\mathrm{esd}}) = 0 \quad \forall d \in D, \ \forall t \in T \tag{9-66}$$

$$P_{d,t}^{\mathrm{rdg}} + P_{d,t}^{\mathrm{int}} - P_{d,t}^{\mathrm{esc}} + P_{d,t}^{\mathrm{esd}} = \sum_{v \in \Omega_v} \sum_{n=1}^{N} d_{v,d,t,n}^{\mathrm{ev}} f_{v,d,t}^{\mathrm{ev}} \bigg/ \eta^{\mathrm{cf}} \Delta t \quad \forall d \in D, \ \forall t \in T \tag{9-67}$$

$$0 \leq \varphi_{d,t}^1 \perp (P_{d,t}^{\mathrm{int}} + P_{\max}^{\mathrm{tr}}) \geq 0 \quad \forall d \in D, \ \forall t \in T \tag{9-68}$$

$$0 \leq \varphi_{d,t}^2 \perp (P_{\max}^{\mathrm{tr}} - P_{d,t}^{\mathrm{int}}) \geq 0 \quad \forall d \in D, \ \forall t \in T \tag{9-69}$$

$$0 \leq \varphi_{d,t}^3 \perp (P^{\mathrm{Nrdg}} \gamma_{d,t}^{\mathrm{rdg}} - P_{d,t}^{\mathrm{rdg}}) \geq 0 \quad \forall d \in D, \ \forall t \in T \tag{9-70}$$

$$0 \leq \varphi_{d,t}^4 \perp (P^{\mathrm{Ncf}} - P_{d,t}^{\mathrm{rdg}} + P_{d,t}^{\mathrm{int}} - P_{d,t}^{\mathrm{esc}} + P_{d,t}^{\mathrm{esd}}) \geq 0 \quad \forall d \in D, \ \forall t \in T \tag{9-71}$$

$$0 \leq \varphi_{d,t}^5 \perp (P^{\mathrm{Nes}} - P_{d,t}^{\mathrm{esc}}) \geq 0 \quad \forall d \in D, \ \forall t \in T \tag{9-72}$$

$$0 \leq \varphi_{d,t}^6 \perp (P^{\mathrm{Nes}} - P_{d,t}^{\mathrm{esd}}) \geq 0 \quad \forall d \in D, \ \forall t \in T \tag{9-73}$$

$$0 \leq \varphi_{d,t}^7 \perp (E_{d,t-1}^{\mathrm{es}} + P_{d,t}^{\mathrm{esc}} \eta^{\mathrm{esc}} \Delta t - P_{d,t}^{\mathrm{esd}} \Delta t / \eta^{\mathrm{esd}} - E^{\mathrm{Nes}} \mathrm{SOC}_{\min}^{\mathrm{es}}) \geq 0$$
$$\forall d \in D, \ \forall t \in T \tag{9-74}$$

$$0 \leq \varphi_{d,t}^8 \perp (E^{\mathrm{Nes}} \mathrm{SOC}_{\max}^{\mathrm{es}} - E_{d,t-1}^{\mathrm{es}} + P_{d,t}^{\mathrm{esc}} \eta^{\mathrm{esc}} \Delta t - P_{d,t}^{\mathrm{esd}} \Delta t / \eta^{\mathrm{esd}}) \geq 0$$
$$\forall d \in D, \ \forall t \in T \tag{9-75}$$

$$0 \leqslant P_{d,t}^{\mathrm{rdg}} \perp (\varphi_{d,t}^3 + \varphi_{d,t}^4 + \varphi_{d,t}^{10} - \theta_d \delta_{d,t}^{\mathrm{ch}} \Delta t) \geqslant 0 \quad \forall d \in D, \ \forall t \in T \tag{9-76}$$

$$0 \leqslant P_{d,t}^{\mathrm{esc}} \perp \left(-\varphi_{d,t}^4 + \varphi_{d,t}^5 + \eta^{\mathrm{esc}} \Delta t \sum_t^T \varphi_{d,t}^7 - \eta^{\mathrm{esc}} \Delta t \sum_t^T \varphi_{d,t}^8 + \eta^{\mathrm{esc}} \Delta t \varphi_d^9 - \varphi_{d,t}^{10} - \theta_d \delta_{d,t}^{\mathrm{ch}} \Delta t \right) \geqslant 0$$
$$\tag{9-77}$$

$$0 \leqslant P_{d,t}^{\mathrm{esd}} \perp$$
$$\left(\varphi_{d,t}^4 + \varphi_{d,t}^6 + (\Delta t / \eta^{\mathrm{esd}}) \sum_t^T \varphi_{d,t}^7 - (\Delta t / \eta^{\mathrm{esd}}) \sum_t^T \varphi_{d,t}^8 - (\Delta t / \eta^{\mathrm{esd}}) \varphi_d^9 + \varphi_{d,t}^{10} - \theta_d \delta_{d,t}^{\mathrm{ch}} \Delta t \right) \geqslant 0$$
$$\tag{9-78}$$

在 KKT 最优条件的保证下，$\widehat{\mathcal{S}_S}$ 的上述公式等价于 $\mathcal{S}$ 的原目标函数中的 $\min\limits_W \max\limits_{\Omega_2} B^{\mathrm{Ope}}$。在 C&CG 算法中，子问题是通过将决策变量固定在主问题 Ω_M 上得到的，因此子问题 $\widehat{\mathcal{S}_S}$ 为原问题 $\mathcal{S}$ 提供了下界。

3. 线性化处理

由于双线性项存在于 $\widehat{\mathcal{S}_M}$ 和 $\widehat{\mathcal{S}_S}$ 的互补约束中（即式 (9-58)～式 (9-61) 和式 (9-68)～式 (9-78)），进一步推导出其等价线性模型。本节采用 Big-M 方法进行线性化[3]。$\widehat{\mathcal{S}_M}$ 和 $\widehat{\mathcal{S}_S}$ 中的非线性约束，可等价替换为一组线性约束，即

$$x \geqslant 0, \quad y \geqslant 0, \quad x \leqslant (1-w)M, \quad y \leqslant wM$$
$$w \in \{0, \ 1\} \tag{9-79}$$

其中，x 和 y 分别表示 $\widehat{\mathcal{S}_M}$ 和 $\widehat{\mathcal{S}_S}$ 的相关决策变量；M 是一个足够大的常数，用来定义解的自由度。用式 (9-79) 代替主-子问题中的非线性互补约束，就可以相应确定 $\widehat{\mathcal{S}_M}$ 和 $\widehat{\mathcal{S}_S}$ 的线性化形式。

9.3.5　基于行列生成算法的模型求解

1. 算法描述

C&CG 是求解大规模线性规划问题的一个有效方法，其通过不断叠加约束来提高求解策略，因此对那些规模较大的求解问题来说，具有较高的求解效率。

其主要方法是将原线性规划问题转化为主问题和子问题两类问题，先从主问题中寻找部分变量的可行解，形成一个限制主问题，通过对限制主问题的求解得到主问题的最优解，然后将变量结果传递给下层子问题。求得子问题的结果，形成具有约束的列，迭代进入限制主问题中。重复上述过程，形成主问题和子问题

相互迭代的流程，直至满足终止条件。若原问题中存在整数变量，则需要再调用分支定界算法进行求解。

2. 算法流程分析

以前述模型为例，其中，第一阶段和第二阶段的决策问题都是线性规划模型，而且不确定性模型为有限的离散集合或者多面体。假设 $\boldsymbol{y}$ 和 $\boldsymbol{x}$ 分别为第一阶段和第二阶段的决策变量集合，既可以取离散值也可以取连续值。一般地，两阶段鲁棒优化的表达形式为

$$\min_{\boldsymbol{y}} \boldsymbol{c}^{\mathrm{T}}\boldsymbol{y} + \max_{u\in U}\ \min_{\boldsymbol{x}\in F(\boldsymbol{y},u)} \boldsymbol{b}^{\mathrm{T}}\boldsymbol{x} \tag{9-80}$$

$$\text{s.t.}\quad \boldsymbol{Ay}\geqslant \boldsymbol{d},\ \boldsymbol{y}\in \boldsymbol{S}_y \tag{9-81}$$

其中，$F(\boldsymbol{y},u)=\{\boldsymbol{x}\in \boldsymbol{S}_x : \boldsymbol{Gx}\geqslant \boldsymbol{h}-\boldsymbol{Ey}-\boldsymbol{Mu}\}$，$\boldsymbol{S}_y\subseteq \mathbb{R}^n_+$，$\boldsymbol{S}_x\subseteq \mathbb{R}^m_+$。

为了方便阐述，首先提及当 U 是有限离散集时的结果。设 $U=\{u_1,\cdots,u_r\}$ 和 $\{\boldsymbol{x}^1,\cdots,\boldsymbol{x}^r\}$ 是相应的第二阶段决策变量。若通过列举 U 中所有可能的不确定情景并得出其最优值，则上述两阶段鲁棒问题可以重新表述为

$$\min_{\boldsymbol{y}} \boldsymbol{c}^{\mathrm{T}}\boldsymbol{y} + \eta \tag{9-82}$$

$$\text{s.t. } \boldsymbol{Ay}\geqslant \boldsymbol{d}$$

$$\eta \geqslant \boldsymbol{b}^{\mathrm{T}}\boldsymbol{x}^l,\ l=1,\cdots,r$$

$$\boldsymbol{Ey}+\boldsymbol{Gx}^l\geqslant \boldsymbol{h}-\boldsymbol{Mu}_l,\ l=1,\cdots,r \tag{9-83}$$

$$\boldsymbol{y}\in \boldsymbol{S}_y,\ \boldsymbol{x}^l\in \boldsymbol{S}_x,\ l=1,\cdots,r$$

此时，两阶段鲁棒问题可以简化等效为混合整数规划问题。当不确定性集合非常大时，通过列举 U 中所有可能的不确定情景并得出其最优值来形成等效形式实际上是不可行的。然而，可以看出采用部分枚举而得到的等效形式（即用 U 的子集定义的公式）对原始的两阶段鲁棒问题提供了有效松弛。因此，通过逐渐添加有价值的场景来扩展部分枚举的范围，可以得到更紧的下界。因此，C&CG 通过不断识别有价值场景来扩展 U 的子集，即生成相应的限制决策变量和式 (9-83) 中第二、第三类约束。

列约束生成过程在主-子问题框架中实现。假设框架可以解决过程中伴随的子问题，列约束生成过程可以得到具有有限最优化问题 $Q(\boldsymbol{y})$ 的最优解 $(u^*,\boldsymbol{x}^*)$，或者说可以识别第二阶段决策问题某些不可行解 $u^*\in U$。子问题简述为如下形式：

$$\boldsymbol{SP}:Q(\boldsymbol{y})=\left\{\max_{u\in U}\ \min_{\boldsymbol{x}}\ \boldsymbol{b}^{\mathrm{T}}\boldsymbol{x}:\boldsymbol{Gx}\geqslant \boldsymbol{h}-\boldsymbol{Ey}-\boldsymbol{Mu},\boldsymbol{x}\in \boldsymbol{S}_x\right\} \tag{9-84}$$

则 C&CG 算法的流程如下：

步骤 1：设置 $\mathrm{LB}=-\infty$，$\mathrm{UB}=+\infty$，$k=0$，$O=\varnothing$。

步骤 2：求解主问题式 (9-82) 和式 (9-83)；得到最优解 $(y_{k+1}^*,\eta_{k+1}^*,x^{1*},\cdots,x^{k*})$，更新下界 $\mathrm{LB}=\boldsymbol{c}^{\mathrm{T}}y_{k+1}^*+\eta_{k+1}^*$。

步骤 3：求解子问题式 (9-84)，并更新上界 $\mathrm{UB}=\min\{\mathrm{UB},\boldsymbol{c}^{\mathrm{T}}y_{k+1}^*+Q(y_{k+1}^*)\}$。

步骤 4：①若 $Q(y_{k+1}^*)<+\infty$，创建变量 x^{k+1} 并添加最优割约束式 (9-85) 和式 (9-86) 到主问题中，其中，u_{k+1}^* 为求解 $Q(y_{k+1}^*)$ 的最优场景。更新 $k=k+1$，返回步骤 2。

$$\eta \geqslant \boldsymbol{b}^{\mathrm{T}}x^{k+1} \tag{9-85}$$

$$\boldsymbol{E}y+\boldsymbol{G}x^{k+1} \geqslant \boldsymbol{h}-\boldsymbol{M}u_{k+1}^* \tag{9-86}$$

②若 $Q(y_{k+1}^*)=+\infty$，创建变量 x^{k+1} 并添加可行割约束式 (9-87) 到主问题中，其中 u_{k+1}^* 为求解 $Q(y_{k+1}^*)=+\infty$ 的场景。更新 $k=k+1$，返回步骤 2。

$$\boldsymbol{E}y+\boldsymbol{G}x^{k+1} \geqslant \boldsymbol{h}-\boldsymbol{M}u_{k+1}^* \tag{9-87}$$

步骤 5：重复步骤 2～4，若 $\mathrm{UB}-\mathrm{LB}\leqslant\varepsilon$，返回 y_{k+1}^* 并终止。

3. 基于 C&CG 算法的模型分解

根据 C&CG 算法的具体流程，给出针对此模型的主子问题。

1）子问题

首先列出子问题的形式，子问题是将上文中运用对偶理论进行转化后的模型第二阶段问题，在上文中我们已经列出了运行阶段的对偶形式，这里不再详细阐述，直接给出子问题的具体形式：

$$\min_{\Omega_1\cup\Omega_3} \quad P_{\max}^{\mathrm{tr}}(\varphi_{1,t}+\varphi_{2,t})+P^{\mathrm{Nrdg}}(\gamma_t^{\mathrm{rdg}}\varphi_{3,t}+z_t^{\mathrm{rdg}})+P^{\mathrm{Nes}}(\varphi_{4,t}+\varphi_{5,t})+(E^{\mathrm{Nes}}\mathrm{SOC}_{\max}^{\mathrm{es}}-E_0^{\mathrm{es}})\varphi_{6,t}$$

$$+(E_0^{\mathrm{es}}-E^{\mathrm{Nes}}\mathrm{SOC}_{\min}^{\mathrm{es}})\varphi_{7,t}+E_0^{\mathrm{es}}\varphi_8+\left(\sum_{v\in\Omega_v}d_{v,t}^{\mathrm{ev}}f_{v,t}/\eta^{\mathrm{cf}}\Delta t\right)\varphi_{9,t}$$

$$\tag{9-88}$$

s.t.

$$-\beta^{\mathrm{int}}\delta_t^{\mathrm{int}} \leqslant \Delta\delta_t^{\mathrm{int}} \leqslant \beta^{\mathrm{int}}\delta_t^{\mathrm{int}} \quad \forall t\in T \tag{9-89}$$

$$-\beta^{\mathrm{rdg}}\gamma_t^{\mathrm{rdg}} \leqslant \Delta\gamma_t^{\mathrm{rdg}} \leqslant \beta^{\mathrm{rdg}}\gamma_t^{\mathrm{rdg}} \quad \forall t\in T \tag{9-90}$$

$$\varphi_{1,t}-\varphi_{2,t}+\varphi_{9,t}=\theta\delta_t^{\mathrm{ch}}\Delta t-\theta(\delta_t^{\mathrm{int}}+\Delta\delta_t^{\mathrm{int}})\Delta t \quad \forall t\in T \tag{9-91}$$

$$\varphi_{3,t}+\varphi_{9,t} \geqslant \theta\delta_t^{\mathrm{ch}}\Delta t \quad \forall t\in T \tag{9-92}$$

$$\varphi_{4,t}+\eta^{\mathrm{esc}}\Delta t\sum_t^T\varphi_{6,t}-\eta^{\mathrm{esc}}\Delta t\sum_t^T\varphi_{7,t}+\eta^{\mathrm{esc}}\Delta t\varphi_8-\varphi_{9,t} \geqslant \theta\delta_t^{\mathrm{ch}}\Delta t \quad \forall t\in T \tag{9-93}$$

$$\varphi_{5,t} + \Delta t / \eta^{\mathrm{esd}} \sum_t^T \varphi_{6,t} - \Delta t / \eta^{\mathrm{esd}} \sum_t^T \varphi_{7,t} - \Delta t / \eta^{\mathrm{esd}} \varphi_8 + \varphi_{9,t} \geq \theta \delta_t^{\mathrm{ch}} \Delta t \quad \forall t \in T \quad (9\text{-}94)$$

$$z_t^{\mathrm{rdg}} \geq -\beta \gamma_t^{\mathrm{rdg}} \varphi_{3,t} - M' \Delta \gamma_t^{\mathrm{rdg}} - \beta \gamma_t^{\mathrm{rdg}} M' \quad \forall t = 1, \cdots, T \quad (9\text{-}95)$$

$$z_t^{\mathrm{rdg}} \geq \beta \gamma_t^{\mathrm{rdg}} \varphi_{3,t} \quad \forall t = 1, \cdots, T \quad (9\text{-}96)$$

$$z_t^{\mathrm{ch}} \leq \beta \gamma_t^{\mathrm{rdg}} \varphi_{3,t} \quad \forall t = 1, \cdots, T \quad (9\text{-}97)$$

$$z_t^{\mathrm{rdg}} \leq \beta \gamma_t^{\mathrm{rdg}} \varphi_{3,t} - M' \Delta \gamma_t^{\mathrm{rdg}} + \beta \gamma_t^{\mathrm{rdg}} M' \quad \forall t = 1, \cdots, T \quad (9\text{-}98)$$

其中，$\{\varphi_{1,t}, \varphi_{2,t}, \varphi_{4,t}, \varphi_{6,t}, \varphi_{7,t}, \varphi_{9,t}, z_t^{\mathrm{rdg}}, \forall t \in T, \varphi_8\}$ 为对偶变量。

子问题中式(9-89)和式(9-90)是原鲁棒阶段的不确定变量约束，式(9-91)~式(9-94)是运行阶段的对偶约束，式(9-95)~式(9-98)是对双线性项线性化后所引入的约束。

2) 主问题

主问题是将原问题进行割平面处理后所形成的，针对所建模型，基于分解形式给出具体主问题如下：

$$\max_{\Omega_1^i} \quad -(c^{\mathrm{cfm}} P^{\mathrm{Ncf}} + c^{\mathrm{rdgm}} P^{\mathrm{Nrdg}} + c^{\mathrm{esm}} E^{\mathrm{Nes}}) - k^{\mathrm{cf}} c^{\mathrm{cf}} P^{\mathrm{Ncf}}$$
$$-k^{\mathrm{rdg}} c^{\mathrm{rdg}} P^{\mathrm{Nrdg}} - k^{\mathrm{es}} (c^{\mathrm{esp}} P^{\mathrm{Nes}} + c^{\mathrm{ese}} E^{\mathrm{Nes}}) + \psi \quad (9\text{-}99)$$

s.t.

$$\psi \geq \theta \cdot \sum_{i=1}^{T} (\delta_i^{\mathrm{ch}} P_i^{\mathrm{ch},(\nu)} - (\delta_i^{\mathrm{int}} + \Delta \delta_i^{\mathrm{int},(\nu)}) P_i^{\mathrm{int},(\nu)}) \Delta t \quad (9\text{-}100)$$

$$0 \leq P^{\mathrm{Ncf}} \leq P_{\max}^{\mathrm{Ncf}} \quad (9\text{-}101)$$

$$0 \leq P^{\mathrm{Nrdg}} \leq P_{\max}^{\mathrm{Nrdg}} \quad (9\text{-}102)$$

$$0 \leq P^{\mathrm{Nes}} \leq P_{\max}^{\mathrm{Nes}} \quad (9\text{-}103)$$

$$0 \leq E^{\mathrm{Nes}} \leq E_{\max}^{\mathrm{Nes}} \quad (9\text{-}104)$$

$$0 \leq \delta_t^{\mathrm{ch}} \leq \delta_{\max}^{\mathrm{ch}} \quad \forall t = 1, \cdots, T \quad (9\text{-}105)$$

$$-P_{\max}^{\mathrm{tr}} \leq P_t^{\mathrm{int},(\nu)} \leq P_{\max}^{\mathrm{tr}} \quad \forall t = 1, \cdots, T \quad (9\text{-}106)$$

$$0 \leq P_t^{\mathrm{rdg},(\nu)} \leq P^{\mathrm{Nrdg}} (\gamma_t^{\mathrm{rdg}} + \Delta \gamma_t^{\mathrm{rdg},(\nu)}) \quad \forall t = 1, \cdots, T \quad (9\text{-}107)$$

$$0 \leq P_t^{\mathrm{ch},(\nu)} \leq P^{\mathrm{Ncf}} \quad \forall t = 1, \cdots, T \quad (9\text{-}108)$$

$$0 \leqslant P_t^{\mathrm{esc},(\nu)} \leqslant P^{\mathrm{Nes}} \qquad \forall t = 1, \cdots, T \tag{9-109}$$

$$0 \leqslant P_t^{\mathrm{esd},(\nu)} \leqslant P^{\mathrm{Nes}} \qquad \forall t = 1, \cdots, T \tag{9-110}$$

$$E^{\mathrm{Nes}} \mathrm{SOC}_{\min}^{\mathrm{es}} \leqslant E_{t-1}^{\mathrm{es}} + P_t^{\mathrm{esc}} \eta^{\mathrm{esc},(\nu)} \Delta t - P_t^{\mathrm{esd},(\nu)} \Delta t / \eta^{\mathrm{esd}} \leqslant E^{\mathrm{Nes}} \mathrm{SOC}_{\max}^{\mathrm{es}} \quad \forall t = 1, \cdots, T \tag{9-111}$$

$$\sum_{t=1}^{T} (E_{t-1}^{\mathrm{es}} + P_t^{\mathrm{esc}} \eta^{\mathrm{esc},(\nu)} \Delta t - P_t^{\mathrm{esd},(\nu)} \Delta t / \eta^{\mathrm{esd}}) = E_0^{\mathrm{es}} \tag{9-112}$$

$$P_t^{\mathrm{rdg},(\nu)} + P_t^{\mathrm{int},(\nu)} = P_t^{\mathrm{ch},(\nu)} + P_t^{\mathrm{esc},(\nu)} - P_t^{\mathrm{esd},(\nu)} \qquad \forall t = 1, \cdots, T \tag{9-113}$$

$$P_t^{\mathrm{ch},(\nu)} \eta^{\mathrm{cf}} \Delta t = \sum_{\nu \in \boldsymbol{\Omega}_\nu} d_{\nu,t}^{\mathrm{ev}} f_{\nu,t} \qquad \forall t = 1, \cdots, T \tag{9-114}$$

其中，$\Omega_1' = \Omega_1 \bigcup \{d_{\nu,t}^{\mathrm{ev}}, d_{\nu,i,t,m}^{\mathrm{ev}}, \lambda_{\nu,t}, \mu_{\nu,t}^1, \mu_{\nu,t}^2, \mu_{\nu,t,m}^3, \mu_{\nu,t,m}^4\}$。

主问题中式(9-100)为割平面约束，式(9-101)～式(9-105)是原规划约束，其他为子问题迭代所生成叠加的约束。

9.3.6　算例分析

1. 基础数据

本节以含光伏发电和锂离子电池的电动汽车充电站设计为案例，验证所提规划框架的有效性。案例研究考虑了一个 2000 平方米的公共充电站，该充电站可最大安装 500kW 的太阳能光伏板(PV)、600kW 的锂离子储能装置(最大容量 1800kW·h)和 2500kW 的充电桩(CF)。充电站通过一台 4000kVA 变压器与电网相连，设定贴现率为 6%。其余参数如表 9-5 所示。

表 9-5　参数设置

类型	技术参数	费用参数
光伏发电	ζ^{rdg}=25 年	c^{rdg}=\$870/kW c^{rdgm}=\$12/kW/年
锂离子电池	ζ^{es}=15 年；$\eta^{\mathrm{esc}}/\eta^{\mathrm{esd}}$=93%； $\mathrm{SOC}_{\min}^{\mathrm{es}}$=30%；$\mathrm{SOC}_{\max}^{\mathrm{es}}$=90%	c^{esp}=\$200/kW c^{ese}=\$143/kW c^{esm}=\$0.8/kW/年
CF	ζ^{es}=20 年 η^{cf}=95%	c^{cf}=\$100/kW c^{cfm}=\$6/kW/年

四个季节的典型日(即 96 小时)的 EV 接入量、平均能源价格和光伏发电量如图 9-11 所示。假设 RCS 的不确定变量与图 9-11 所示预期值的偏差为±10%，并且

在整个规划中保持不变。此外，假定电价的上限 $(\delta_{d,t}^{ch})$ 设定为每个时间段 t 中相应能源收购价格的 150%，即 $\delta_{max}^{ch}=1.5\times\tilde{\delta}_{d,t}^{int}$。

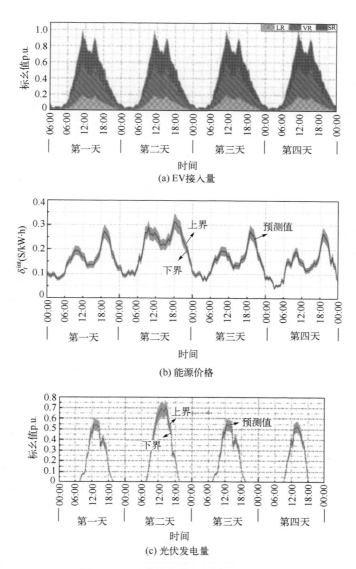

(a) EV接入量

(b) 能源价格

(c) 光伏发电量

图 9-11　不确定变量的不确定性区间

假定所有 EV 的电池容量为 40kW·h，耗电率为 0.18kW·h/km，电池的允许 SOE 范围为 20%～90%。并根据驾驶模式将 EV 用户分为三组，如表 9-6 所示。

表 9-6　EV 用户组

参数	短程（SR）	中程(MR)	远程（LR）
$l_{v,d}^{tot}$ /km	20	50	100
$SOC_{v,d,in}^{ev}$ /%	30	40	50
份额/%	30	50	20

2. 案例分析对比

为验证所提方法的有效性，本部分建立了一种传统方法(conventional approach，CA)，假设电动汽车的充电需求是固定的。如果我们忽略了 EV 用户在决策中可能的互动，那么 CA 解决方案就代表了 RCSP 的情况。

为了进行比较，创建了五种方案，如表 9-7 所示。其中，方案 5 是本节提出的双层鲁棒模型。在方案 1 和方案 3 中，RCSP 基于 CA 实施，RCSO 的报价($\delta_{d,t}^{ch}$)设置为常数($0.35/kW·h 和$0.5/kW·h)。为了分别与方案 1 和方案 3 进行比较，我们设置方案 2 和方案 4，即基于双层方法来实施规划。

表 9-7　方案设定

方案	1	2	3	4	5
规划类型	传统方法	双层规划	传统方法	双层规划	所提的双层模型
售电价格	固定价格 $0.35/kW·h	固定价格 $0.35/kW·h	固定价格 $0.50/kW·h	固定价格 $0.50/kW·h	优化所得
EV 充电需求	固定	可变、响应	固定	可变、响应	可变、响应

从表 9-8 和表 9-9 来看，CA 规划方案需要安装更多的 CF 设备。此外，在报价相同的情况下，CA(方案 2 和方案 4)更有利可图，光伏的贡献也更大。该结果符合我们的预期，因为 CA 的充电需求是恒定的，所以需要安装更多的 CF，以确保 RCSO 具有较高的利用率和较好的经济效益。因此，与双层方案相比，方案 2 和方案 4 的预期收入会更高。此外，所有规划方案都建议将可再生能源部署到上限，因为与从电网购电相比，光伏发电的全生命周期成本较低，这将有助于实现 RCSO 利润最大化。

表 9-8　最优规划结果

方案	1	2	3	4	5
CF/kW	2272.9	1543.6	2272.9	660.0	1283.1
PV/kW	500	500	500	500	500
电池/(kW/kW·h)	565/1868	482/1738	565/1868	375/1217	455/1667

表 9-9　不同规划方案下 RCSO 的成本和效益

方案	1	2	3	4	5
投资成本/$	107370.7	97583.0	107370.7	77253.7	91934.2
维护费用/$	21131.9	17437.8	21131.9	10933.2	15031.7
预期收入/$	1832955.4	1012558.7	2618857.4	932319.1	1081511.4
总收入/$	1704452.8	897537.9	2490355.1	844132.2	974545.4
双层方案经济价值/%	36.6		66.1		—
可再生能源贡献/(kW·h)	6761.7	6761.7	6761.7	6761.7	6761.7
可再生能源利用率/%	7.2	10.4	8.0	20.3	13.4
双层方案环境价值/%	44.5		153.7		—

注：所有结果均为年化值

此外，我们进行了一项假设分析，以检验 CA 和所提双层规划的适用性。为此，在方案 2 和方案 4 中的 RCS 电价($\delta_{d,t}^{\mathrm{ch}}$)和规划决策($P^{\mathrm{Nrdg}}, P^{\mathrm{Ncf}}, P^{\mathrm{Nes}}, E^{\mathrm{Nes}}$)固定为各自 CA 模型的结果，然后重新求解。EV 交互作用的影响可通过两个指数来量化，即双层方案的经济价值(economic value of a bi-level program，ECVBP)和环境价值(environmental value of a bi-level program，ENVBP)，这两个指数被定义为双层模型与上述模型求解得出的目标函数值/RES 贡献值($\theta, \sum_{t=1}^{T} P_t^{\mathrm{ch}} \Delta t$)之间的相对差值。

显然，ECVBP 和 ENVBP 的结果实现了量化表示，若在真实的互动市场环境中使用 CA 方案，与所提的解决方案相比，会造成潜在的损失。

从表 9-9 中可以看出，{方案 1，方案 2}和{方案 3，方案 4}两组对比方案的 ECVBP 和 ENVBP 的结果都大于零；而且，随着 $\delta_{d,t}^{\mathrm{ch}}$ 增加，ECVBP 和 ENVBP 也相应增加。这些结果表明，在 EV 用户有策略地决定其充电需求的情况下，所提出的双层模型中的规划方案可为 RCSO 带来比 CA 更大的收益。在实践中，由于 EV 用户是 RCS 的价格接受者，其反应将对 RCSP 的效率产生重要影响。由于双层模型是在博弈论框架下设计的，能够再现实际的市场运作情况，提供比 CA 更有效的解决方案。

由表 9-9 可知，综合优化 RCS 配置和定价策略(方案 5)，可以提高 RCSO 的利润。造成该结果的原因，可由 RCS 供需平衡情况解释。

从图 9-12 中可以看出，方案 2 和方案 4 采用的是根据经验确定的固定电价，不一定能保证 RCSO 在运行期间发挥最大效益。然而，方案 5 由于引入了动态的优化定价方案，较高的价格一般出现在 9:00~11:00 和 18:00~20:00 两个时段，而较低的价格则集中在中午或傍晚。这是因为，在 9:00~11:00 和 18:00~20:00

两个时段，市场能源成本处于峰值，光伏发电量相对较低，因此，RCSO 会在这些时段设定较高的价格来减少 EV 用户充电，从而减少从电网购入的能源，并最大限度地降低 RCS 的运行成本。然而，在 11:00～18:00 期间，市场价格较低，而光伏出力较高，RCSO 会在该时段设定较低的电价，来吸引更多用户通过 RCS 进行充电。这种动态价格重塑了 EV 用户的充电需求。从图 9-13 中可以看出，方案 5 中 RCS 的负荷曲线与市场价格和光伏输出变化表现出更大的一致性，这意味着与方案 2 和方案 4 相比，RCS 的运行经济性得到了改善。

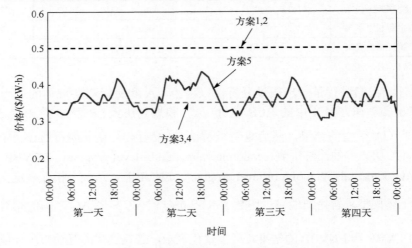

图 9-12　提供给 RCS 用户的价格

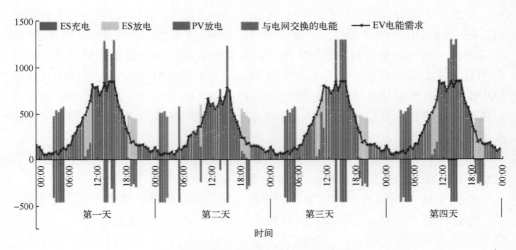

图 9-13　RCS 供需平衡情况（见彩图）

9.3.7　小结

本节针对 EV 充电负荷的时间转移特性，提出了一种含可再生能源的电动汽车充电站的优化规划方法框架。所提方法充分考虑了电动汽车用户的行为选择及其对 RCS 规划的影响，并构建一个基于博弈理论的双层优化模型，其中，上层决定 RCS 的最优配置规划及其运营/定价方案，而下层则优化电动汽车用户的充电决策。此外，采用了鲁棒方法刻画能源批发价格、可再生能源出力和电动汽车流量的不确定性。通过利用 KKT 条件替换下层问题，将双层鲁棒优化模型转化为单层优化问题。然后，进一步利用行列约束生成算法实现模型求解。最后，算例分析结果证明了所提模型的有效性。

9.4　面向空间转移的需求侧灵活性聚合优化

9.4.1　引言

随着充电桩建设的推进，电动汽车用户可以自主选择 EV 聚合商签订充电合同，为充分发挥 EV 作为空间可转移需求侧灵活性资源在促进电力能源系统提质增效等方面的作用，本节以电动汽车停车场为例，对面向空间转移的需求侧灵活性聚合优化进行研究。

9.4.2　面向空间转移的需求侧灵活性聚合框架——以电动汽车停车场为例

1.　研究场景及框架描述

本节主要从电动汽车停车场管理者的角度去考虑电动汽车用户的行为选择，所研究的具有高渗透率电动汽车接入的典型配电系统如图 9-14 所示。

对于上面的典型配电系统，假设电动汽车停车场的投资和运行都由电动汽车停车场运营商(electric vehicle aggregator，EVA)进行。停到停车场的电动汽车可以在停放位置选择向车辆充电(grid-to-vehicle，G2V)或车辆向电网放电(vehicle-to-grid，V2G)模式下运行。

在自由市场环境下，电动汽车用户可以根据个人行为习惯和偏好来决定是否与电动汽车集成商签订充电合同。若用户愿意与 EVA 签订合同，用户将根据合同支付服务费，获取电动汽车停车场的充电服务并购买所需能源。对于不参与用户，直接从电网获取能源并支付零售价格。此外，EVA 会采取激励策略吸引客户，这种激励直接影响电动汽车停车场的运行经济性。

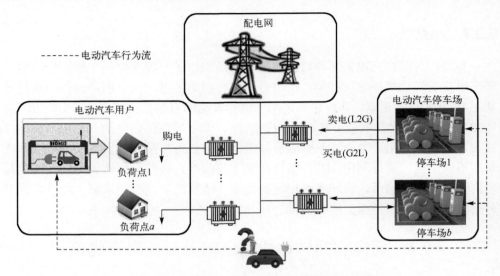

图 9-14　电动汽车停车场典型配电系统的配置

2. 电动汽车停车场的建模

假设每辆车在一天内只能回到固定的电动汽车停车场，并将一天分为 24 个时段。假设 A_t 是 t 时刻到达电动停车场的电动汽车数量，D_t 是 t 时刻离开停车场的电动汽车数量，N_t 是可参与调度的电动汽车数量，则

$$N_t = N_{t-1} + A_t - D_t \quad t = 1,2,\cdots,24 \tag{9-115}$$

对于每个时刻 N_t 的控制策略中，必须准备好有 D_{t+1} 辆车要在下一时刻离开，且必须在时刻 t 有 D_{t+1} 辆车满足用户的出行需求，即 SOC_{set}，在模型中，假设每辆车的 SOC_{set} 都相同为 80%，而其他车的 SOC 只要不低于电池损耗的最低要求即可，假设为 20%，则

$$0.2 \cdot (N_t - D_{t+1}) \cdot \text{SOC}_{\max} + D_{t+1} \cdot \text{SOC}_{\text{set}} \leqslant \text{SOC}_{N_t} + P_t \cdot \Delta t \leqslant N_t \text{SOC}_{\max}$$
$$t = 1,2,\cdots,24 \tag{9-116}$$

式中，

$$\text{SOC}_{N_t} = \text{SOC}_{N_t - 1} + P_{t-1} \cdot \Delta t + \text{SOC}_{A_t} - \text{SOC}_{D_t} \quad t = 1,2,\cdots,24 \tag{9-117}$$

式中，SOC_{N_t} 为 t 时刻 N_t 辆可参与调度的电动汽车的总能量，SOC_{A_t} 为 t 时刻 A_t 辆到达电动停车场的电动汽车的总能量，SOC_{D_t} 为 t 时刻 D_t 辆到达电动停车场的电动汽车的总能量，其中，SOC_{A_t} 可以根据统计数据得到，SOC_{D_t} 为电动汽车停车场设定的数据。

假设一天中电动汽车出行消耗的电能与电动汽车停车站一天从电网中吸收

的电能相等，即

$$\sum_{t=1}^{24} P_t \cdot \Delta t = \mathrm{SOC}_{\mathrm{constant}} \tag{9-118}$$

式中，$\mathrm{SOC}_{\mathrm{constant}}$ 是电动汽车出行消耗的电能，可以从统计数据中得到。

9.4.3　需求侧响应特性建模

1. 需求侧响应的后悔度模型

一般而言，选择参与电动汽车聚合商提供的充电计划的客户的主要动机是获得经济利益，通过观察历史收益来估计参与新充电计划的盈利能力。鉴于这种学习能力，EV 用户对 EVA 提供的充电计划的参与行为倾向于遵循行为学中的"反射-反应"（reflex-response，RR）范式[4]，可以解释为：对于每个决策，如果之前的结果证明某些策略会产生更令人满意的结果或者更高的回报，用户可以从他的当前策略切换为其他策略。同时，具有更高回报的策略在一定程度上被认为具有更高的可能性。本节提出了后悔度匹配机制（regret-matching，RM）模型来描述该"反射-反应"模式下 EV 用户参与充电计划的不确定性。

使用有限集 $\Omega_{BB} = \{\Omega_B, z_0^{\mathrm{wf}}\}$ 表示电动汽车用户的潜在充电站点，其中，Ω_B 和 z_0^{wf} 表示整个系统中的候选节点和常规充电节点。在运行模拟期间，每个电动汽车用户 $i \in \Omega_I$ 都将面临在指定间隔选择哪一个充电站点的问题，每一个间隔对应一个合约期，本节取四个月（120 天）。

根据后悔机制的定义，对于任何区间 y，采取策略 $z_{bb}^{\mathrm{wf}} \in \Omega_{BB}$ 的概率取决于用户的后悔度值 $M_{y,ss,i}(z_{bb,i}^{\mathrm{wf}}, z_{bb',i}^{\mathrm{wf}})$ 如下：

$$M_{y,ss,i}(z_{bb,i}^{\mathrm{wf}}, z_{bb',i}^{\mathrm{wf}}) = \max\{G_{y,ss,i}(z_{bb,i}^{\mathrm{wf}}, z_{bb',i}^{\mathrm{wf}}), 0\} \tag{9-119}$$

其中，

$$G_{y,ss,i}(z_{bb,i}^{\mathrm{wf}}, z_{bb',i}^{\mathrm{wf}}) = \frac{1}{y}\left[\sum_{\substack{\tau \leqslant y \\ z_{\tau,bb',i}^{\mathrm{wf}}=1}} W_i(z_{\tau,bb',i}^{\mathrm{wf}}) - \sum_{\substack{\tau \leqslant y \\ z_{\tau,bb,i}^{\mathrm{wf}}=z_{\tau,bb,i}^{pt}=1}} W_i(z_{\tau,bb,i}^{\mathrm{wf}}) \right] \tag{9-120}$$

如上式所示，电动汽车用户的后悔度值被定义为在某一个时段之前所有的结果发生后，如果先前的选择 z_{bb}^{wf} 被替换成了一个不同的选择 $z_{bb'}^{\mathrm{wf}}$ 所带来的效益增量。其中，EV 用户效益可以通过效用函数 $W_i: R_+ \rightarrow R$ 来量化（效用函数的具体设计见 9.4.4 节），并且乘以常数 $1/y$ 来对每个区间进行归一化。若替换选择后效益低于之前选择，则将后悔度赋值为 0。

　　2. 需求侧决策依赖不确定性模型

　　基于以上定义，如果假设一个动作 z_{bb}^{wf} 被采取，那么他在第 $y+1$ 个时间间隔转换到新策略 $z_{bb'}^{\mathrm{wf}} \in \Omega_{BB}$ 的概率可以通过决策依赖模型描述如下：

$$\Gamma_{y+1,ss,i}^{\mathrm{wf}} = \begin{cases} \rho_{y+1,ss,i}^{\mathrm{wf}}(z_{bb,i}^{\mathrm{wf}}) = \dfrac{1}{\mu_i} M_{y,ss,i}(z_{bb,i}^{\mathrm{wf}}, z_{bb',i}^{\mathrm{wf}}) \\ \rho_{y+1,ss,i}^{\mathrm{wf}}(z_{bb,i}^{\mathrm{wf}}) = 1 - \displaystyle\sum_{z_{bb,i}^{\mathrm{wf}} \neq z_{bb',i}^{\mathrm{wf}}} \rho_{y+1,ss,i}^{\mathrm{wf}}(z_{bb',i}^{\mathrm{wf}}) \end{cases} \tag{9-121}$$

其中，$\rho_{y+1,ss,i}^{\mathrm{wf}}(z_{bb,i}^{\mathrm{wf}}) / \rho_{y+1,ss,i}^{\mathrm{wf}}(z_{bb',i}^{\mathrm{wf}})$ 表示选择策略 $z_{bb}^{\mathrm{wf}} / z_{bb'}^{\mathrm{wf}}$ 的概率；μ_i 是一个预定义的常数，它保证所有概率的总和为 1[5]。

　　上式表明：每一个策略被选择的概率是一个关于后悔度值 $M_{y,ss,i}(\cdot)$ 的函数，后悔度值越大，可能被选择的概率就越高。此外，可以证明，如果研究中的每个电动汽车用户都按照式(9-121)的原则行事，则 $z_{bb,i}^{\mathrm{wf}}, \forall i \in \Omega_I$ 的实际分布最终会收敛到相关均衡集 $t \to \infty$。

9.4.4　基于节点边际效用的需求侧激励模式设计

　　在本节中，参与电动汽车停车场充电计划的电动汽车的收益 $y(W_{y,i})$ 为报酬和补贴 $B_{y,i}^{\mathrm{ev}}$ 减去不便利成本 $C_{y,i}^{\mathrm{evdu}}$ 和电池充放电成本 $C_{y,i}^{\mathrm{evdg}}$：

$$W_{y,i} = B_{y,i}^{\mathrm{ev}} - (C_{y,i}^{\mathrm{evdu}} + C_{y,i}^{\mathrm{evdg}}) \tag{9-122}$$

　　在本节中考虑了三种不同的激励方案，分别是假设激励固定、假设激励与充电量有关、假设激励与电动汽车在停车停留时间和充电电量有关。其中，报酬和补贴如下：

$$B_{y,i}^{\mathrm{ev}} = \begin{cases} \displaystyle\sum_{bb \in \Omega_B} (z_{y,bb,i}^{\mathrm{wf}} \cdot Rew_{bb}) & \text{(9-123a)} \\[3mm] \theta \cdot \displaystyle\sum_{bb \in \Omega_B} [(\alpha_i^{\mathrm{req}} - \alpha_i^{\mathrm{ari}}) \cdot l_i^{\mathrm{rat}} \cdot Rew_{bb} \cdot z_{y,bb,i}^{\mathrm{wf}}] & \text{(9-123b)} \\[3mm] \theta \cdot \displaystyle\sum_{bb \in \Omega_B} z_{y,bb,i}^{\mathrm{wf}} \{[(t_i^{\mathrm{dep}} - t_i^{\mathrm{ari}}) \cdot Rew_{1,bb}] + [(\alpha_i^{\mathrm{req}} - \alpha_i^{\mathrm{ari}}) \cdot l_i^{\mathrm{rat}} \cdot Rew_{2,bb}]\} & \text{(9-123c)} \end{cases}$$

式中，Rew_{bb} 表示电动汽车停车场与用户签订的激励费用，l_i^{rat} 表示电池总电量，α_i^{req} 与 α_i^{ari} 分别为电动汽车在合同中规定的需求电量与开始充电时的电量百分数，$t_{y,s,i}^{\mathrm{dep}}$ 与 $t_{y,s,i}^{\mathrm{ari}}$ 分别为电动汽车停止与开始充电的时间。

　　不便利成本如下：

$$C_{y,i}^{\text{evdu}} = \theta \cdot \sum_{bb \in \Omega_B} h_{bb,i} \pi_i^{\text{du}} z_{y,bb,i}^{\text{wf}} \tag{9-124}$$

式中，$h_{bb,i}$ 为不便利距离，π_i^{du} 为距离成本。

电池充放电成本如下：

$$C_{y,i}^{\text{evdg}} = \theta \cdot \left\{ \sum_{bb \in \Omega_B} \sum_{t \in T} \left\{ \left[(P_{bb,t}^{\text{ch}})^2 + (P_{bb,t}^{\text{dch}})^2 \right] \pi^{\text{dg}} z_{y,bb,i}^{\text{wf}} \Big/ \sum_{i \in \Omega_I} z_{y,bb,i}^{\text{pt}} \right\} - C_{0,i}^{\text{evdg}} \right\} \tag{9-125}$$

式中，$P_{bb,t}^{\text{ch}}$ 与 $P_{bb,t}^{\text{dch}}$ 为总充电功率与放电功率，π^{dg} 为电池损耗成本，$C_{0,i}^{\text{evdg}}$ 表示常规充电模式下电池损耗成本，其计算公式如下：

$$C_{0,i}^{\text{evdg}} = \sum_{t \in T} [(P_{t,i}^{\text{sl}})^2 \cdot \pi^{\text{dg}}] \tag{9-126}$$

对于电动汽车用户来说，电动汽车停车场运行所引起的电池劣化被认为是所有参与运行的电动汽车用户的平均值。如果电动汽车用户选择常规充电模式，即 $z_0^{\text{wf}} = 0$，那么他的利润 $W_{y,i}$ 将是 0。

9.4.5　聚合优化模型构建与求解

在本节中，拟提出一个二阶段的优化框架来解决配电系统中的基于决策依赖不确定性的电动汽车停车场规划与运行问题，如图 9-15 所示。

1. 场景生成

与电动汽车相关的不确定性通常可以归结为两个方面：旅行模式和充电方案的选择。前者的不确定性是外生的，而后者的不确定性是内生的。因此，关于每个电动汽车用户 i 的行为信息可以由向量 $\boldsymbol{\Phi}_i$ 表示为

$$\boldsymbol{\Phi}_i = [\underbrace{t_i^{\text{ari}}, t_i^{\text{dep}}, \alpha_i^{\text{ari}}}_{\text{外生不确定性}}, \underbrace{\boldsymbol{z}_i^{\text{wf}}}_{\text{内生不确定性}}] \quad \forall i \in \Omega_I \tag{9-127}$$

其中，$\boldsymbol{z}_i^{\text{wf}} = \{z_{bb,i}^{\text{wf}}\}, \forall bb \in \Omega_{BB}$。

通过对系统中的所有电动汽车停车场的统计，将模型的充电需求场景表示为

$$\boldsymbol{\Psi}_s = \{\boldsymbol{\Phi}_i \mid i \in \Omega_I\} \tag{9-128}$$

式中，$\boldsymbol{\Psi}_s$ 是场景 s 的表示，它表示了在操作期间电动汽车停车场所有的可能出现的状态。如果假设 $\boldsymbol{\Phi}_i$ 中的所有不确定变量都是独立的，那么可以通过蒙特卡罗模拟（Monte-Carlo simulation，MCS）过程生成每个区间 y 中公共电动汽车停车场的运行操作场景。

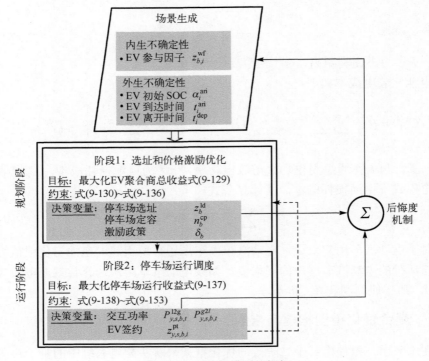

图 9-15　二阶段模型的框架

2. 上层目标函数

$$\max F^{\mathrm{PL}} = \Lambda^{\mathrm{Ope}} - C^{\mathrm{Inv}} \tag{9-129}$$

其中，

$$C^{\mathrm{Inv}} = k^{\mathrm{ld}} \sum_{b\in\Omega_B} z_b^{\mathrm{ld}} \pi_b^{\mathrm{ld}} + k^{\mathrm{cp}} \sum_{b\in\Omega_B} n_b^{\mathrm{cp}} \pi^{\mathrm{cp}} \tag{9-130}$$

$$\Lambda^{\mathrm{Ope}} = \sum_{y\in Y} \sum_{s\in\Omega_s} \rho_{y,s} \Lambda_{y,s} \tag{9-131}$$

式中，Λ^{Ope} 是年度运行收入；C^{Inv} 是年度等效投资成本，在该建模中 C^{Inv} 由土地成本和充电设施的购买/安装费用构成；ρ 是在场景出现的概率。

为了让投资成本与运营成本的时间尺度保持一致，使用投资回收因子：

$$k = \frac{\zeta(1+\zeta)^d}{(1+\zeta)^d - 1} \tag{9-132}$$

其中，d 代表设备的寿命，ζ 代表年均折扣率。

其中，上层约束为

$$0 \leqslant n_b^{\mathrm{cp}} \leqslant z_b^{\mathrm{ld}} N_b^{\max} \quad \forall b \in \varOmega_B \tag{9-133}$$

$$0 \leqslant Rew_b \leqslant z_b^{\mathrm{ld}} \cdot Rew_b^{\max} \quad \forall b \in \varOmega_B \tag{9-134}$$

式中，n_b^{cp} 是在节点 b 设置的充电站数量，z_b^{ld} 表示停车场是否在节点 b 建立的二进制变量，$N_b^{\max}$ 是在节点 b 设置的最大充电站数量，Rew_b 是在节点 b 设置的激励补贴价格，$Rew_b^{\max}$ 是在节点 b 设置的最大激励补贴价格。

假设电动汽车停车场的充电成本总是等于常规情况的充电成本，即

$$C_{y,s,i}^{\mathrm{evch}} = \theta \cdot \int_{t_{y,s,i}^{\mathrm{ari}}}^{t_{y,s,i}^{\mathrm{ari}} + \beta_{y,s,i}} P_{t,i}^{\mathrm{sl}} \pi_t^{\mathrm{pur}} \mathrm{d}t \tag{9-135}$$

$$\beta_{y,s,i} = (\alpha_{y,s,i}^{\mathrm{req}} - \alpha_{y,s,i}^{\mathrm{ari}}) l_i^{\mathrm{rat}} / P_{t,i}^{\mathrm{sl}} \eta^{\mathrm{sl}} \tag{9-136}$$

式中，$C_{y,s,i}^{\mathrm{evch}}$ 表示电动汽车的充电费用，$\beta_{y,s,i}$ 表示电动汽车电池完全充电的总时间，θ 表示每一个运行周期中的天数，$t_{y,s,i}^{\mathrm{ari}}$ 表示到达时间，$P_{t,i}^{\mathrm{sl}}$ 表示常规模型下的额定充电效率，π_t^{pur} 表示实时电价，$\alpha_{y,s,i}^{\mathrm{req}}$ 表示离开时需要的电动汽车 SOC，$\alpha_{y,s,i}^{\mathrm{ari}}$ 表示到达时电动汽车的 SOC，l_i^{rat} 表示电动汽车电池的能源容量，η^{sl} 表示电动汽车的额定充电效率。

3. 下层目标函数

由于 $\varLambda^{\mathrm{Ope}}$ 的结果与电动汽车用户的行为模式有关，因此必须通过执行运行模拟来获得，即为下层优化模型。

下层目标函数：

$$\varLambda_{y,s} = \max(B_{y,s}^{\mathrm{Ope}} - C_{y,s}^{\mathrm{Ope}} - C_{y,s}^{\mathrm{Inc}}) \tag{9-137}$$

其中，

$$B_{y,s}^{\mathrm{Ope}} = \theta \cdot \sum_{b \in \varOmega_B} \left(\sum_{t \in T} P_{y,s,b,t}^{\mathrm{l2g}} \pi_t^{\mathrm{dch}} r + \sum_{i \in \varOmega_I} z_{y,s,b,i}^{\mathrm{pt}} C_{y,s,i}^{\mathrm{evch}} \right) \tag{9-138}$$

$$C_{y,s}^{\mathrm{Ope}} = \theta \cdot \sum_{b \in \varOmega_B} \left(n_b^{\mathrm{cp}} \pi^{\mathrm{om}} + \sum_{t \in T} P_{y,s,b,t}^{\mathrm{g2l}} \pi_t^{\mathrm{pur}} r \right) \tag{9-139}$$

$$C_{y,s}^{\mathrm{Inc}} = \begin{cases} \displaystyle\sum_{b \in \varOmega_B} \sum_{i \in \varOmega_I} (z_{y,s,b,i}^{\mathrm{pt}} \cdot Rew_b) & (9\text{-}140\mathrm{a}) \\[12pt] \displaystyle\theta \cdot \sum_{b \in \varOmega_B} \sum_{i \in \varOmega_I} [(\alpha_{y,s,i}^{\mathrm{req}} - \alpha_{y,s,i}^{\mathrm{ari}}) \cdot l_i^{\mathrm{rat}} \cdot Rew_b \cdot z_{y,s,b,i}^{\mathrm{pt}}] & (9\text{-}140\mathrm{b}) \\[12pt] \displaystyle\theta \cdot \sum_{b \in \varOmega_B} \sum_{i \in \varOmega_I} z_{y,s,b,i}^{\mathrm{pt}} \{[(t_{y,s,i}^{\mathrm{dep}} - t_{y,s,i}^{\mathrm{ari}}) \cdot Rew_{1,b}] + [(\alpha_{y,s,i}^{\mathrm{req}} - \alpha_{y,s,i}^{\mathrm{ari}}) \cdot l_i^{\mathrm{rat}} \cdot Rew_{2,b}]\} & (9\text{-}140\mathrm{c}) \end{cases}$$

式中，$B_{y,s}^{\text{Ope}}$ 表示电动汽车停车场的运行收益，$C_{y,s}^{\text{Ope}}$ 表示电动汽车停车场的运行花费，$C_{y,s}^{\text{Inc}}$ 表示电动汽车停车场的合同定制费用，$P_{y,s,b,t}^{\text{l2g}}$ 表示电动汽车停车场的放电功率，π_t^{dch} 表示电动汽车的放电电价，r 是运行时间间隔，$z_{y,s,b,i}^{\text{pt}}$ 表示电动汽车用户是否与 s 停车场签订价格激励合同的二进制变量，π^{om} 表示电动汽车的日维护费用，$P_{y,s,b,t}^{\text{g2l}}$ 表示电动汽车停车场的充电功率。

下层约束条件主要考虑以下方面。

①最大充放电功率约束：

$$0 \leqslant P_{y,s,b,t}^{\text{g2l}} \leqslant \gamma^{\max} n_{y,s,b,t}^{\text{ava}} \qquad \forall b \in \Omega_B, t \in T \tag{9-141}$$

$$0 \leqslant P_{y,s,b,t}^{\text{l2g}} \leqslant \gamma^{\max} n_{y,s,b,t}^{\text{ava}} \qquad \forall b \in \Omega_B, t \in T \tag{9-142}$$

式中，$\gamma^{\max}$ 表示电动汽车充电桩的最大充放电功率，$n_{y,s,b,t}^{\text{ava}}$ 表示电动汽车停车场中的可调度电动汽车数量。

②充放电不能同时进行的约束：

$$P_{y,s,b,t}^{\text{g2l}} \cdot P_{y,s,b,t}^{\text{l2g}} = 0 \quad \forall b \in \Omega_B, t \in T \tag{9-143}$$

③电动汽车 SOC 约束：

$$E_{y,s,b,t} = E_{y,s,b,t-1} + r\left(P_{y,s,b,t}^{\text{g2l}}\eta - \frac{P_{y,s,b,t}^{\text{l2g}}}{\eta}\right) + l_i^{\text{rat}}\left(\sum_{i=1}^{n_{y,s,b,t}^{\text{ari}}} \alpha_{y,s,i}^{\text{ari}} - \sum_{i=1}^{n_{y,s,b,t}^{\text{dep}}} \alpha_{y,s,i}^{\text{req}}\right) \tag{9-144}$$
$$\forall b \in \Omega_B, t \in T$$

式中，$E_{y,s,b,t}$ 表示当前阶段的电动汽车总 SOC，$E_{y,s,b,t-1}$ 表示之前一个阶段的电动汽车总 SOC，η 表示充放电效率，$\alpha_{y,s,i}^{\text{ari}}$ 表示电动汽车到达时的 SOC，$\alpha_{y,s,i}^{\text{req}}$ 表示电动汽车需要达到的 SOC。

④电动汽车充电需求约束：

$$\left(\sum_{i=1}^{n_{y,s,b,t}^{\text{ava}}-n_{y,s,b,t}^{\text{dep}}} l_i^{\text{rat}}\alpha^{\min} + \sum_{i'=1}^{n_{y,s,b,t}^{\text{dep}}} l_{i'}^{\text{rat}}\alpha_{s,i'}^{\text{req}}\right) \leqslant E_{y,s,b,t} \leqslant \sum_{i=1}^{n_{y,s,b,t}^{\text{ava}}} l_i^{\text{rat}}\alpha^{\max} \tag{9-145}$$
$$\forall b \in \Omega_B, t \in T$$

式中，l_i^{rat} 表示电动汽车电池的额定容量，$\alpha^{\min}$ 表示电动汽车电池最小能达到的 SOC，$\alpha^{\max}$ 表示电动汽车最大能达到的 SOC。

⑤电动汽车电池损耗约束：

$$\frac{\sum_{t\in T} \pi^{\text{dg}}[(P_{y,s,b,t}^{\text{g2l}})^2 + (P_{y,s,b,t}^{\text{l2g}})^2]}{\sum_{t\in T}\sum_{i=1}^{n_{y,s,b,t}^{\text{ava}}} \pi^{\text{dg}}(P_{t,i}^{\text{sl}})^2} \leqslant \psi \quad \forall b \in \Omega_B \tag{9-146}$$

式中，π^{dg} 表示电动汽车的电池损耗费用，ψ 表示停车场电池损耗限制。

⑥电动汽车可用二进制约束：

$$
\begin{cases}
z^{\mathrm{ava}}_{y,s,t,i} = 1 & t^{\mathrm{ari}}_{y,s,i} \le t \le t^{\mathrm{dep}}_{y,s,i} \\
z^{\mathrm{ava}}_{y,s,t,i} = 0 & 其他
\end{cases}
\quad \forall i \in \Omega_I, t \in T
\tag{9-147}
$$

$$
\begin{cases}
z^{\mathrm{ari}}_{y,s,t,i} = 1 & z^{\mathrm{ava}}_{y,s,t,i} - z^{\mathrm{ava}}_{y,s,t-1,i} > 0 \\
z^{\mathrm{ari}}_{y,s,t,i} = 0 & 其他
\end{cases}
\quad \forall i \in \Omega_I, t \in T
\tag{9-148}
$$

$$
\begin{cases}
z^{\mathrm{dep}}_{y,s,t,i} = 1 & z^{\mathrm{ava}}_{y,s,t,i} - z^{\mathrm{ava}}_{y,s,t-1,i} < 0 \\
z^{\mathrm{dep}}_{y,s,t,i} = 0 & 其他
\end{cases}
\quad \forall i \in \Omega_I, t \in T
\tag{9-149}
$$

⑦电动汽车合同签订量约束：

$$
z^{\mathrm{pt}}_{y,s,b,i} =
\begin{cases}
1 & \sum_{i'=1}^{i} z^{\mathrm{wf}}_{y,s,b,i'} \le n^{\mathrm{cp}}_b \\
0 & 其他
\end{cases}
\quad \forall b \in \Omega_B, i \in \Omega_I
\tag{9-150}
$$

式中，$z^{\mathrm{wf}}_{y,s,b,i'}$ 表示电动汽车停车场和电动汽车用户计划签约量

⑧电动汽车可用量约束：

$$
n^{\mathrm{ava}}_{y,s,b,t} = \sum_{i \in \Omega_I} z^{\mathrm{ava}}_{y,s,t,i} z^{\mathrm{pt}}_{y,s,b,i} \quad \forall b \in \Omega_B, t \in T
\tag{9-151}
$$

电动汽车到达量约束：

$$
n^{\mathrm{ari}}_{y,s,b,t} = \sum_{i \in \Omega_I} z^{\mathrm{ari}}_{y,s,t,i} z^{\mathrm{pt}}_{y,s,b,i} \quad \forall b \in \Omega_B, t \in T
\tag{9-152}
$$

电动汽车离开量约束：

$$
n^{\mathrm{dep}}_{y,s,b,t} = \sum_{i \in \Omega_I} z^{\mathrm{dep}}_{y,s,t,i} z^{\mathrm{pt}}_{y,s,b,i} \quad \forall b \in \Omega_B, t \in T
\tag{9-153}
$$

4. 模型的求解

由数学结构可知，上述电动汽车停车场规划模型是随机混合整数非线性规划问题，具有非凸性且难以处理。为求解该模型，本节采用基于遗传算法（genetic algorithm，GA）的二阶段随机规划求解方法。其中，遗传算法被用来求解上层规划中的第一阶段变量，然后采用传统的原对偶内点法（primal-dual interior point method，PIPM）解决下层的运行优化问题，求解算法流程图如图 9-16 所示。

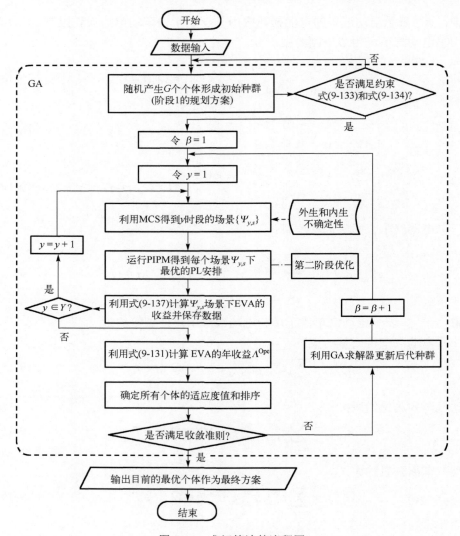

图 9-16　求解算法的流程图

在基于遗传算法的算法中，电动汽车集成商的候选解决方案由一系列随机创建的染色体表示，这些染色体使用混合整数编码结构进行定制。每个群体成员总共有 $3 \times \Omega_B$ 个组成部分(基因)，z_b^{ld} 表示电动汽车停车场配置的位置，n_b^{ld} 表示要安装的充电点数，Rew_b 表示每个电动汽车停车场所提供的激励合同的值。

使用适应度函数评估每个染色体的表现，来比较各个解的优劣程度，从而得到建议的规划决策：

$$\text{Fitness} = F^{PL} - PF \tag{9-154}$$

其中，F^{PL} 表示由式(9-129)定义的 OF 的值，PF 是一个惩罚因子。在模拟中如果染色体个体违反约束，下层的优化不会收敛于第二阶段优化，惩罚因子将被设置为大数来激活惩罚。

当满足以下任一预先设定的条件时，整体求解算法就会终止：

①达到允许的最大迭代次数($\beta_{\max}$)；

②没有适应性改善的最大迭代时间(β_{uch})。

算法终止后，整个种群中的最佳个体被认为是整个电动汽车停车场规划运行模型的最终解决方案。

9.4.6　算例分析

1. 数据准备

本节使用改进的 IEEE12 节点系统来验证所提模型的有效性。假设共有 2000 户家庭分配在 634、680 和 684 节点上。根据 2020 年北京城市规划情况，每户家庭拥有的汽车数量和电动汽车渗透率分别定为 0.99 和 10%。假设所有电动汽车使用相同类型的锂离子电池，电池容量为 54.4kW·h，最大行驶里程数为 360km，快充至 80%电量时间为 48min。

假设标准 220V/32A 插座以 7 千瓦/小时的固定速率(P^{sl})从电网吸收功率。电动汽车电池的 SOC 仅限于[25%，100%]。整个模拟过程中不变成本 π^{du} 取 0.31 美元/公里。电动汽车的不确定性的概率符合如下分布：$t_i^{\text{ari}} \sim N_{\text{TG}}(9,9,(5,12))$，$t_i^{\text{dep}} \sim N_{\text{TG}}(18,9,(13,24))$，$\alpha_i^{\text{ari}} \sim N_{\text{TG}}(50,25,(25,90))$，$z_{bb,i}^{\text{wf}}$ 符合动态离散分布。

在测试系统中，电动汽车停车场安装的候选位置被设置为总线 611、633、645、652 和 675。假设每个电动汽车充电桩的额定充电/放电功率为 20kW/h，效率为 92%。每个充电桩的投资成本为 200 美元，最大使用寿命为 15 年。此外，将贴现率定义为 8%，每个电动汽车停车场的最大 BC 数量分配为 50 个。为了鼓励电动汽车向电网进行放电，电动汽车聚合商在高峰时段和非高峰时段的充放电电价假定为相应购电价格的 0.5 和 1.5 倍。

根据初步测试，使用的算法的参数设置为：种群大小 $G = 30$；交叉率= 0.6；突变率= 0.1；最大迭代次数 $\beta_{\max}$ =500；连续迭代次数没有改善 β_{uch} =50。

2. 五种激励政策下停车场方案与收益

方案 1 和方案 2 采用较低的激励金额，方案 3 采用相对成本较高的激励金额，方案 4 将激励金额设置为上层遗传算法中的一个优化变量，使用本节所提出的算法进行优化求解，方案 5 将激励金额设置为上层遗传算法中的一个与电动汽车站相关的优化变量，即优化求解出的每一个电动汽车停车场的激励金额都不同。

利用已有的基础数据，使用提出的二阶段随机规划求解算法可以求解表 9-10 中的所有算例场景。表 9-11 给出了算法的上层规划中的选址定容优化结果和电动汽车停车场激励政策的最优金额。

表 9-10　算例的场景

方案	电动汽车不确定性	激励机制	激励金额
1	外生不确定性	固定激励 式 (9-123a)	$Rew \equiv \$50/$单位时间
2	内生和外生不确定性		$Rew \equiv \$50/$单位时间
3			$Rew \equiv \$150/$单位时间
4			$Rew \rightarrow$ 优化变量
5			$\{Rew_b \mid b \in \Omega_B\} \rightarrow$ 优化变量

表 9-11　上层规划结果

方案	决策变量	电动汽车节点				
		611	633	645	652	675
1	n_b^{cp}	0	50	50	0	50
	Rew_b	\$ 50/单位时间				
2	n_b^{cp}	0	50	0	0	0
	Rew_b	\$ 50/单位时间				
3	n_b^{cp}	0	38	44	0	50
	Rew_b	\$ 150/单位时间				
4	n_b^{cp}	0	43	50	0	0
	Rew_b	\$ 79.72/单位时间				
5	n_b^{cp}	0	50	50	0	0
	Rew_b	0	\$ 91.63/单位时间	\$ 74.72/单位时间	0	0

将下层运行结果所计算的 EVA 成本/利润的响应值列于表 9-12 中。

表 9-12　运行阶段结果　　　　　　　　　　（单位：美元）

方案	1	2	3	4	5
建设投资	28039.09	7009.77	27618.50	16192.57	16356.14
维护投资	137337.52	26128.15	101743.82	62334.12	67334.12
激励投资	22500.00	3400.00	58950	21285.24	24120.75

方案	1	2	3	4	5
总投资	187876.61	36537.92	188312.32	99811.93	107811.01
运行收入	248559.26	45466.95	192462.89	134804.76	144504.82
净收入	88721.74	15938.8	31769.07	51185.40	53049.95
总收益	60682.65	8929.03	4150.57	34992.83	36693.81

检查所有方案下电动汽车停车场（z_i^{wf}）的电动汽车选择。图 9-17 显示了每个电动汽车停车场的用户在每个激励周期中预期参与率的变化。

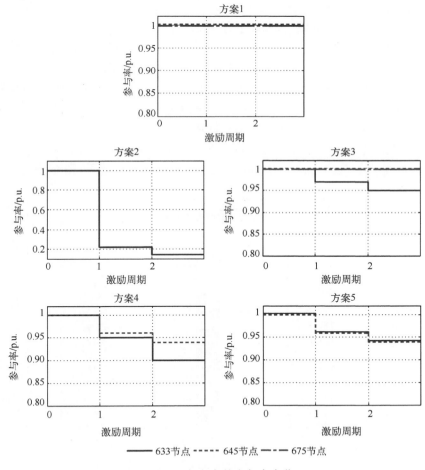

图 9-17　各方案的参与率变化

其中，场景 s 中的电动汽车停车场 b 的预期参与率被定义为愿意在区间 y 中与该电动汽车停车场签订合同的电动汽车的数量。

在方案 1 中，由于假设电动汽车用户的充电行为与内生不确定性无关，电动汽车停车场的预期参与率保持在其初始水平 1p.u.。

在方案 2 中，由于激励的影响非常低，且缺乏收益，用户的预期参与率将会随着时间的推移而急剧下降，导致电动汽车聚合商在同样的规划决策结果下，最终利润远远低于方案 1。

在方案 3 中，电动汽车停车场的 Rew_b 较高时，电动汽车用户预期参与率随时间的变化减少较少，这意味着电动汽车停车场在运行期间可以更有效地被利用。但是，随着激励成本 Rew_b 的增长，电动汽车聚合商的收入趋于增加，其运营成本也会上升，甚至最后利润总体上低于方案 2。

方案 4 将激励政策作为规划阶段的决策变量，从而在最优化情况下提高电动汽车的参与率。而方案 5 采用不同节点不同激励的方法来优化激励政策，从而实现电动汽车聚合商的利润最大化，最佳激励措施可以提高方案 4 和方案 5 的电动汽车聚合商的利润。其中采用基于节点的激励方案将会获得更好的激励效果，证实了本节工作中开发的综合优化框架的优势。

为研究激励策略变化对计划结果的影响。在该模型中应用不同的激励结构进行模拟（如式（9-123a）～式（9-123c）中所定义），得到如下结果（图9-18）。

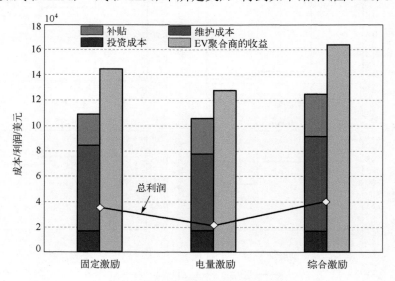

图 9-18　不同激励政策下的结果

由结果可以看出，综合激励条件下的计划方案为电动汽车聚合商提供了比固定激励和电量激励方案下更大的利润（B^{IPL}=\$40093.13）。在综合激励的方案中，电动汽车用户不仅在能量消耗方面得到奖励，而且在电动汽车停车场的调度可用性方面得到奖励。

算例仿真结果表明，所提方法可以适应电动汽车用户的外生和内生不确定性，除了通过更加真切地模拟充电需求，为电动汽车聚合商提供更有效的电动汽车停车场投资解决方案之外，还发现电动汽车停车场的最佳选址与定容问题可能与电动汽车聚合商采用的激励机制密切相关。实际上，高激励措施可以提高电动汽车停车场的利用率，但同时也增加了运营成本，因此电动汽车停车场规划和合同设计的协同优化将为电动汽车聚合商带来更大的利润。

9.4.7　小结

本节针对具有空间转移潜力的需求侧灵活性资源聚合优化问题进行探讨。以电动汽车充电服务为例，针对 EV 用户选择行为的不确定性，采用反射-反应范式下的后悔度匹配机制，刻画了 EV 用户在不同合同激励下的选择决策概率分布，从而模拟空间范围内用户参与度和充放电负荷需求的变化，进一步助力实现供需互利的激励政策设计和经济高效的充电资源配置。相关研究为充分利用需求侧资源的空间转移特性，支撑电网灵活运行提供了有效参考。

9.5　面向用能替代的需求侧灵活性聚合优化

9.5.1　引言

建立生态友好且经济实惠的能源供应系统对未来交通的可持续性发展至关重要。为此，通过将电动汽车充电设施、氢燃料汽车加氢站和可再生能源微能源网进行集成，借助不同能源在需求侧使用的互补替代潜力，可有效提高未来交通能源深度耦合下系统的运行灵活性和综合效益。为此，本节以新能源汽车共享租赁站为例，对面向用能替代的需求侧灵活性聚合优化进行研究。

9.5.2　面向用能替代的需求侧灵活性聚合框架——以新能源汽车共享租赁站为例

新能源汽车共享租赁站（enhanced hybrid vehicle station，EHVS）的基本结构如图 9-19 所示。

EHVS 旨在充分利用不同类型能源满足新能源汽车的动力需求，主要包括充电桩（charging pile，CP）、加氢设备（hydrogenation equipment，HE）、PV、WT、电解池（electrolytic cell，EC）、燃料电池（fuel cell，FC），以及电储能（electric energy storage，ES）和氢储能（hydrogen energy storage，HS）单元。

　　EHVS 通过向系统客户提供车辆租赁服务来实现经济收益。当客户还车时，EHVS 会安排车辆在站内进行充电或加氢。一旦车辆完成充电或加氢任务，它们将处于待机状态，等待下一次租赁。因此，站内的车辆可以处于以下四种状态：等待充电/加氢、正在充电/加氢、充满电/满氢（即待机状态）和租赁中。

　　本节考虑系统客户有两种出行需求满足方式：一是租用 EHVS 提供的汽车，二是采用传统租车模式。运营商将为客户提供所需的车型，而客户将根据合同的租赁价格支付服务费用。实践中，由于客户的选择直接决定了 EHVS 的能源需求和运行效益，为实现最大盈利潜力，EHVS 必须精心设计租赁价格，并采取适当的激励措施，以鼓励客户选择最有利于 EHVS 利益的出行方式。

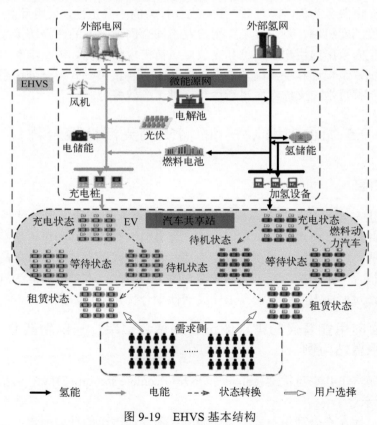

图 9-19　EHVS 基本结构

　　在 EHVS 内，能源生产设备包括风机和光伏系统，能量转换设备包括电解池和燃料电池,储能设备则包括电储能和氢储能。本章采用一种基于电–氢能量枢纽的设备建模方法来描述 EHVS 的稳态运行特性。根据能量守恒原理,可将能量平衡约束表示如下:

$$\begin{pmatrix} \hat{P}_t^{\mathrm{PV}} + P_t^{\mathrm{buy}} + \hat{P}_t^{\mathrm{WT}} + P_{t,s}^{\mathrm{ES\text{-}dch}} \\ H_{t,s}^{\mathrm{buy}} + H_{t,s}^{\mathrm{HS\text{-}dch}} \end{pmatrix} = \begin{pmatrix} 1 & -\eta^{\mathrm{FC}} \\ -\eta^{\mathrm{EC}} & 1 \end{pmatrix} \begin{pmatrix} P_{t,s}^{\mathrm{EC}} \\ H_{t,s}^{\mathrm{FC}} \end{pmatrix} + \begin{pmatrix} P_{t,s}^{\mathrm{load}} + P_{t,s}^{\mathrm{ES\text{-}ch}} \\ H_{t,s}^{\mathrm{load}} + H_{t,s}^{\mathrm{HS\text{-}ch}} \end{pmatrix} \quad (9\text{-}155)$$
$$\forall t \in \Omega^T, \forall s \in \Omega^S$$

在上述方程中,左侧表示能量输入矩阵,右侧第一项为系数转换矩阵,第二项为能量耦合矩阵,第三项为能量输出矩阵。我们引入了 η^{FC} 和 η^{EC} 系数来表示燃料电池和电解池在运行过程中的能量转换效率;$\hat{P}_t^{\mathrm{PV}}$、$\hat{P}_t^{\mathrm{WT}}$ 分别表示风机和光伏的输出功率;$P_{t,s}^{\mathrm{buy}}$、$H_{t,s}^{\mathrm{buy}}$ 分别表示外购电和外购氢功率;$P_{t,s}^{\mathrm{ES\text{-}ch}}$、$P_{t,s}^{\mathrm{ES\text{-}dch}}$ 分别表示 $P^{\mathrm{ES\text{-}ch}}/P^{\mathrm{ES\text{-}dch}}$ 电储能的充/放电功率;$H_{t,s}^{\mathrm{ES\text{-}ch}}$、$H_{t,s}^{\mathrm{ES\text{-}dch}}$ 分别表示 $P^{\mathrm{ES\text{-}ch}}/P^{\mathrm{ES\text{-}dch}}$ 氢储能的充/放能功率;$P_{t,s}^{\mathrm{load}}$、$H_{t,s}^{\mathrm{load}}$ 分别表示电能和氢能负荷消耗;$P_{t,s}^{\mathrm{EC}}$ 为 EC 的耗电量;$H_{t,s}^{\mathrm{FC}}$ 为 FC 的耗氢量;s 和 t 分别为表示场景和时段的角标。

9.5.3　基于演化博弈的用户租赁行为选择

在 EHVS 中,车辆的运行调度必须与能源域的运行状态相协调,以满足能源供应的要求。所以,我们还需要考虑需求侧 EHVS 用户的租车行为对系统的影响。

EHVS 用户的租车行为受多种因素影响,包括车辆租赁时间、还车时间以及行驶里程。此外,在不同时刻,EHVS 用户的租赁车辆数量和所选择的能源形式也受个人偏好的影响。本章对用户的出行习惯和车辆租赁偏好进行建模,以计及用户行为对 EHVS 系统用能负荷的影响。

1. EHVS 用户出行习惯进行建模

车辆出发时间 $\tilde{t}_{i,s}^{\mathrm{lea}}$、车辆返回时间 $\tilde{t}_{i,s}^{\mathrm{ret}}$、日行驶距离 $\tilde{d}_{i,s}$ 是影响 EHVS 车辆调度和能量补充的重要因素。在实际生活中,由于可以通过用户驾驶历史数据得到其统计学特性,因此本章采用概率法描述 EHVS 用户的出行特征。假设 $\tilde{t}_{i,s}^{\mathrm{ret}}$ 服从正态分布,$\tilde{t}_{i,s}^{\mathrm{lea}}$ 和 $\tilde{d}_{i,s}$ 满足对数正态分布。结合模型的特点,本章将分布函数进一步离散化,得到基于离散概率分布的用户日行驶距离模型。

2. 基于演化博弈的 EHVS 车辆租赁偏好建模

在现有研究中,通常将用户视为完全理性的个体。然而,现实生活中,由于用户自身行为的特异性,以及外部环境信息的不完全性,导致 EHVS 用户在选择车辆租赁策略时倾向于表现为有限理性[6]。因此,在博弈的初始阶段,EHVS 用户通常无法找到使自己效益最大化的车辆租赁策略。然而,他们可以通过不断观察和学习自己以及其他用户之前采用某种策略所获得的收益,并根据经验来估计自己的收益,从而不断动态调整自己的出行策略以实现效用的最大化。某种策略在用户群体中被证明具有更好的效益时,其他用户会模仿这种策略并进行学习。被广泛认可的策略在用户群体中更有可能被学习,并且其被选择的概率也会随之改变。

为了描述用户在有限理性条件下的出行策略决策问题,本研究采用基于遗传机制选择过程的演化博弈理论,以建立用户选择偏好模型。通过计算描述租车意愿的相关不确定性。

演化博弈论是针对有限理性参与者群体的,这些参与者通过类似于遗传机制而非完全理性的选择过程来调整策略以适应环境,从而产生群体行为的演化趋势。因此,演化博弈能够更合理地描述用户行为特性。演化博弈模型主要包括五个要素:博弈参与者、策略集、适应度函数、复制者动态方程和演化稳定策略。本节构建了一个面向 EHVS 用户车辆租赁偏好的演化博弈模型,包括以下要素。

(1)博弈参与者:车辆租赁用户群体 I。

(2)策略集。

本章用 $J = \{1, 2, \cdots, j\}$ 表示每个 EHVS 用户可选择的车辆租赁策略集合。其中,$j=1$ 表示用户拒绝参与 EHVS 内的车辆租赁服务,$j=2$ 表示租用电动汽车,$j=3$ 表示租用氢燃料汽车。假设 x_j 代表选择策略 j 的 EHVS 用户占总体的比例,满足 $x_j \in [0,1]$,$x_1 + x_2 + x_3 = 1$。由于 EHVS 用户根据自身和他人的效益进行学习和改变策略,不同策略的比例也会相应变化。

(3)适应度函数。

首先定义 EHVS 用户 i 的出行效益,见式(9-156)。在运行中,车辆的使用时间决定了用户的出行效益,因此用户的出行效益与租车时间成正相关。同时,根据边际效用递减规律,在一定的租赁时间后,用户的出行效益继续增加,但边际效用随着租赁时间的增加而逐渐降低。因此,为不失一般性,本研究将用户出行效益视为二次效用函数,并确保二次效用函数的拐点大于最大可能的出行时间。

$$v_{i,s} = \mathrm{coe}_1(t_{i,s}^{\mathrm{ret}} - t_{i,s}^{\mathrm{lea}}) - \frac{\mathrm{coe}_2(t_{i,s}^{\mathrm{ret}} - t_{i,s}^{\mathrm{lea}})^2}{2} \tag{9-156}$$

式中, $v_{i,s}$ 是用户的出行效益,coe_1 和 coe_2 是出行效益系数。

(4)复制者动态方程。

根据本节前面的模型,可以得到所有策略的平均适应度函数,见式(9-157),它表示了当前策略选择下用户群体的平均效益和基准水平。在演化博弈中,为了实现自身利益最大化,每个 EHVS 用户都会学习和调整策略。如果用户选择的策略的收益小于群体的平均收益，则说明该策略并不会给用户带来较高的回报，同时表明该策略在用户群体中不受欢迎，该策略的增长率为负，反之为正。在此基础上，建立了用户租赁行为的复制者动态方程，见式(9-158)。该方程揭示了选择不同出行策略的群体比例的演化规律。

$$\bar{u} = \sum_{j=1}^{J} x_j u_j = \sum_{j=1}^{J} x_j \left(\sum_{i \in I} v_{i,s} - w_j c_j^2 - \pi_j \varUpsilon_j \right) \tag{9-157}$$

$$\frac{\partial x_j}{\partial t} = x_j (u_j - \bar{u}) \tag{9-158}$$

(5) 演化稳定策略。

采用离散式迭代算法[7]求解演化博弈均衡点。将式(9-158)所示的基于时间的连续的微分方程差分化，得到离散型复制者动态方程见式(9-159)，并当满足式(9-160)所示约束时可认为演化博弈达到演化稳定。

$$x_j (m+1) = x_j (m) + \varepsilon x_j (m)(u_j (m) - \bar{u}(m)) \tag{9-159}$$

$$\left| (u_j (m) - \bar{u}(m)) \right| < \mathfrak{R} \tag{9-160}$$

式中，m 代表迭代次数，ε 代表迭代步长，$\mathfrak{R}$ 是一个极小的正整数。

3. 车辆调度建模

本节将站内车辆分为充满电/加满氢、充电/加氢和等待充电/等待加氢三种状态，分别用 $N_{t,s}^{\text{full}}$、$N_{t,s}^{\text{char}}$ 和 $N_{t,s}^{\text{wait}}$ 表示。假设每辆新能源汽车租赁需当日归还，且租赁初始时刻车辆均为满状态，则各时段不同状态的新能源汽车数量满足以下约束条件：

$$\begin{cases} N_{t,s}^{\text{full},e} = N_{t-1,s}^{\text{full},e} + N_{t-1,s}^{\text{char-fin},e} - N_{t-1,s}^{\text{lease},e} \\ N_{t,s}^{\text{char},e} = N_{t-1,s}^{\text{char},e} + N_{t-1,s}^{\text{char-beg},e} - N_{t-1,s}^{\text{char-fin},e} \\ N_{t,s}^{\text{wait},e} = N_{t-1,s}^{\text{wait},e} - N_{t-1,s}^{\text{char-beg},e} + N_{t-1,s}^{\text{return},e} \\ N_{t,s}^{\text{full},h} = N_{t-1,s}^{\text{full},h} - N_{t-1,s}^{\text{lease},h} + N_{t-1,s}^{\text{lease},h} \\ N_{t,s}^{\text{char},h} = N_{t-1,s}^{\text{char},h} + N_{t-1,s}^{\text{char-beg},h} - N_{t-1,s}^{\text{char-fin},h} \\ N_{t,s}^{\text{wait},h} = N_{t-1,s}^{\text{wait},h} - N_{t-1,s}^{\text{char},h} + N_{t-1,s}^{\text{return},h} \end{cases} \quad \forall t \in \varOmega^T, \forall s \in \varOmega^S \tag{9-161}$$

式中，$N^{\text{char-beg},e}$、$N^{\text{char-fin},e}$ 分别表示每时刻开始充电、完成充电的电动汽车数量；$N^{\text{char-beg},h}$、$N^{\text{char-fin},h}$ 分别表示每时刻开始加氢、完成加氢的氢燃料汽车数量；$N^{\text{lease},e}$、$N^{\text{return},e}$ 分别表示租用、归还电动汽车数量；$N^{\text{lease},h}$、$N^{\text{return},h}$ 分别表示租用、归还氢燃料汽车数量。

9.5.4　基于区间−随机优化的聚合模型构建

在实际运行条件下，由于 EHVS 面临着众多不确定性因素的影响，故本节将 EHVS 的规划和运行问题构建成了一个两阶段区间−随机混合优化模型，如图 9-20 所示。

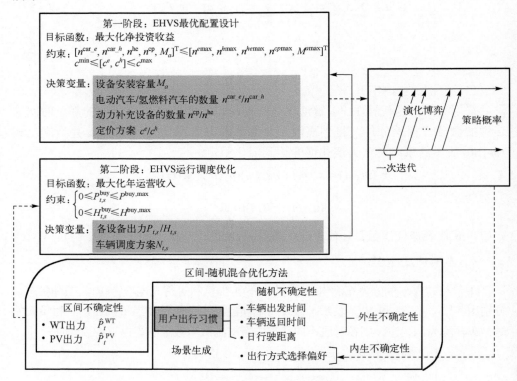

图 9-20　EHVS 规划框架

第一阶段面向 EHVS 的配置规划。其目标是最大化系统的投资净收益，通过确定能源设备的安装容量（记为 M_a）、新能源汽车及其动力补充设备的安装数量（记为 n^{car_e}，n^{car_h}，n^{cp} 和 n^{he}），以及与电动汽车和氢燃料汽车相关的租赁定价方案（记为 c^e 和 c^h）来实现。

第二阶段则开展系统运行模拟，综合考虑可再生能源出力、用户出行需求以及用户的车辆租赁偏好，来进行实时运行决策。决策变量包括每个时间段内各设备的出力 $P_{t,s}$、$H_{t,s}$，以及充电、加氢和租赁车辆的数量 $N_{t,s}$。通过优化车辆租赁价格来鼓励系统的客户调整其出行模式，以最大化 EHVS 系统的净收益。

为有效评估 EHVS 的运行性能，规划框架充分考虑了可再生能源输出、用户出行习惯以及用户租车偏好等不确定因素的影响。鉴于相关数据的获取难度存在差异，本研究采用了两种不同的不确定性建模方法，即区间和概率。对于随机变量，采用基于场景的随机优化建模方法来处理其不确定性。对于区间变量，使用区间序关系和模糊偏好法来获得问题的确定性等价表示。因此所讨论的问题属于混合区间-随机优化模型。

EHVS 运营商的首要目标是在满足系统约束和用户出行需求的前提下，使EHVS 的预期效益最大化，这可以表述为如下所示的数学模型。

系统净收益等于 EHVS 年运行收益减去年值化的系统投资成本，见式 (9-162)。EHVS 成本包括系统投资成本和系统运行成本。系统年投资成本 C^{inv} 由能源设备、新能源汽车和动力补充设备的投资成本组成，见式(9-163)。系统年运行成本 C^{opt} 由能源购买成本和系统维护成本组成，见式(9-164)；其中，能源购买成本包括从外界市场购买电力成本和购买氢能成本；维护费用包括能源设备、新能源汽车和动力补充设备的维护费用。

EHVS 收益包括车辆租赁收益和碳减排收益。其中，租赁收益 U^{sell} 为氢燃料汽车用户和电动汽车用户租赁费用的总和，见式(9-165)。同时，本节基于碳交易将碳减排效益 U^{co_2} 纳入目标函数，将环境指标体系中的 RES 利用率和碳排放量转化为经济指标，以实现计量上的统一[8]，见式(9-166)。

$$\max f = U^{\text{opt}} - C^{\text{inv}} \tag{9-162}$$

$$C^{\text{inv}} = \sum_{a \in \Omega^A} k_a c_a^{\text{inv}} M_a + k_e c^{\text{inv}\_e} n^{\text{car}\_e} + k_h c^{\text{inv}\_h} n^{\text{car}\_h} + k_{\text{he}} c^{\text{inv\_he}} n^{\text{he}} + k_{cp} c^{\text{inv\_cp}} n^{\text{cp}} \tag{9-163}$$

$$C_s^{\text{opt}} = \tau \sum_{t \in \Omega^T} \Delta t (c_t^{\text{ele}} P_{t,s}^{\text{buy}} + c^{\text{hy}} H_{t,s}^{\text{buy}}) + \left(\sum_{a \in \Omega^A} c_a^{\text{mai}} M_a + c^{\text{mai}\_e} n^{\text{car}\_e} + c^{\text{mai}\_h} n^{\text{car}\_h} + c^{\text{mai\_he}} n^{\text{he}} + c^{\text{mai\_cp}} n^{\text{cp}} \right) \tag{9-164}$$

$$U_s^{\text{sell}} = \sum_{i \in I_1} 60 c^e (t_{i,s}^{\text{ret}} - t_{i,s}^{\text{lea}}) + \sum_{i \in I_2} 60 c^h (t_{i,s}^{\text{ret}} - t_{i,s}^{\text{lea}}) \tag{9-165}$$

$$U_s^{\text{co}_2} = \sum_{t=1}^{T} \Big[((P_{t,s}^{\text{load}} - P_{t,s}^{\text{buy}}) e^{m-e} \Delta t) + ((H_{t,s}^{\text{load}} - H_{t,s}^{\text{buy}}) e^{m-h} \Delta t) \Big] * c^{\text{CCER}} \tag{9-166}$$

9.5.5　多类型不确定性的统一化与问题求解

为了便于介绍区间-随机混合优化方法的原理，给出本章所提模型的紧凑形式：

$$
\begin{cases}
\text{Max } P = f(\boldsymbol{x}, \boldsymbol{u}, \boldsymbol{q}) \\
\text{s.t. } \boldsymbol{H} = h(\boldsymbol{x}, \boldsymbol{u}) = 0 \\
\boldsymbol{G} = g(\boldsymbol{x}) \geqslant 0
\end{cases}
\tag{9-167}
$$

式中，$\boldsymbol{x}$ 为与规划相关的变量矩阵，$\boldsymbol{u}$ 为由区间参数矩阵，$\boldsymbol{q}$ 为由随机参数矩阵，$P = f(\boldsymbol{x}, \boldsymbol{u}, \boldsymbol{q})$ 为规划问题的目标函数，$h(\boldsymbol{x}, \boldsymbol{u})$ 为规划问题中涉及区间变量的等式约束，$g(\boldsymbol{x})$ 是规划问题中不包括区间变量和随机变量的等式与不等式约束。

区间变量 $\boldsymbol{u}$ 是由上下界值组成的波动区间：

$$
\boldsymbol{u} = [u^L, u^R] = \{u : u^L \leqslant u \leqslant u^R\}
\tag{9-168}
$$

本章中所涉及的优化模型具有两种不同形式的不确定性参数，分别是随机和区间不确定性。本研究采用了蒙特卡罗模拟方法来生成预期场景集合，从而将概率型参数转化为确定性参数，使问题转变为只包含区间参数的优化模型。进一步引入区间序关系和模糊偏好法，对目标函数和约束条件进行变换，最终将优化问题转化为确定性优化问题。

1. 概率型不确定参数的处理

该模型中的概率型不确定参数主要包括两类：日常出行习惯（包括车辆出发时间 $\tilde{t}_{i,s}^{\text{lea}}$、车辆返回时间 $\tilde{t}_{i,s}^{\text{ret}}$、日行驶距离 $\tilde{d}_{i,s}$）和出行方式选择偏好 $\tilde{Z}_{i,s}$。这些变量均通过概率密度分布函数来描述。根据概率分布是否会随外部因素变化而变化，将 $\tilde{d}_{i,s}$、$\tilde{t}_{i,s}^{\text{ret}}$ 和 $\tilde{t}_{i,s}^{\text{lea}}$ 视为外生不确定性变量，$\tilde{Z}_{i,s}$ 视为内生不确定性变量。因此，每个 EHVS 用户的行为不确定性可以用向量 $\boldsymbol{\Phi}_i$ 表示：

$$
\boldsymbol{\Phi}_i = [\underbrace{\tilde{d}_{i,s}, \tilde{t}_{i,s}^{\text{ret}}, \tilde{t}_{i,s}^{\text{lea}}}_{\substack{\text{外生不确定}\\\text{性变量}}}, \underbrace{\tilde{Z}_{i,s}}_{\substack{\text{内生不确定}\\\text{性变量}}}], \quad \forall i \in I
\tag{9-169}
$$

假设 $\boldsymbol{\Phi}_i$ 中所有的概率变量相互独立，在实际工程中，通常可利用蒙特卡罗模拟方法生成一组预想场景集合，来实现对不确定性影响效果的有效考虑。需要强调的是，与以往的研究不同，本节需要考虑内生不确定性变量（车辆租赁选择偏好 $\tilde{Z}_{i,s}$）的场景生成。

2. 区间型不确定参数的处理

除随机变量外，EHVS 规划模型还考虑了与 RES 出力相关的不确定性，这些不确定性均以区间的形式描述。以下将对含有区间型不确定参数的目标函数及约束条件的处理方法分别介绍。

1) 含区间参数的目标函数

在区间优化问题的研究中，对于任意给定的区间参数 u，因其存在波动范围，系统的目标函数 $f(x,u)$（在本章中表示为 EHVS 投资年利润）亦呈现为区间数，如式 (9-170) 所示。对此，可采用区间序关系的方法来处理式 (9-170) 中的目标函数，将其等效转化为一个由 $m(P)$ 和 $w(P)$ 构成的不确定性目标，详见式 (9-171)。其中，$m(P)$ 表示区间的中点，用以反映区间数的位置特性，而 $w(P)$ 表示区间的半径值，用以反映 EHVS 规划方案的预期收益对不确定因素的敏感性。

$$P = [p^L, p^R] = \{p : \min_{u} f(x,u) \leqslant p \leqslant \max_{u} f(x,u)\} \tag{9-170}$$

$$P = \langle m(P), w(P) \rangle = \langle (p^L + p^R)/2, (p^R - p^L)/2 \rangle \tag{9-171}$$

在此基础上，进一步采用模糊偏好法对区间数进行比较。对于任意两个区间数 A 和 B，通过定义模糊偏好函数，用来表示 EHVS 投资商对 $A \rightarrow B$ 的偏好，见式 (9-172)。然后通过描述 EHVS 投资者的风险承受能力，并将模糊函数值与 EHVS 投资者的悲观程度进行比较，以确定最优区间数[9]。当 $\mu B(A)$ 大于 ξ 值时，EHVS 投资者选择 A；否则，则选择 B。式 (9-173) 简化了区间数比较。

$$\mu_B^{\text{prime}}(A) = \begin{cases} 1 & m(A) = m(B) \\ \dfrac{m(A) - (b^L + w(A))}{m(B) - (b^L + w(A))} & m(A) \geqslant m(B) \geqslant b^L + w(A) \\ 0 & \text{其他} \end{cases} \tag{9-172}$$

$$m(A) + (\xi - 1) \times w(A) > m(B) + (\xi - 1) \times w(B) \tag{9-173}$$

通过上述步骤，可将 EHVS 投资年利润可转化为以下确定性模型：

$$\text{Max } m(P) + (\xi - 1) \times w(P) \tag{9-174}$$

2) 含区间参数的约束条件

针对模型中的约束条件 H，其在决策变量 x 处由不确定变量 u 造成的取值可以用区间数 $[h^L, h^R]$ 表示，根据上节所述方法，式 (9-167) 中的等式约束 H 可以转化为如下确定性形式：

$$\begin{cases} h^L = \min_{U} h_i(x,u) \\ h^R = \max_{U} h_i(x,u) \end{cases} \tag{9-175}$$

$$m(H) + (\xi - 1) \times w(H) = 0 \tag{9-176}$$

通过上述目标函数与约束条件的变换，可以将如式(9-167)所示的区间-随机参数优化模型转化为以下确定性模型：

$$
\begin{cases}
\text{Max } m(P) + (\xi - 1) \times w(P) \\
\text{s.t. } m(\boldsymbol{H}) + (\xi - 1) \times w(\boldsymbol{H}) = 0 \\
\boldsymbol{G} = g(\boldsymbol{x}) \geqslant 0
\end{cases}
\tag{9-177}
$$

本节采用遗传算法求解模型，算法 9-1 和算法 9-2 如下所示，求解流程如图 9-21 所示。

算法 9-1　EHVS 用户 i 出行方式选择过程

1： 根据固有喜好以及初始租赁价格 c^e、c^h，EHVS 用户 i 随机选择一种出行方式 j，并给定初始状态下 EHVS 用户群体中各策略选择情况；

2： $m=1$；

3： **repeat**

4： 根据式(9-156)计算选择策略 j 的适应度函数 u_j；

5： 根据式(9-157)计算所有策略下的平均适应度函数 $\bar{u}$；

6： 根据式(9-159)更新用户选取策略的比例 x_j；

7： $m=m+1$；

8： **until** 满足式(9-160)的收敛条件。

算法 9-2　汽车租赁需求场景 $\boldsymbol{\varPsi}_s$ 的生成

1： 参数设置：包括生成场景数量 N_s 和每个场景中用户数量 I。

2： **For** 场景 $s=1,\cdots,N_s$ **do**

3： 输入与 EHVS 用户日常出行习惯相关的不确定性变量的概率密度分布函数 $f\left(\tilde{t}_{i,s}^{\text{lea}}\right)$、$f\left(\tilde{t}_{i,s}^{\text{ret}}\right)$、$f\left(\tilde{d}_{i,s}\right)$；

4： 采样获取 I 个 EHVS 用户的车辆行驶数据集合（$\tilde{d}_{i,s}$、$\tilde{t}_{i,s}^{\text{ret}}$、$\tilde{t}_{i,s}^{\text{lea}}$）；

5： 基于步骤 4 预先生成的出行场景，提取规划阶段 EHVS 的租赁价格 c^e、c^h 以及车辆配置情况 $n^{\text{car}-e}$、$n^{\text{car}-h}$ 等决策变量信息；

6： 通过算法 9-1，计算 EHVS 用户选择不同出行方式的概率 x_j；

7： 基于 $P\{K=k_j\}=x_j,(j=1,2,3)$ 所示的概率分布律 $P\left(\tilde{Z}_{i,s}\right)$ 采样得到每个用户的出行选择偏好 $\tilde{Z}_{i,s}$；

8： 根据式(9-169)，结合变量 $\tilde{d}_{i,s}$、$\tilde{t}_{i,s}^{\text{ret}}$、$\tilde{t}_{i,s}^{\text{lea}}$ 和 $\tilde{Z}_{i,s}$ 建立租车需求场景 $\boldsymbol{\varPsi}_s$；

9： **End for**

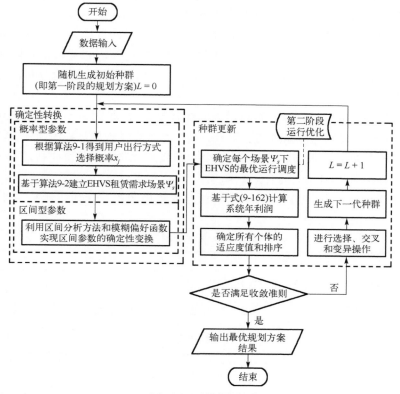

图 9-21　算法流程

9.5.6　算例分析

为了验证本研究所提模型与方法的有效性,本节以北京某地实际 EHVS 为例,进行仿真分析。

由于不同地区可再生能源资源的分布和禀赋各不相同,电源结构的变化将直接影响到系统规划和运行效益。因此,本节首先分析不同可再生能源发电方式,包括仅包含风力发电、仅包含光伏发电以及风力和光伏混合发电方式,对 EHVS 的经济和环境效益的影响。具体计算结果如表 9-13 所示。

表 9-13　电源结构对 EHVS 效益的影响　　　　　　　　　（单位：万元）

规划结果	风力发电	光伏发电	风力和光伏混合发电
系统总成本	261.27	255.74	239.08
碳减排效益	44.98	47.22	49.06
系统净效益	298.73	310.11	333.99

在相同的参数设置和负荷条件下，风力发电与光伏发电相比，其带来的经济效益和环境效益均较低，这主要是因为它们具有不同的发电特性。对于风力发电而言，其高峰期通常出现在夜间，而此时用户的用电需求相对较低，限制了风电的消纳能力。相比之下，光伏发电在实际应用中可能更符合负荷分布，但高成本的光伏投资建设降低了其吸引力。

风力和光伏混合规划方案具有最高的综合效益。这是因为不同种类的可再生能源具有互补性，可以提高系统的灵活性，减少冗余设备投资，并使新能源汽车更多地依赖可再生能源，同时最大限度地减少主网或外部制氢厂的高碳排放输入[10]。下面将重点介绍风力和光伏混合规划场景。

风光混合模式下，EHVS 的最优规划方案和预期效益分别如表 9-14 和表 9-15 所示。

表 9-14　最优规划方案

安装容量							安装数量/个				定价/(元/分钟)	
RES/kW	WT/kW	PV/kW	EC/kW	FC/kW	HS/(kW·h)	ES/(kW·h)	EV	HFV	CP	HE	C_e	C_h
439.56	95.63	343.96	159.05	66.54	380.96	343.65	40	17	11	3	0.483	0.717

表 9-15　最优规划结果

（单位：万元）

系统净效益	环境效益	租赁经营效益	碳减排效益	系统年投资费用	系统年运行费用
333.99	449.56	524.01	49.06	220.76	18.32

基于演化博弈的用户车辆选择策略演化过程如图 9-22 所示。图 9-23 为规划方案下 24h 内各设备的电功率平衡图，RES 出力主要集中在 8:00～15:00。为直接

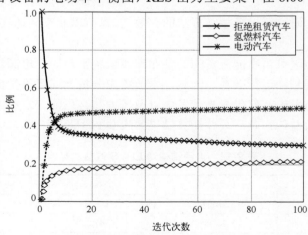

图 9-22　用户租车偏好演化过程图

消纳大量 RES 输出，系统白天安排电动汽车充电，但这段时间的电力负荷需求仍低于 RES 的输出，于是多余出力通过电解池(electrolytic cell，EC)转化为氢气或电储能储存。图 9-24 表明，充电车辆和加氢车辆数量的峰值点均出现在白天。规划方案下的氢储能状态如图 9-25 所示。

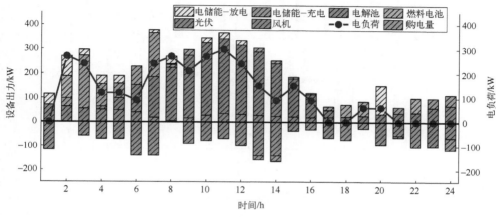

图 9-23　电功率平衡图(见彩图)

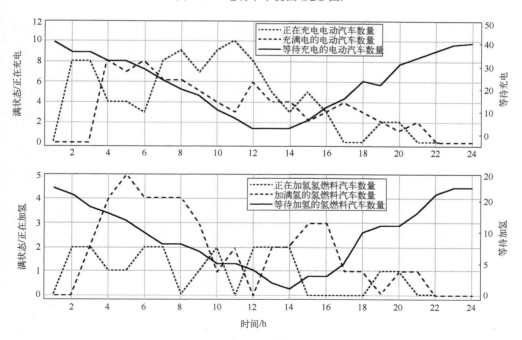

图 9-24　车辆调度状态图

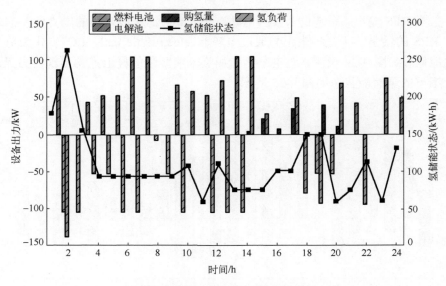

图 9-25　氢能运行状态图（见彩图）

1. 电-氢联合规划的对比

为了深入研究电-氢微能源系统一体化规划所带来的效益，本章将对联合规划和独立规划两种不同情境下的 EHVS 规划方案和效益进行详细对比分析。

场景 1：电力系统和氢能系统的一体化规划，即 EHVS 的联合规划。在该场景中，配置可再生能源系统（RES）和储能系统（ES），同时考虑电、氢转换设备和氢气储能，以实现能源的电氢耦合，并考虑了两种能源形式之间的协同效应。

场景 2：电力系统和氢能系统独立运行，即 EHVS 的独立规划。在该情景中，仅配置 RES 和 ES，不考虑电氢转换设备和氢气储能系统，不考虑电、氢两种能源形式的耦合效应，而完全依赖外部购买氢气。

不同场景下的规划结果及方案对比如表 9-16 和表 9-17 所示。通过对这两种情景下的规划方案和效益进行对比分析，我们可以更清楚地了解 EHVS 一体化规划所带来的潜在优势和效益。

表 9-16　电氢联合规划结果对比　　　　　　　　（单位：万元）

场景	系统净效益	租赁经营效益	碳减排效益	系统年投资费用	系统年运行费用
1	333.99	524.01	49.06	220.76	18.32
2	298.29	485.31	39.33	199.95	26.40

表 9-17　电氢联合规划方案比较

设备类型	安装容量						投资数量/个				定价/(元/分钟)	
	WT/kW	PV/kW	EC/kW	FC/kW	HS/(kW·h)	ES/(kW·h)	EV	HFV	CP	HE	C_e	C_h
场景 1	95.63	343.96	159.05	66.54	380.96	343.65	40	17	11	3	0.48	0.72
场景 2	152.45	211.62	—	—	—	639.27	53	7	12	1	0.34	0.82

2. 租赁定价方案的对比

为了说明优化定价的必要性，本节对最优定价方案和固定价格方案下的 EHVS 规划方案进行对比分析。其中，场景 1 为本节提出的优化定价方案，该场景下规划者可通过优化租车价格引导用户参与汽车租赁服务。场景 3 和场景 4 为固定价格方案，即规划是在给定的车辆租赁价格下进行的。不同定价方案下的规划结果如表 9-18 和表 9-19 所示。规划效益结果表明，优化定价机制能够提高车辆租赁收益，通过基于用户选择偏好的长期需求侧调节还可适度提高终端负荷需求与可再生能源发电出力的匹配度，促进了系统中可再生能源的渗透率，从而使系统具有更好的运行经济性和低碳效益。

表 9-18　不同定价方案下的规划结果对比　　　　　　　　（单位：万元）

场景	系统净效益	租赁经营效益	碳减排效益	系统年投资费用	系统年运行费用
1	333.99	524.01	49.06	220.76	18.32
3	296.46	471.14	42.26	202.78	14.16
4	242.72	468.32	62.01	264.39	23.22

表 9-19　不同定价方案下的规划方案对比

设备类型	安装容量						投资数量/个				定价(元/分钟)	
	WT/kW	PV/kW	EC/kW	FC/kW	HS/(kW·h)	ES/(kW·h)	EV	HFV	CP	HE	C_e	C_h
场景 1	95.63	343.96	159.05	66.54	380.96	343.65	40	17	11	3	0.48	0.72
场景 3	90.14	296.87	108.39	52.84	356.45	549.09	43	6	10	2	—	—
场景 4	113.63	421.46	185.09	72.91	392.87	254.03	45	27	12	6	—	—

9.6　本　章　小　结

本章面向需求侧灵活性资源与电力系统的分散聚合优化开展研究，主要以能源-交通系统为例，研究基于价格激励信号引导用户负荷进行时间转移、空间转移以及用能替代的机制，并将其纳入电力能源系统规划运行框架。相关研究通过深入挖掘分散性需求侧灵活性资源的聚合优化路径，有力支撑新型电力能源系统的可持续发展与源-网-荷高效协调。

参 考 文 献

[1]　Yu R S, Yang W X, Rahardja S. A statistical demand-price model with its application in optimal real-time price[J]. IEEE Transactions on Smart Grid, 2012, 3(4): 1734-1742.

[2]　Zeng B, Zhao L. Solving two-stage robust optimization problems using a column-and-constraint generation method[J]. Operations Research Letters, 2013, 41: 457-461.

[3]　Fortuny-Amat J, McCarl B. A representation and economic interpre-tation of a two-level programming problem[J]. Journal Operations Research. Society, 1981, 32: 783-792.

[4]　刘树, 马英. 消费者行为分析[M]. 北京: 北京大学出版社, 2013.

[5]　Harts Mas-Colell A. A simple adaptive procedure leading to correlated equilibrium[J]. Econometrica, 2000, 68(5): 1127-1150.

[6]　Zeng B, Dong H, Sioshansi R, et al. Bilevel robust optimization of electric vehicle charging stations with distributed energy resources[J]. IEEE Transactions on Industry Applications, 2020, 56(5): 5836-5847.

[7]　梅生伟, 刘锋, 魏韡. 工程博弈论基础及电力系统应用[M]. 北京: 科学出版社, 2019.

[8]　Zeng B, Zhang J, Yang X, et al. Integrated planning for transition to low-carbon distribution system with renewable energy generation and demand response[J]. IEEE Transactions on Power Systems, 2014, 29(3): 1153-1165.

[9]　Zeng B, Feng J, Liu N, et al. Co-optimized parking lot placement and incentive design for promoting PEV integration considering decision-dependent uncertainties[J].IEEE Transactions on Industrial Informatics, 2021, 17(3):1863-1872.

[10]　Zeng B, Wang W, Zhang W, et al. Optimal configuration planning of vehicle sharing station-based electro-hydrogen micro-energy systems for transportation decarbonization[J]. Journal of Cleaner Production, 2023, 387: 135906.

第 10 章　需求侧灵活性参与电力能源市场机制设计

10.1　概　　述

目前，我国电力系统灵活调节主要依靠传统发电资源，现有的调节能力难以满足未来高比例可再生能源电力系统运行的灵活调节需求。而用户侧的分布式资源众多且运行方式灵活，能为提升传统发电机组的灵活性提供有效补充。因此，有必要充分挖掘用户侧资源灵活调节潜力，使需求侧资源利用与配置优化成为推动电力市场发展和促进高比例新能源消纳的重要手段。

在新形势的推动下，需求侧资源在电力市场中的作用日益凸显，展现出多元化的运行机制和创新性方案，这些变革将极大地提升其市场竞争力。其中，储能作为新型电力系统重要的调节性资源，将为电力系统注入了新的灵活性。储能系统通过参与辅助服务市场，可以提供快速的响应能力、调节功率以及平滑负载曲线来提高电力系统的稳定性和可靠性。考虑到未来可再生能源渗透率的持续提升，储能的参与将成为满足系统日益增长的灵活调节需求的重要力量。因此，结合实际情况，引入多元化的灵活性资源及市场策略显得尤为必要。深入研究需求侧灵活性资源参与电力市场的机制设计，不仅能有效激发这些资源参与电网运行调节的积极性，更对保障电力能源系统安全稳定运行、促进经济高效发展具有深远的理论价值和现实意义。

10.2　灵活性产品与辅助服务市场运营机制

10.2.1　储能等灵活性资源参与的国外辅助服务市场

灵活性资源是指具备灵活调节能力、维持系统动态供需平衡的各类资源。传统电力系统灵活性资源以火电和抽水蓄能电站为主，随着可再生能源、储能等新兴技术的发展以及需求响应等机制的不断完善，应逐步形成源-网-荷-储多元灵活性资源库，以更广泛的类型、更强大的调节性能保障电力系统的实时动态供需平衡与安全稳定。

为应对未来新能源主导型电力系统的灵活性需求，世界各国正在充分调动多元灵活性资源参与辅助服务市场。国际能源署（International Energy Agency, IEA）在 2019 年报告中对比了 2018 年与未来 2040 年预想场景下，美国、欧盟、中国与印度的灵活性资源占比情况，如图 10-1 所示[1]。由图 10-1 可以看出，未来水电、气电和煤电仍然是主要的灵活性供给电源，但需求响应、储能资源以及区域电网互联的占比会逐步提升。预计到 2040 年，燃气发电仍是美国电力系统灵活性的主要提供者；欧盟地区主要通过区域互联提升灵活性；中国主要通过煤电机组与区域互联提供系统灵活性；印度则会扩大储能规模。

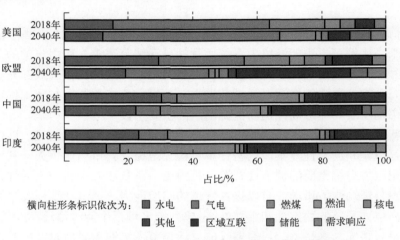

图 10-1   2018 年与 2040 年灵活性资源占比图（见彩图）

（1）欧洲灵活性资源参与辅助服务的应用情况。欧洲电网输电系统运营商（European Network of Transmission System Operators for Electricity，ENTSO-E）发布的《2019 年辅助服务采购调查与平衡市场设计》中报告了欧洲各国参与辅助服务市场的灵活性资源分布情况。以频率控制备用服务（frequency containment reserves, FCR）为例，西班牙提供 FCR 的资源以传统火电机组与抽水蓄能电站为主，法国与德国则由火电机组、抽水蓄能、负荷与储能资源提供 FCR，其他国家主要以火电机组作为灵活性资源。2009 年，德国出台政策允许可再生能源机组、储能系统和工业负荷与传统发电机组一起参与平衡市场。从 2009 年到 2015 年，德国辅助服务采购成本减少了 70%，可再生能源装机容量增加了 200%[2]。这一经验表明，允许新的灵活性资源参与辅助服务市场有助于提高系统稳定性，同时降低成本。

欧洲电力市场中面向需求侧灵活性资源参与的辅助服务交易品种主要为频率控制类服务，包括频率控制备用（FCR）、自动频率恢复备用（automatic frequency restoration reserve，aFRR）、手动频率恢复备用（manual frequency restoration reserve，mFRR)、替代备用(replacement reserve，RR)，各项服务均包括能量和容量两种交易标的。在具体实践上，欧洲平衡市场的辅助服务采购由各国输电系统运营商各自进行，因此在各类服务中对需求侧灵活性资源的采购占比存在差别。此外由于绝大多数国家要求提供 FCR 服务的主体仅允许进行对称投标，因此需求侧资源在各国主要提供频率恢复备用服务。例如，法国电力市场允许需求侧资源提供包括 RR 在内的所有频率控制类服务，其 2020 年辅助服务交易量中超过 20%的 mFRR 及 RR 来自需求侧资源，并且对聚合形式的资源以调频价格进行补偿。

(2)美国灵活性资源参与辅助服务的应用情况。据美国能源部发布的《2021年美国水电市场报告》显示，2010 年~2019 年，美国抽水蓄能电站容量仅增长了约 6%(20567~21900MW)，其中仅有 42MW 的 Olivenhain-Hodges 电站属于新建，其余都是存量机组扩容；收入方面，抽蓄电站主要从容量市场、电能量市场和辅助服务市场获取收入，PJM(Pennsylvania Jersey Maryland)地区典型抽蓄电站Seneca 约有 20%的收入来自辅助服务市场[3]。风电、光伏资源方面，2018 年美国联邦能源监管委员会(Federal Energy Regulatory Commission, FERC)的一项规定要求由风能和太阳能资源提供主要频率响应服务。

美国 PJM 市场为需求侧资源参与其电力市场设计了需求响应交易框架，需求侧灵活性资源在市场框架内可以参与辅助服务市场交易。在过去需求侧灵活性资源较为有限时，以传统电力消费为主的终端用户一般作为 DR，其参与需求响应必须通过缩减负荷服务提供商(curtailment service provider，CSP)代理，可参与包括能量市场、容量市场、辅助服务市场的各种 PJM 市场，终端用户收到来自 CSP的结算费用。

随着需求侧分布式能源资源主体数量的增加和聚合技术的进步，美国开始尝试赋予需求侧灵活性资源更广泛的市场主体地位，并允许其在现有的现货市场框架内聚合后参与市场。2020 年 9 月，美国 FERC 的 2222 号法案明确了需求侧灵活性资源的市场主体地位，使需求侧资源聚合体能够在所有区域性批发电力市场中竞争。

在 2222 号法案指导下，PJM 允许需求侧资源聚合体在满足相关技术条件前提下作为单一市场主体参与其所有市场类型，并更新了对需求侧灵活性资源聚合体的相关技术参数要求。在准入技术条件下，聚合商可以聚合所有区域内任意数量的终端用户，其聚合总容量不低于 100 kW，但所聚合的单个终端用户容量最多只有一个可以超过 99 kW，参与调频市场响应的用户须具备 5 min 响应能力。在遥测数据分辨率上，根据聚合体参与市场类型的不同有所区别，如表 10-1 所示。

表 10-1　PJM 市场中需求侧资源聚合体遥测数据分辨率要求

市场类型		分辨率	精度误差/%
容量市场		1min	±2
主能量市场	<10MW	无要求	±2
	≥10MW	1min	±2
调频市场		2s/10s	±2
备用市场		1min	±2

根据响应时间的差别，当前 PJM 备用市场交易品种如表 10-2 所示。需求侧资源通过申报可削减负荷量，可参与备用市场的所有交易品种，其交易组织流程与其他发电资源相同，以报量报价的形式参与市场竞争。

表 10-2　PJM 备用市场交易品种

交易品种		响应时间/min
运行备用		<30
一次备用	旋转备用	<10
	快速启动备用	
补充事故备用		10~30

PJM 市场中日前运行备用需求容量按年计算，主要考虑对系统可靠性产生不利影响的变量，包括负荷预测误差率和发电机强迫停运率，计算公式为

$$C_{DASR} = (E_{LF} + R_{FO}) \cdot P_{L,max} \qquad (10\text{-}1)$$

式中，C_{DASR} 为日前运行备用需求容量；$P_{L,max}$ 为最大负荷功率；E_{LF} 为负荷预测误差率，R_{FO} 为发电机强迫停机率，E_{LF} 和 R_{FO} 取值基于 3 年历史数据的滚动平均值，其中，2022 年 E_{LF} 取值为 2.03%，R_{FO} 取值为 2.38%。

总的来说，一次备用需求容量应为最大单次事故的 150%，一次备用中旋转备用需求容量为最大单次事故的 100%。根据 PJM 年度需求响应市场报告，需求侧灵活性资源的辅助服务市场收益主要来自调频市场及备用市场。

10.2.2　储能等灵活性资源参与的我国电力辅助服务市场

2021 年 8 月 31 日国家能源局发布《并网主体并网运行管理规定(征求意见稿)》与《电力系统辅助服务管理办法(征求意见稿)》，首次在国家层面正式明确用户可调节负荷与新型储能的并网主体地位,新的辅助服务提供主体包含了火电、水电、风电、光伏发电、核电、抽水蓄能、新型储能以及用户侧可调节负荷(包括以虚拟电厂、聚合商等形式聚合的可调节负荷),电力辅助服务市场主体日趋多元

化，源-网-荷-储侧灵活性资源的参与必将成为趋势。

2022 年 1 月，中国《"十四五"现代能源体系规划》提出"到 2025 年，灵活调节电源占比达到 24%左右，电力需求侧响应能力达到最大用电负荷的 3%～5%"的目标；2022 年 11 月，国家能源局发布了《电力现货市场基本规则(征求意见稿)》和《电力现货市场监管办法(征求意见稿)》，明确了储能、分布式发电、负荷聚合商、虚拟电厂的电力市场主体地位，提出"推动储能、分布式发电、负荷聚合商、虚拟电厂和新能源微电网等新兴市场主体参与交易"的任务部署。

就国内市场而言，需求侧灵活性资源在国内市场中主要提供以削峰为目的的需求响应服务。为引导多元灵活性资源参与辅助服务市场，全国各地陆续出台了指导意见，也有一些地区的辅助服务市场开展了相关试点项目。

作为灵活性资源的重要组成部分之一，需求响应在促进可再生能源消纳方面展现出其独特的价值。截至 2021 年底，国网公司经营区内累计开展削峰需求响应 191 次，响应用户 25.50 万户，响应容量 76.81 吉瓦；填谷需求响应 85 次，响应用户 3.68 万户，响应容量 44.58 吉瓦。统计分析结果显示，工业可调节负荷资源潜力巨大，2021 年的削峰潜力、填谷潜力总容量分别为 20.78 吉瓦、6.75 吉瓦，主要集中在水泥、石灰和石膏制造、钢压延加工、炼钢等领域；商业楼宇具有较高的需求响应能力，2021 年参与需求响应试点的签约户数为 5514 户，可调节容量达到 4.81 吉瓦。

内蒙古杭锦储能调频项目帮助杭锦发电厂在 AGC 调频上扭亏为盈。冀北虚拟电厂示范工程总容量 16 万 kW，接入了分布式光伏、可调式工商业、电动汽车充电站、储能等 11 类可调资源，可调容量约 4 万 kW·h，虚拟电厂作为第三方独立主体参与华北电力调峰辅助服务市场，商运后的四个月调节里程达 785 万 kW·h，总收益约 160.4 万元。

10.2.3　需求侧资源参与辅助服务市场

在电源侧可调节资源日益稀缺化的背景下，挖掘网、荷、储各侧资源主动参与新型电力系统调节具有重要意义。屋顶太阳能光伏、分布式电池储能系统、可控负荷等需求侧灵活性资源被视作未来支撑新型电力系统运行的重要手段之一，可以有效应对高比例可再生清洁能源并网带来的挑战。

需求侧灵活性资源主要包括可调节负荷、电动汽车、用户侧储能等小型且分散的"产消者"，随着用户侧智能化、自动化水平的不断提升，需求侧资源可更大程度地发挥其灵活可控潜力。但由于需求侧资源分散、用户用能差异性较大、可调负荷规模不大等问题，需求侧灵活性资源难以直接参与集中市场，因此，需要通过聚合商代理、虚拟电厂等形式提供辅助服务，以先进通信技术实现内部分散式资源的统一管理与调度。

　　研究者们对市场环境下各类需求侧灵活性资源的运营策略进行了广泛研究，关注重点涵盖了电动汽车、温控负荷、高耗能负载以及分布式储能等领域的优化调度。研究者们通过建立通用虚拟电池模型、评估储能资源参与电力辅助服务的潜力，以及分析需求侧资源调度的可行性等手段，旨在优化市场运作。尤其值得注意的是，分布式储能在各国需求侧资源市场中发挥着至关重要的作用，相关研究提出了将不同分布式储能进行聚合的最优组合策略，以提高市场效率。

　　除了资源优化外，学者们还考虑了提高需求侧资源市场参与积极性的方案。在协同优化模型中，一些研究考虑了电池寿命损害对车主参与电网互动意愿的影响。此外，为了解决当前市场参与积极性的问题，提出了调节资源报价的修正方式，以激励更多的市场参与。然而，需求侧资源参与电力市场仍面临诸多技术挑战，其中一个主要问题是需求侧用户用能的不确定性。为了解决这一问题，研究者们采用了包括区块链技术、网络物理系统理论建模和数据驱动的分布鲁棒机会约束等多种方法。

　　在市场实践中，需求侧灵活性资源以聚合形式参与电力现货市场成为主流方式，包括虚拟电厂（virtual power plant，VPP）、负荷聚合商、综合能源商等。这种聚合形式不仅有助于提高整体经济效益，还满足了当前现货市场机制的需求，为需求侧资源在电力市场中的有效参与提供了有力支持。

　　需求侧灵活性资源的特性使其在电力辅助服务市场上存在巨大潜力。近年来，需求侧灵活性资源在政策支持、市场机制、互动方式等方面已发生深刻变化。我国仍处于电力市场化改革初期，辅助服务市场建设仍然处于探索阶段，因此对国外需求侧灵活性资源参与辅助服务市场的成熟经验进行分析总结是非常有必要的。

10.3　需求侧参与辅助服务市场的系统调度优化

10.3.1　FRP 概念与交易机制

1. FRP 概念

　　美国加州独立系统运行机构（California Independent System Operator，CAISO）和中部独立系统运行机构（Midcontinent Independent System Operator，MISO）提出了灵活爬坡产品（flexible ramping product，FRP）的概念。FRP 的含义是电力系统中的可控资源在给定响应时间内的上/下坡能力，是一种新型的辅助服务交易品种。考虑到负荷预测与可再生能源出力预测均存在误差，应用 FRP 可为系统在本时段内留出足够的爬坡/滑坡裕度，确保在可再生能源大量接入的情况下，系统可调出力满足下一时段的供给需求，从而可以在误差较大时及时调节出力，维持系统的实时平衡。

FRP 的单位为 MW/min，CAISO 与 MISO 将柔性向上爬坡能力和柔性向下爬坡能力这两个市场设计变量引入原有的调度模型中，并增加了预先设定的爬坡需求约束以保证获得系统所需的爬坡容量。FRP 的引入能为爬坡容量提供经济信号。

从电力系统灵活性提升措施来说，FRP 属于改善系统运行方式。实施 FRP 不需要投入新的电网设备或设施，且其购买价格较低，是一种较为经济的系统灵活性提升措施。作为一种新的辅助服务交易品种，FRP 能够满足实时调度过程中两个时段间的净负荷变化，提高了系统运行的灵活性。有助于更好地管理系统中可调度资源的爬坡容量，并能为爬坡容量提供经济信号。

2. FRP 交易机制

（1）美国。为应对未来调度时段的灵活爬坡需求，美国加州电力市场和中部电力市场分别引入灵活爬坡产品和爬坡能力产品（ramping capacity product，RCP）。CAISO 和 MISO 都具有较为成熟的现货市场体系，采用电能量和辅助服务市场联合出清的方式，获得相应的价格和中标量。在考虑灵活爬坡产品的参与类型时，CAISO 较为开放，允许发电商、电储能装置、售电商和电力用户等灵活性资源提供 FRP；而 MISO 更加保守，不允许需求响应和储能提供灵活爬坡服务。

（2）英国。英国采用需求开启产品（demand turn up，DTU）应对新能源无法完全消纳的情况。DTU 参与市场的主要方式为签订双方协议。英国注重参与市场的灵活性资源的多样性，允许包括需求响应、热电联产机组和储能在内的多种灵活性资源。

（3）德国。德国在日内市场交易灵活性资源的爬坡能力，并据此对日前市场的机组组合进行调整，以应对小时内的灵活爬坡需求，合约拍卖的市场为 15 min 市场。德国参与市场的灵活性资源有需求响应、抽水蓄能等。经过国外电力市场的实践，FRP 及相似产品的引入能够应对可再生能源和负荷的波动性，维持电网的实时平衡；降低爬坡能力不足的风险，减少尖峰电价；提高灵活性资源的市场参与度。

FRP 在国外电力市场的成功应用能为我国电力市场引入 FRP 的具体实施路径提供一定参考。

10.3.2　考虑 FRP 的辅助服务市场出清模式

在国际上目前运营的电力市场中，多数采用能量-辅助服务联合出清模型。在这种模式下，系统运行机构能够以经济的方式保障电力供需平衡，并同时满足辅助服务要求。对于市场参与者而言，其容量和调节能力可以在能量、调频和备用之间进行合理分配。FRP 的设计者拟将其整合到现行的实时调度模型中，实现与能量和辅助服务的联合出清[4]。

以美国加州为例，FRP 虽作为一个单独的市场产品，但 FRP 提供者不需要对其进行报价，其价格是由机会成本来确定的，即 FRP 提供者因提供 FRP 而不能提供电能量导致的损失。因此电能量与 FRP 的联合出清模型如下所示：

$$\min C_{\text{total}} = \sum_{i \in N} \sum_{i=1}^{T} C_i^{\text{start}} U_{i,t} (1 - U_{i,t-1}) + \sum_{t=1}^{T} C_T^G P_{i,t}^G + \sum_{t=1}^{T} C_t^{\text{FRU}} P_{i,t}^{\text{FRU}} + \sum_{t=1}^{T} C_t^{\text{FRD}} P_{i,t}^{\text{FRD}}$$

(10-2)

式中，C_i^{start} 为机组 i 的开机成本，$U_{i,t}$ 为机组 i 在 t 时段开停机状态的 0-1 变量，C_T^G、$P_{i,t}^G$ 分别为时段 t 的电能量价格及机组 i 的出力，C_t^{FRU}、C_t^{FRD} 分别为向上或向下的 FRP 价格，$P_{i,t}^{\text{FRU}}$、$P_{i,t}^{\text{FRD}}$ 分别为机组提供的向上或向下的 FRP 容量。

与 FRP 相关的约束条件如下：

$$\sum_{i \in I} P_{i,t}^{\text{FRU}} \geqslant D_t^{\text{FRU}}$$

$$\sum_{i \in I} P_{i,t}^{\text{FRD}} \geqslant D_t^{\text{FRD}}$$

(10-3)

$$P_{i,t}^{\text{FRU}} \leqslant R_i^{\text{UP}} \Delta t \quad \forall t \in T, \forall i \in N$$

$$P_{i,t}^{\text{FRD}} \leqslant R_i^{\text{DOWN}} \Delta t \quad \forall t \in T, \forall i \in N$$

式中，D_t^{FRU}、D_t^{FRD} 分别为时段 t 系统的向上和向下爬坡需求量，R_i^{UP}、R_i^{DOWN} 分别为机组 i 的向上、向下爬坡能力限度，Δt 为出清时长。

FRP 的结算费用如式（10-4）所示：

$$C_{\text{FRP}}^{\text{settlement}} = C_{\text{FRP}}^{D\text{-}A} P_{\text{FRP}}^{D\text{-}A} + C_{\text{FRP}}^{R\text{-}T} (P_{\text{FRP}}^{D\text{-}A} - P_{\text{FRP}}^{R\text{-}T}) + C_{\text{energy}}^{R\text{-}T} (P_{\text{energy}}^{D\text{-}A} - P_{\text{energy}}^{R\text{-}T})$$

(10-4)

式中，$C_{\text{FRP}}^{\text{settlement}}$ 为 FRP 的结算费用，$C_{\text{FRP}}^{D\text{-}A}$、$C_{\text{FRP}}^{R\text{-}T}$ 分别为 FRP 日前、实时的出清价格，$P_{\text{FRP}}^{D\text{-}A}$、$P_{\text{FRP}}^{R\text{-}T}$ 分别为 FRP 日前、实时的出清数量，$C_{\text{energy}}^{R\text{-}T}$ 为实时电价，$P_{\text{energy}}^{D\text{-}A}$、$P_{\text{energy}}^{R\text{-}T}$ 分别为能量市场日前、实时出清数量。

该结算价格由三部分组成：第一部分为日前阶段 FRP 出清，按日前出清数量与价格结算；第二与第三部分分别为实时阶段的 FRP 与电能量出清，按日前与实时出清数量的偏差与实时价格结算。其中，FRP 的调用量由实时出清电量与日前确定调度计划的偏差确定，调用价格即实时电价。

10.3.3　灵活性资源需求容量的确定

1．灵活性资源的需求组成

灵活性资源是可调节机组为抵御系统净负荷的不确定波动而预留的灵活调节能力，因此灵活性资源需求由单位时间净负荷的预测变动量和因预测不准而预留的安全裕度所组成。净负荷的预测变动量包括负荷预测变动量和新能源预测变动量，可通过(超)短期负荷预测技术和新能源发电预测技术实现。而安全裕度则通过负荷和新能源发电的历史数据来构建概率分布模型来确定。净负荷预测波动量和安全裕度所组成的灵活性资源需求共有 4 种情况，如图 10-2 所示。

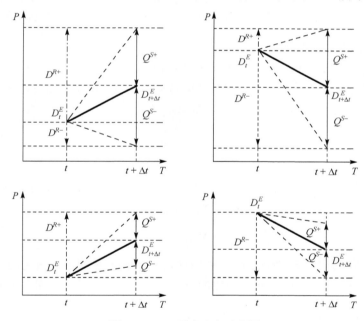

图 10-2　FR 需求确定示意图

图中黑色粗线为预测的净负荷曲线，D_t^E 为当前时刻 t 的实际净负荷，$D_{t+\Delta t}^E$ 为下一时刻 $t+\Delta t$ 的预测净负荷。黑色实线为安全裕度的区间，即预测的净负荷 $D_{t+\Delta t}^E$ 可能不准确，并以一定的置信概率在以 $D_{t+\Delta t}^E$ 为中点、$D_{t+\Delta t}^E + Q^{S+}$ 和 $D_{t+\Delta t}^E - Q^{S-}$ 为边界的区间内波动。

　　点划线和点线分别为 t 时刻的向上调节能力需求（upward flexible resource，FRU）$D_t^{R^+}$ 和向下调节能力需求（downward flexible resource，FRD）$D_t^{R^-}$。调节能力需求表示的是下一时刻预测的净负荷值 $D_{t+\Delta t}^E$ 在蓝色安全裕度区间内随机分布时，当前时刻需预留的调节能力，以应对预测不准带来的损失。

　　基于图 10-2 所示，可推导出涵盖四种情况的向上和向下调节能力需求 $D_t^{R^+}$ 和 $D_t^{R^-}$ 的计算公式：

$$\begin{cases} D_t^{R^+} = \max(D_{t+\Delta t}^E - D_t^E + Q^{S^+},0) \\ D_t^{R^-} = \max(D_t^E - D_{t+\Delta t}^E + Q^{S^-},0) \end{cases} \tag{10-5}$$

式中，Q^{S^+} 和 Q^{S^-} 分别是为应对净负荷预测不准而预留的向上和向下安全裕度。

　　对于预测净负荷 $D_{t+\Delta t}^E$，可通过负荷预测技术和发电预测技术计算得出。而对于安全裕度 Q^{S^+} 和 Q^{S^-}，常规方法通过构建概率分布模型并以固定的置信度来确定。本节通过衡量弃风成本和切负荷成本，实现了 FR 需求的最优确定。

　　2. 安全裕度的确定

　　造成需要安全裕度 Q^S 的本质原因是负荷和新能源发电预测结果存在误差。已知预测误差满足正态分布，假定负荷的预测误差 X_E 和新能源发电预测误差 X_W 服从均值分别为 μ_E 和 μ_W，标准差分别为 σ_E 和 σ_W 的正态分布，即

$$\begin{cases} X_E \sim N(\mu_E,\sigma_E^2) \\ X_W \sim N(\mu_W,\sigma_W^2) \end{cases} \tag{10-6}$$

　　由于随机变量 X_E 和 X_W 相互独立，记 $\mu_N = \mu_E - \mu_W, \sigma_N^2 = \sigma_E^2 + \sigma_W^2$。根据正态分布的性质，净负荷预测误差 $X_N = X_E - X_W$ 满足正态分布：

$$X_N \sim N(\mu_N,\sigma_N^2)$$

　　为保证所预留的容量能够在一定的置信概率 p 上平衡净负荷的波动，安全裕度 Q^S 由净负荷预测的误差分布函数的置信概率为 p 的置信区间上下限决定，如下式所示：

$$\begin{cases} Q^{S^+} = \mu_N + \sigma_N x_{(1+p)/2}^{0,1} \\ Q^{S^-} = -\mu_N + \sigma_N x_{(1+p)/2}^{0,1} \end{cases} \tag{10-7}$$

式中，$x_{(1+p)/2}^{0,1}$ 表示标准正态分布置信概率为 p 的置信区间上限值。当净负荷预测误差均值 μ_N 大于 0 时，说明实际净负荷一般大于预测的净负荷，因此向上安全

裕度要增加均值 μ_N，反之亦然。其中，

$$\begin{cases} x_p^{\mu,\sigma} = F^{-1}(p|\mu,\sigma) = \{x: F(x|\mu,\sigma) = p\} \\ p = F(x|\mu,\sigma) = \dfrac{1}{\sigma\sqrt{2\pi}} \displaystyle\int_{-\infty}^{x} \mathrm{e}^{\frac{-(t-\mu)^2}{2\sigma^2}} \mathrm{d}t \end{cases} \tag{10-8}$$

式中，$F(x|\mu,\sigma)$ 为以 μ 为均值、σ 为标准差的正态累积分布函数；F^{-1} 为正态累积分布逆函数，即返回标准正态累积分布函数的逆，按 p 中的概率值计算。

预测净负荷概率密度函数与安全裕度的关系如图 10-3 所示。置信概率 p 越大，安全裕度 Q^S 的值越大，所能够预留的调节容量越高，能够应对下一时刻净负荷波动的能力越强，但同时由于预留容量造成的额外支付也越高。

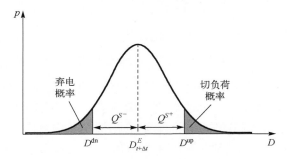

图 10-3　预测净负荷的概率密度函数

在对下一时刻进行经济调度时，假设预测的净负荷为 $D_{t+\Delta t}^E$，以 $D_{t+\Delta t}^E$ 为边界条件进行经济调度并获得各机组的运行状态。在此状态下，可计算得出系统所拥有的全部单位时间向上和向下爬坡能力分别为 R^{up} 和 R^{dn}。预测的净负荷 $D_{t+\Delta t}^E$ 不一定准确，满足均值为 $D_{t+\Delta t}^E$，方差为 σ_N^2 的正态分布。当实际净负荷 $D_{t+\Delta t}^{E*}$ 在 $[D_{t+\Delta t}^E - R^{\mathrm{dn}}, D_{t+\Delta t}^E + R^{\mathrm{up}}]$ 区间内波动时，系统的调节能力足以应对预测不准带来的净负荷波动。而当 $D_{t+\Delta t}^{E*} \geqslant D_{t+\Delta t}^E + R^{\mathrm{up}}$，产生切负荷风险成本；$D_{t+\Delta t}^{E*} \leqslant D_{t+\Delta t}^E - R^{\mathrm{dn}}$ 时产生弃电风险成本，两者统称为风险成本。风险成本的计算方式如下。

（1）切负荷成本。

当实际净负荷 $D_t^* \geqslant D_t + R^{\mathrm{up}}$ 时，期望成本为切负荷量 $D_t^* - (D_t + R^{\mathrm{up}})$ 乘以实际净负荷为 D_t^* 的概率 $p(D_t^*)$，并从出现切负荷成本的下界 D^{up} 积分到上界 D^{max}。D^{max} 为最大可能出现的净负荷，即最大负荷并且新能源机组出力为 0 时的负荷。

$$C^{\mathrm{LC}} = C^L \int_{D^{\mathrm{up}}}^{D^{\mathrm{max}}} p(D)(D - D^{\mathrm{up}})\mathrm{d}D \tag{10-9}$$

（2）弃风成本。

弃风成本的计算过程与切负荷成本类似，如下式所示。

$$C^{\mathrm{WC}} = C^W \int_{D^{\mathrm{up}}}^{D^{\max}} p(D)(D^{\mathrm{dn}} - D)\mathrm{d}D \tag{10-10}$$

式中，C^{LC} 和 C^{WC} 分别为切负荷和弃风成本，C^L 和 C^W 分别为单位切负荷成本和弃电成本，单位为元/kW·h。

式（10-9）和式（10-10）为非线性方程，在优化模型中不易求解，因此为简化计算，引入弃电概率 p_{abd} 和切负荷概率 p_{shd} 以寻找最优的安全裕度 Q^S。

$$\begin{cases} p_{\mathrm{abd}} = F(-Q^{S^-} \mid \mu_N, \sigma_N) \\ p_{\mathrm{shd}} = 1 - F(Q^{S^+} \mid \mu_N, \sigma_N) \end{cases} \tag{10-11}$$

因此，综合期望风险成本 S 可简化计算为

$$S = \max(-\Delta D_{t+\Delta t}^E - Q^{S^-}, 0)p_{\mathrm{abd}}C^W + \max(\Delta D_{t+\Delta t}^E - Q^{S^+}, 0)p_{\mathrm{shd}}C^L \tag{10-12}$$

式中，$D_{t+\Delta t}^E$ 为下一时刻实际的净负荷与预测值的偏差；由式（10-11）可知，弃电概率或切负荷概率为安全裕度的单调下降函数，对式（10-11）线性化并代入式（10-12）以后，形成二次凸函数，从而在联合出清优化中得出使得期望成本最小的最优安全裕度 Q^S。下一时刻的实际净负荷值未知，可用下一时刻净负荷的预测误差进行替代：

$$\Delta D_{t+\Delta t}^E = e D_{t+\Delta t}^E \tag{10-13}$$

式中，e 为净负荷的预测误差率。

以安全裕度 Q^S 作为自变量在出清模型中进行优化，能够对 FR 需求进行最优确定，从而使安全裕度能够根据系统对调节能力的实际需求进行动态响应。当切负荷和弃电成本高于预留容量所造成的经济损失时，Q^{S^+} 和 Q^{S^-} 会自适应增大，从而提高调节能力以减少弃电和切负荷；而当切负荷和弃电成本低于预留容量所造成的经济损失时，Q^{S^+} 和 Q^{S^-} 会自适应减少，从而减少预留容量而造成的经济损失，实现经济性和鲁棒性平衡。

10.3.4　基于区间预测的需求侧实时价格不确定性建模

园区 IES 参与能量市场过程中，各个时刻实时电价构成的序列具有非线性、高度不确定且波动性较强的特点。此外，电价序列没有恒定的平均值和方差。由于这些客观因素的存在，导致电价序列难以被精确的预测和拟合。因此，在本节研究的问题中，认为实时电价为不确定变量，且提出结合 LSTM 和 Bootstrap 抽

样法来构建实时电价的不确定区间模型。为了得到更好的预测结果，需要先对预测模型的输入数据进行预处理[5]。

1. 数据预处理

在电力市场中，实时电价的波动与用户的用电习惯紧密相关。通常，电价序列类似于负荷序列具有一定的周期性，包括日周期性和周周期性。基于此，电价序列可以划分为小时序列、日序列和周序列，分别记为 X_{hour}、X_{day}、X_{week}。其中，小时电价序列中，相邻元素之间的时间间隔为 1 小时；日电价序列中，相邻元素之间的时间间隔为 24 小时；周电价序列中，相邻元素之间的时间间隔为 168 小时。另外，由于实时电价会受到电能负荷需求的影响，所以在电价预测模型的输入数据中添加了相应的电负荷数据，记为 X_{load}。此外，因为基于 LSTM 的预测模型对于数据规模较为敏感，所以需要对初始的输入数据进行归一化处理，使得输入数据的范围控制在 0～1 之间。基于最大-最小方法，初始的输入数据可通过下式实现归一化：

$$x_{norm} = \frac{x - x_{min}}{x_{max} - x_{min}} \tag{10-14}$$

其中，x 为数据的原始值，x_{norm} 为数据归一化之后的值，x_{max} 为数据序列中的最大值，x_{min} 为数据序列中的最小值。

在此基础上，基于 LSTM 神经循环网络的预测模型的输入矩阵可以表达如下：

$$X = \{\overline{X}_{hour}, \overline{X}_{day}, \overline{X}_{week}, \overline{X}_{load}\} \tag{10-15}$$

其中，$\overline{X}_{hour}$ 为 X_{hour} 归一化之后的矩阵，$\overline{X}_{day}$ 为 X_{day} 归一化之后的矩阵，$\overline{X}_{week}$ 为 X_{week} 归一化之后的矩阵，$\overline{X}_{load}$ 为 X_{load} 归一化之后的矩阵。

通过上述方法可对实时电价预测模型的输入数据进行预处理。基于 LSTM 方法和 Bootstrap 抽样法的区间预测方法具体如下所述。

2. 基于 LSTM 的点预测模型

循环神经网络是一种理想的用来预测时间序列的深度学习方法。然而，在使用循环神经网络处理长周期的数据信息时，很可能会出现梯度消失或者梯度爆炸的问题。针对这个问题，Hochreiter 和 Gers 等人在循环神经网络的模型中添加了一个记忆单元和一个遗忘单元来改进原始的循环神经网络，由此设计出了 LSTM 循环神经网络。

LSTM 循环神经网络是由多个 LSTM 单元模块构成的。一个 LSTM 单元模块由输入门、候选状态、遗忘门和输出门构成，其网络结构如图 10-4 所示。其中，输入门和候选状态用来控制是否将输入信息储存在记忆单元中；遗忘门用来决定记忆单元是否需要更新信息或者维持信息，更新信息意味着记忆单元需要删掉无价值的信息；输出门用来控制输出已储存信息的量。为实现上述各项功能，输入门、遗忘门和输出门都采用了 Sigmoid 激活函数。

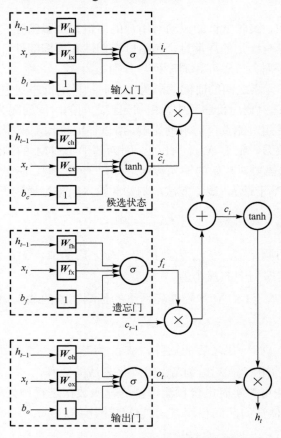

图 10-4　LSTM 单元模块的网络结构

基于 $t-1$ 时刻的输出 h_{t-1}、记忆单元的状态 c_{t-1} 以及新输入的值 x_t，t 时刻的输入门 i_t、遗忘门 f_t、输出门 o_t、候选状态 $\tilde{c}_t$、新记忆单元状态 c_t 以及隐藏层输出值 h_t 可以表达如下：

$$i_t = \sigma(W_{ix}x_t + W_{ih}h_{t-1} + b_i)$$

$$f_t = \sigma(W_{fx}x_t + W_{fh}h_{t-1} + b_f)$$

$$o_t = \sigma(W_{ox}x_t + W_{oh}h_{t-1} + b_o)$$

$$\tilde{c}_t = \tanh(\boldsymbol{W}_{\mathrm{cx}} x_t + \boldsymbol{W}_{\mathrm{ch}} h_{t-1} + b_c) \tag{10-16}$$

$$c_t = f_t \times c_{t-1} + i_t \times \tilde{c}_t$$

$$h_t = o_t \times \tanh(c_t)$$

$\boldsymbol{W}_{\mathrm{ix}}$ 为输入门函数中输入变量对应的权重矩阵；$\boldsymbol{W}_{\mathrm{ih}}$ 为输入门函数中输出变量对应的权重矩阵；$\boldsymbol{W}_{\mathrm{fx}}$ 为遗忘门函数中输入变量对应的权重矩阵；$\boldsymbol{W}_{\mathrm{fh}}$ 为遗忘门函数中输出变量对应的权重矩阵；$\boldsymbol{W}_{\mathrm{ox}}$ 为输出门函数中输入变量对应的权重矩阵；$\boldsymbol{W}_{\mathrm{oh}}$ 为输出门函数中输出变量对应的权重矩阵；$\boldsymbol{W}_{\mathrm{cx}}$ 为候选状态函数中输入变量对应的权重矩阵；$\boldsymbol{W}_{\mathrm{ch}}$ 为候选状态函数中输出变量对应的权重矩阵；b_i 为输入门函数中的偏移量；b_f 为遗忘门函数中的偏移量；b_o 为输出门函数中的偏移量；b_c 为候选状态函数中的偏移量；σ 为 Sigmoid 激活函数；tanh 为双曲正切函数；$\times$ 为元素的乘法。

基于上述 LSTM 模块，对输入数据进行重复学习，直到预测结果与实际值之间的差达到最小。

在本研究中，基于历史的电价和负荷信息，采用 LSTM 方法对 24 小时的实时电价进行点预测。

3. Bootstrap 抽样法

在利用上述 LSTM 方法进行点预测时，模型内部的隐藏层、隐藏单元是人为设定的，另外模型中权重系数等其他参数是在模型学习过程中基于预测目标随机生成的。这会导致通过机器学习的结果存在随机性和不确定性，从而不可避免地产生点预测误差。为了量化这些预测误差，可采用 Bootstrap 抽样法对预测结果进行有放回的重复抽样，拟合出预测误差的总体分布。

利用 Bootstrap 方法预测实时电价区间的过程如下。

(1) 通过学习训练数据样本 $\{(x_1,y_1),(x_2,y_2),\cdots,(x_n,y_n)\}$，获得 LSTM 模型中相应的权重系数和偏移量。在此基础上，采用 LSTM 的循环神经网络来计算输出值 $y_1,y_2,\cdots,y_n$ 的估计值 $\hat{y}_1,\hat{y}_2,\cdots,\hat{y}_n$。

(2) 计算基于 LSTM 预测模型的点预测误差：

$$\hat{\varepsilon}_j = y_j - \hat{y}_j \quad j=1,2,\cdots,n$$

(3) 消除系统误差对于整个模型的影响：

$$\tilde{\varepsilon}_j = \hat{\varepsilon}_j - \frac{1}{n}\sum_{q=1}^{n}\hat{\varepsilon}_q \quad j=1,2,\cdots,n$$

(4) 从序列 $\hat{\varepsilon}_1, \hat{\varepsilon}_2, \cdots, \hat{\varepsilon}_n$ 中按照 $1/n$ 的概率有放回地随机抽取误差值 $\tilde{\varepsilon}_j^*$。得到一个新的基于 bootstrap 的数据样本 $\{(x_1, y_1^*), (x_2, y_2^*), \cdots, (x_n, y_n^*)\}$，并且以该数据样本作为新的训练样本。其中，元素 y_j^* 可通过下式计算：

$$y_j^* = \hat{y}_j + \eta_j \tilde{\varepsilon}_j^* \quad j = 1, 2, \cdots, n$$

式中，$\eta_1, \eta_2, \cdots, \eta_n$ 服从期望值为 0、方差为 1 的同分布。

(5) 基于上述通过训练已获得的 LSTM 预测模型，以及输入变量，可预测出 t 时刻对应的输出变量，记为 y_t。

(6) 基于新的训练样本 $\{(x_1, y_1^*), (x_2, y_2^*), \cdots, (x_n, y_n^*)\}$，经过学习，得到新的 LSTM 模型，继而可以估计出新的输出值 $y_1^*, y_2^*, \cdots, y_n^*$。

(7) 重复 β 次上述步骤 (4)～(7)，可获得 β 个 t 时刻的输出变量的值。

(8) 按照从小到大的顺序重新排列 β 个输出值，可得到序列 $Q_{(1)}, Q_{(2)}, \cdots, Q_{(\beta)}$。基于该序列，可得到输出变量 y_t 的 $100(1-\alpha)\%$ 置信区间：

$$Q_{(\beta \cdot \alpha/2)} < y_t < Q_{(\beta \cdot (1-\alpha/2))}$$

通过上述方法，可获得实时电价的不确定区间如下：

$$U^{\mathrm{pr}} = \{\lambda_{e,t}^R : \underline{\lambda}_{e,t}^R \leqslant \lambda_{e,t}^R \leqslant \overline{\lambda}_{e,t}^R, \forall t \in N_T\}$$

式中，$\lambda_{e,t}^R$ 为 t 时刻的实时市场的电价 ($\$/\mathrm{MW \cdot h}$)；$\overline{\lambda}_{e,t}^R$ 为 t 时刻实时电价的上限 ($\$/\mathrm{MW \cdot h}$)；$\underline{\lambda}_{e,t}^R$ 为 t 时刻实时电价的下限 ($\$/\mathrm{MW \cdot h}$)；$U^{\mathrm{pr}}$ 为实时电价的不确定区间。

10.3.5　考虑出清价格不确定性的 IES 调度模型

1. 考虑储能的园区综合能源系统建模

本节研究的园区 IES 架构主要由能源生产、能源转换以及能源储存等环节构成，如图 10-5 所示。园区 IES 中的电能、天然气以及热能通过包括 CHP、电锅炉、热储等在内的能量耦合设备进行交互转换。

CHP 机组通过消耗天然气产生电能和热能。描述 CHP 机组能源转换关系的数学模型如下：

$$\begin{aligned} P_e^{\mathrm{CHP}} &= \eta_{ge}^{\mathrm{CHP}} \cdot P_g^{\mathrm{CHP}} \\ H^{\mathrm{CHP}} &= \eta_{gh}^{\mathrm{CHP}} \cdot P_g^{\mathrm{CHP}} \end{aligned} \tag{10-17}$$

其中，P_e^{CHP} 为 CHP 机组输出的电功率 (MW)，H^{CHP} 为 CHP 机组输出的热功率

（MW），P_g^{CHP} 为 CHP 机组消耗的天然气功率（MW），η_{ge}^{CHP} 为 CHP 机组的气–电转换系数，η_{gh}^{CHP} 为 CHP 机组的气–热转换系数。

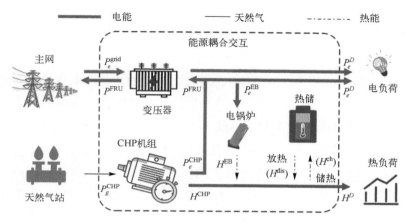

图 10-5 IES 示意图

此外，CHP 机组运行极限可通过电功率表达或者通过热功率表达，具体如下：

$$P_e^{\mathrm{CHP,min}} \leqslant P_e^{\mathrm{CHP}} \leqslant P_e^{\mathrm{CHP,max}}$$
$$H^{\mathrm{CHP,min}} \leqslant H^{\mathrm{CHP}} \leqslant H^{\mathrm{CHP,max}} \tag{10-18}$$

其中，$P_e^{\mathrm{CHP,min}}$ 为 CHP 机组输出电功率的最小值（MW），$P_e^{\mathrm{CHP,max}}$ 为 CHP 机组输出电功率的最大值（MW），$H^{\mathrm{CHP,min}}$ 为 CHP 机组输出热功率的最小值（MW），$H^{\mathrm{CHP,max}}$ 为 CHP 机组输出热功率的最大值（MW）。

电锅炉可以有效利用电能来满足热负荷的需求。其能源转换的数学模型如下：

$$H^{\mathrm{EB}} = \eta_{eh}^{\mathrm{EB}} \cdot P_e^{\mathrm{EB}} \tag{10-19}$$

其中，H^{EB} 为电锅炉输出的热功率（MW），η_{eh}^{EB} 为电锅炉需要消耗的电功率（MW），P_e^{EB} 为电锅炉的电–热转换系数。

电锅炉热输出功率的极限约束如下所示：

$$0 \leqslant H^{\mathrm{EB}} \leqslant H^{\mathrm{EB,max}} \tag{10-20}$$

其中，$H^{\mathrm{EB,max}}$ 为电锅炉热功率输出的最大值（MW）。

储能设备的数学模型通常包括充/放电极限模型、运行特性模型以及运行极限模型，以热储为例，其数学表达如下：

$$0 \leqslant H^{\mathrm{ch}} \leqslant H^{\mathrm{ch,max}}$$

$$-H^{\text{dis,max}} \leqslant H^{\text{dis}} \leqslant 0$$

$$E_{h,t+1}^{S} = E_{h,t}^{S} + H_{t+1}^{\text{ch}} \cdot \eta_h^{\text{ch}} + H_{t+1}^{\text{dis}} / \eta_h^{\text{dis}}, \quad \forall t \in T \qquad (10\text{-}21)$$

$$E_h^{S,\min} \leqslant E_{h,t}^{S} \leqslant E_h^{S,\max}$$

$$E_{h,T}^{S} = E_{h,0}^{S}$$

其中，H^{ch} 为热储的储热功率（MW），H^{dis} 为热储的放热功率（MW），$H^{\text{ch,max}}$ 为热储的最大储热功率（MW），$H^{\text{dis,max}}$ 为热储的最大放热功率（MW），$E_{h,t}^{S}$ 为 t 时刻热储的容量状态（MJ），η_h^{ch} 为热储的储热效率，η_h^{dis} 为热储的放热效率，$E_h^{S,\min}$ 为热储的最小容量（MJ），$E_h^{S,\max}$ 为热储的最大容量（MJ），$E_{h,0}^{S}$ 为热储在初始时刻的容量值（MJ），$E_{h,T}^{S}$ 为热储在周期结束时刻的容量值（MJ）。

该园区 IES 从上级电力系统和天然气系统中购买电能和天然气以供应园区内的能源设备产生相应的电能和热能，为园区的终端用户提供所需的能源服务，从而获得相应的收益。在这个过程中，由于能源需求的波动性以及能源价格的差异性，可能会产生过剩的电能。为了提高运行效益，园区 IES 运营商也可以将多余的电能直接售卖给上级电网或以 FRP 的形式向上级电网提供能源服务。由此，园区 IES 与上级电力系统之间形成了能量的双向流动。其中，根据园区需要或者不同能源之间的价格关系，电能负荷需求可通过 CHP 机组消耗天然气或者直接从上级电网中购买来提供，热能负荷需求可通过 CHP 机组消耗天然气、电锅炉消耗电能或者热储来供应，最终实现以最低成本满足终端能源需求。

在本研究中，假设园区 IES 运营商与上级电力系统和天然气系统签订了长期的能量交易合同，因此在能量市场中购买电能和天然气的日前价格都是确定的。另外，园区 IES 与终端用户之间遵循双边交易模式，假设的能源零售价格也是提前已知的。

基于上述假设，园区系统运营商负责园区 IES 每日的运行，并且为其参与日前和实时市场制定最优的运行调度策略，由此形成一个二阶段的流程，具体如下。

在日前阶段，园区系统运营商接收第二天园区的电能及热能负荷需求预测信息，结合已知的日前市场价格，以系统运行成本最低为目标确定出从上级电网购买的电量、CHP 机组的天然气消耗量、CHP 机组可以为主网提供的 FRP，以及电锅炉的热输出的最优量。在实时阶段，园区运营商可接收到一个小时后的用户能源需求更新信息，结合已实现的实时市场价格，考虑实时负荷需求与日前负荷需求的差异，调整 CHP 机组、电锅炉以及热储设备的出力，继而制定出园区 IES 的实时运行策略。

2. 目标函数

第一阶段（日前市场中），在实时电价未知的情况下，以园区 IES 运行成本最小为目标，优化得到园区从主网购买的电量、CHP 机组及电锅炉设备的出力、FRP 的量。第二阶段（实时市场中），考虑最差情况下的实时电价，以园区 IES 获得利润最大为目标，优化得到从主网购买电量的变化量、CHP 机组及电锅炉设备出力的变化量、FRP 的变化量。基于此，考虑实时电价不确定性的二阶段鲁棒优化问题可构建成 Min-Max-Min 优化模型，其目标函数如下：

$$
\min_{\Phi^{DA}} \Big\{ C^{\mathrm{grid},A} + C^{\mathrm{CHP},A} - C^{\mathrm{FRP},A} + C^{\mathrm{OM},A} - C^{D,A}
$$
$$
+ \max_{\lambda_{e,t}^{R} \in U^{\mathrm{pr}}} \min_{\Phi^{RT}} C^{\mathrm{grid},R} + C^{\mathrm{CHP},R} - C^{\mathrm{FRP},R} + C^{\mathrm{OM},R} - C^{D,R} \Big\} \tag{10-22}
$$

其中，$C^{\mathrm{grid},A}$ 为园区 IES 日前阶段从上级电网购买电能的成本($)，$C^{\mathrm{grid},R}$ 为园区 IES 实时阶段从上级电网购买电能的成本($)，$C^{\mathrm{CHP},A}$ 为 CHP 机组在日前阶段运行的燃料成本($)，$C^{\mathrm{CHP},R}$ 为 CHP 机组在实时阶段运行的燃料成本($)，$C^{\mathrm{FRP},A}$ 为 CHP 机组在日前阶段向上级电网提供 FRP 的利润($)，$C^{\mathrm{FRP},R}$ 为 CHP 机组在实时阶段向上级电网提供 FRP 的利润($)，$C^{\mathrm{OM},A}$ 为园区内 CHP 机组、电锅炉以及热储在日前阶段中的运行维护成本($)，$C^{\mathrm{OM},R}$ 为园区内 CHP 机组、电锅炉以及热储在实时阶段中的运行维护成本($)，$C^{D,A}$ 为园区 IES 在日前阶段为用户提供能源服务的利润($)，$C^{D,R}$ 为园区 IES 在实时阶段为用户提供能源服务的利润($)，$\Phi^{DA}$ 为日前阶段的决策变量集合，Φ^{RT} 为实时阶段的决策变量集合。

(1)从上级电网购买电能的成本。

$$
C^{\mathrm{grid},A} = \sum_{t=1}^{N_T} \lambda_{e,t}^{A} \cdot P_{e,t}^{\mathrm{grid},A} \cdot \Delta t \tag{10-23}
$$

$$
C^{\mathrm{grid},R} = \sum_{t=1}^{N_T} \lambda_{e,t}^{R} \cdot \Delta P_{e,t}^{\mathrm{grid}} \cdot \Delta t \tag{10-24}
$$

其中，$\lambda_{e,t}^{A}$ 为 t 时刻日前市场的电价($/MW·h)，$P_{e,t}^{\mathrm{grid},A}$ 为园区 IES 日前阶段从上级电网购买的电量(MW)，$\Delta P_{e,t}^{\mathrm{grid}}$ 为园区 IES 在实时阶段从上级电网购买电量的调整量(MW)，Δt 为时间间隔(h)，N_T 为时间集合。

(2)CHP 机组的燃料成本。

$$
C^{\mathrm{CHP},A} = \sum_{t=1}^{N_T} \sum_{i=1}^{N_C} \lambda_{g,t} \cdot P_{g,i,t}^{\mathrm{CHP}} \cdot \Delta t \tag{10-25}
$$

$$C^{\mathrm{CHP},R} = \sum_{t=1}^{N_T} \sum_{i=1}^{N_C} \lambda_{g,t} \cdot \Delta P_{g,i,t}^{\mathrm{CHP}} \cdot \Delta t \tag{10-26}$$

其中，N_C 为园区 IES 中 CHP 机组的集合，$\lambda_{g,t}$ 为 t 时刻园区 IES 从上级天然气系统购买天然气的价格($/MW·h)，$P_{g,i,t}^{\mathrm{CHP}}$ 为机组 i 在日前阶段 t 时刻消耗的天然气量(MW)，$\Delta P_{g,i,t}^{\mathrm{CHP}}$ 为机组 i 在实时阶段 t 时刻消耗天然气的调整量(MW)。

(3)园区 IES 提供 FRP 的利润。

$$C^{\mathrm{FRP},A} = \sum_{t=1}^{N_T} \sum_{i=1}^{N_C} \lambda_{i,t}^{\mathrm{FRU}} \cdot P_{i,t}^{\mathrm{FRU},A} \cdot \Delta t + \lambda_{i,t}^{\mathrm{FRD}} \cdot P_{i,t}^{\mathrm{FRD},A} \cdot \Delta t \tag{10-27}$$

$$C^{\mathrm{FRP},R} = \sum_{t=1}^{N_T} \sum_{i=1}^{N_C} \lambda_{i,t}^{\mathrm{FRU}} \cdot \Delta P_{i,t}^{\mathrm{FRU}} \cdot \Delta t + \lambda_{i,t}^{\mathrm{FRD}} \cdot \Delta P_{i,t}^{\mathrm{FRD}} \cdot \Delta t \tag{10-28}$$

其中，$\lambda_{i,t}^{\mathrm{FRU}} / \lambda_{i,t}^{\mathrm{FRD}}$ 为园区 IES 中机组 i 在 t 时刻为主网提供上行 FRP/下行 FRP 的市场价格($/MW·h)，$P_{i,t}^{\mathrm{FRU},A} / P_{i,t}^{\mathrm{FRD},A}$ 为日前阶段园区 IES 中机组 i 在 t 时刻为主网提供上行 FRP/下行 FRP 的量(MW)，$\Delta P_{i,t}^{\mathrm{FRU}} / \Delta P_{i,t}^{\mathrm{FRD}}$ 为实时阶段园区 IES 中机组 i 在 t 时刻为主网提供上行 FRP/下行 FRP 的调整量(MW)。

(4)园区 IES 中 DER 的运行维护成本。

$$C^{\mathrm{OM},A} = \sum_{t=1}^{N_T} \left(\sum_{i=1}^{N_C} P_{e,i,t}^{\mathrm{CHP}} \cdot \Delta t \cdot Cm_i^{\mathrm{CHP}} + \sum_{m=1}^{N_M} H_{m,t}^{\mathrm{EB}} \cdot \Delta t \cdot Cm_m^{\mathrm{EB}} + \sum_{l=1}^{N_L} E_{h,l,t}^{S} \cdot Cm_l^{\mathrm{TS}} \right) \tag{10-29}$$

$$C^{\mathrm{OM},R} = \sum_{t=1}^{N_T} \left(\sum_{i=1}^{N_C} \Delta P^{\mathrm{CHP}} \cdot \Delta t \cdot Cm_i^{\mathrm{CHP}} + \sum_{m=1}^{N_M} \Delta H_{m,t}^{\mathrm{EB}} \cdot \Delta t \cdot Cm_m^{\mathrm{EB}} \right) \tag{10-30}$$

其中，$\Delta P_{e,i,t}^{\mathrm{CHP}}$ 为实时阶段 CHP 机组 i 在 t 时刻输出的电功率的调整量(MW)，Cm_i^{CHP} 为 CHP 机组 i 的运行维护成本($/MW·h)，$Cm_m^{\mathrm{EB}}$ 为电锅炉 m 的运行维护成本($/MW·h)，$Cm_l^{\mathrm{TS}}$ 为热储 l 的运行维护成本($/MW·h)；$\Delta H_{m,t}^{\mathrm{EB}}$ 为实时阶段电锅炉 m 在 t 时刻输出的热功率的调整量(MW)，N_M 为电锅炉的机组集合，N_L 为热储的机组集合。

(5)供应能源负荷需求获得的利润。

$$C^{D,A} = \sum_{t=1}^{N_T} \left(\sum_{b=1}^{N_B} \lambda_{e,b,t}^{D,A} \cdot P_{e,b,t}^{D,A} \cdot \Delta t + \sum_{k=1}^{N_K} \lambda_{h,k,t}^{D,A} \cdot H_{k,t}^{D,A} \cdot \Delta t \right) \tag{10-31}$$

$$C^{D,R} = \sum_{t=1}^{N_T} \left(\sum_{b=1}^{N_B} \lambda_{e,b,t}^{D,R} \cdot \Delta P_{e,b,t}^{D} \cdot \Delta t + \sum_{k=1}^{N_K} \lambda_{h,k,t}^{D,R} \cdot \Delta H_{k,t}^{D} \cdot \Delta t \right) \tag{10-32}$$

其中，$P_{e,t}^{D,A}$ 为日前阶段在 t 时刻的电能负荷需求(MW)，$\Delta P_{e,t}^{D}$ 为实时阶段在 t 时刻的电能负荷需求的变化(MW)，$H_t^{D,A}$ 为日前阶段在 t 时刻的热能负荷需求(MW)，ΔH_t^{D} 为实时阶段在 t 时刻的热能负荷需求的变化量(MW)，$\lambda_{e,t}^{D,A}$ 为日前市场在 t 时刻的电能的零售价格(\$/MW·h)，$\lambda_{e,t}^{D,R}$ 为实时市场在 t 时刻的电能的零售价格(\$/MW·h)，$\lambda_{h,t}^{D,A}$ 为日前市场在 t 时刻的热能的零售价格(\$/MW·h)，$\lambda_{h,t}^{D,R}$ 为实时市场在 t 时刻的热能的零售价格(\$/MW·h)，N_B 为电能需求的集合，N_K 为热能需求的集合。

3. 约束条件

1)一阶段约束

(1)从主网购买电能的约束：

$$0 \leqslant P_{e,t}^{\mathrm{grid},A} \leqslant P_{e,t}^{\mathrm{grid,max}} \tag{10-33}$$

其中，$P_{e,t}^{\mathrm{grid},A}$ 为日前阶段园区 IES 在 t 时刻从主网购买的电量(MW)，$P_{e,t}^{\mathrm{grid,max}}$ 为园区 IES 在 t 时刻从主网购买的最大电量(MW)。

(2)CHP 机组的运行约束。

CHP 机组的运行约束如式(10-17)和式(10-18)。

(3)参与提供 FRP 的约束。

本节认为园区 IES 提供 FRP 的能源由 CHP 机组提供。基于此，园区 IES 参与提供 FRP 的约束如下：

$$0 \leqslant P_{i,t}^{\mathrm{FRU},A} \leqslant R_{u,i}^{\mathrm{CHP}} \cdot \Delta t \tag{10-34}$$

$$0 \leqslant P_{i,t}^{\mathrm{FRD},A} \leqslant R_{d,i}^{\mathrm{CHP}} \cdot \Delta t \tag{10-35}$$

$$P_{e,i,t}^{\mathrm{CHP}} + P_{i,t}^{\mathrm{FRU},A} \leqslant P_{e,i}^{\mathrm{CHP,max}} \tag{10-36}$$

$$P_{e,i,t}^{\mathrm{CHP}} - P_{i,t}^{\mathrm{FRD},A} \geqslant P_{e,i}^{\mathrm{CHP,min}} \tag{10-37}$$

$$P_{e,i,t+1}^{\mathrm{CHP}} - P_{e,i,t}^{\mathrm{CHP}} + P_{i,t}^{\mathrm{FRU},A} \leqslant R_{u,i}^{\mathrm{CHP}} \cdot \Delta t \tag{10-38}$$

$$P_{e,i,t}^{\mathrm{CHP}} - P_{e,i,t+1}^{\mathrm{CHP}} + P_{i,t}^{\mathrm{FRD},A} \leqslant R_{d,i}^{\mathrm{CHP}} \cdot \Delta t \tag{10-39}$$

$$\sum_{i=1}^{N_C} P_{i,t}^{\mathrm{FRU},A} \leqslant R_t^{\mathrm{FRU},A} \tag{10-40}$$

$$\sum_{i=1}^{N_C} P_{i,t}^{\mathrm{FRD},A} \leqslant R_t^{\mathrm{FRD},A} \tag{10-41}$$

其中，$P_{i,t}^{\mathrm{FRU},A} / P_{i,t}^{\mathrm{FRD},A}$ 为在日前阶段，机组 i 在 t 时刻提供的上行 FRP/下行 FRP 产品的量(MW)；$R_{u,i}^{\mathrm{CHP}} / R_{d,i}^{\mathrm{CHP}}$ 为 CHP 机组 i 能够在单位时间内增加/减少的出力 (MW)；$R_t^{\mathrm{FRU},A} / R_t^{\mathrm{FRD},A}$ 为日前市场 t 时刻所需上行 FRP/下行 FRP 产品的量(MW)。

约束式(10-34)和式(10-35)描述了单位时间段内 CHP 机组 i 能够提供 FRP 的极限，约束式(10-36)和式(10-37)描述了 t 时刻 CHP 机组 i 输出电功率极限，约束式(10-38)和式(10-39)描述了在一个连续的时间区间内 CHP 机组能够提供的 FRP 的能力，约束式(10-40)和式(10-41)表达了园区 IES 在 t 时刻能够向主网提供 FRP 的容量。

(4)热储的运行约束。

热储的运行约束通常包括充/放电极限约束、运行特性约束以及运行极限约束，如式(10-21)。

(5)电锅炉的运行约束。

电锅炉的运行约束如式(10-19)和式(10-20)。

(6)供需平衡约束。

园区 IES 的能源需求主要包括电能和热能，因此电能和热能的供需平衡约束如下：

$$P_{e,t}^{\mathrm{grid},A} + \sum_{i=1}^{N_C} P_{e,i,t}^{\mathrm{CHP}} = \sum_{b=1}^{N_B} P_{e,b,t}^{D,A} + \sum_{m=1}^{N_M} P_{e,m,t}^{\mathrm{EB}} \tag{10-42}$$

$$\sum_{i=1}^{N_C} H_{i,t}^{\mathrm{CHP}} + \sum_{m=1}^{N_M} H_{m,t}^{\mathrm{EB}} = \sum_{k=1}^{N_K} H_{k,t}^{D,A} + \sum_{l=1}^{N_L} (H_{l,t}^{\mathrm{ch}} + H_{l,t}^{\mathrm{dis}}) \tag{10-43}$$

2)二阶段约束

(1)从主网购买电能的约束：

$$0 \leqslant P_{e,t}^{\mathrm{grid},A} + \Delta \tilde{P}_{e,t}^{\mathrm{grid}} \leqslant P_{e,t}^{\mathrm{grid,max}} \tag{10-44}$$

其中，$\Delta \tilde{P}_{e,t}^{\mathrm{grid}}$ 为实时阶段园区 IES 在 t 时刻从主网购买电量的变化量(MW)。

(2)CHP 机组的运行约束。

实时阶段 CHP 机组的能量转化关系如约束式(10-45)和式(10-46)所示。

$$\Delta \tilde{P}_{e,i,t}^{\mathrm{CHP}} = \eta_{\mathrm{ge}}^{\mathrm{CHP}} \cdot \Delta \tilde{P}_{g,i,t}^{\mathrm{CHP}} \tag{10-45}$$

$$\Delta \tilde{H}_{i,t}^{\mathrm{CHP}} = \eta_{\mathrm{gh}}^{\mathrm{CHP}} \cdot \Delta \tilde{P}_{g,i,t}^{\mathrm{CHP}} \tag{10-46}$$

$$H_i^{\mathrm{CHP,min}} \leqslant H_{i,t}^{\mathrm{CHP}} + \Delta \tilde{H}_{i,t}^{\mathrm{CHP}} \leqslant H_i^{\mathrm{CHP,max}} \tag{10-47}$$

其中，$\Delta \tilde{P}_{g,i,t}^{\mathrm{CHP}}$ 为实时阶段 CHP 机组 i 在 t 时刻消耗天然气的变化量(MW)，$\Delta \tilde{P}_{e,i,t}^{\mathrm{CHP}}$ 为实时阶段 CHP 机组 i 在 t 时刻输出的电功率的变化量(MW)，$\Delta \tilde{H}_{i,t}^{\mathrm{CHP}}$ 为实时阶段 CHP 机组 i 在 t 时刻输出的热功率的变化量(MW)，$\eta_{\mathrm{ge}}^{\mathrm{CHP}}$ 为 CHP 机组的气-电转换系数，$\eta_{\mathrm{gh}}^{\mathrm{CHP}}$ 为 CHP 机组的气-电转换系数。

（3）参与提供 FRP 的约束。

与约束式(10-34)～约束式(10-41)含义类似，考虑了实时阶段功率调整量的园区 IES 参与提供 FRP 的约束如下所示：

$$0 \leqslant P_{i,t}^{\mathrm{FRU},A} + \Delta \tilde{P}_{i,t}^{\mathrm{FRU}} \leqslant R_{u,i}^{\mathrm{CHP}} \cdot \Delta t \tag{10-48}$$

$$0 \leqslant P_{i,t}^{\mathrm{FRD},A} + \Delta \tilde{P}_{i,t}^{\mathrm{FRD}} \leqslant R_{d,i}^{\mathrm{CHP}} \cdot \Delta t \tag{10-49}$$

$$P_{e,i,t}^{\mathrm{CHP}} + \Delta \tilde{P}_{e,i,t}^{\mathrm{CHP}} + P_{i,t}^{\mathrm{FRU},A} + \Delta \tilde{P}_{i,t}^{\mathrm{FRU}} \leqslant P_{e,i}^{\mathrm{CHP,max}} \tag{10-50}$$

$$P_{e,i,t}^{\mathrm{CHP}} + \Delta \tilde{P}_{e,i,t}^{\mathrm{CHP}} - P_{i,t}^{\mathrm{FRD},A} - \Delta \tilde{P}_{i,t}^{\mathrm{FRD}} \geqslant P_{e,i}^{\mathrm{CHP,min}} \tag{10-51}$$

$$P_{e,i,t+1}^{\mathrm{CHP}} + \Delta \tilde{P}_{e,i,t+1}^{\mathrm{CHP}} - (P_{e,i,t}^{\mathrm{CHP}} + \Delta \tilde{P}_{e,i,t}^{\mathrm{CHP}}) + P_{i,t}^{\mathrm{FRU},A} + \Delta \tilde{P}_{i,t}^{\mathrm{FRU}} \leqslant R_{u,i}^{\mathrm{CHP}} \cdot \Delta t \tag{10-52}$$

$$P_{e,i,t}^{\mathrm{CHP}} + \Delta \tilde{P}_{e,i,t}^{\mathrm{CHP}} - (P_{e,i,t+1}^{\mathrm{CHP}} + \Delta \tilde{P}_{e,i,t+1}^{\mathrm{CHP}}) + P_{i,t}^{\mathrm{FRD},A} + \Delta \tilde{P}_{i,t}^{\mathrm{FRD}} \leqslant R_{d,i}^{\mathrm{CHP}} \cdot \Delta t \tag{10-53}$$

$$\sum_{i=1}^{N_c} (P_{i,t}^{\mathrm{FRU},A} + \Delta \tilde{P}_{i,t}^{\mathrm{FRU}}) \leqslant R_t^{\mathrm{FRU,R}} \tag{10-54}$$

$$\sum_{i=1}^{N_c} (P_{i,t}^{\mathrm{FRD},A} + \Delta \tilde{P}_{i,t}^{\mathrm{FRD}}) \leqslant R_t^{\mathrm{FRD,R}} \tag{10-55}$$

其中，$\Delta \tilde{P}_{i,t}^{\mathrm{FRU}} / \Delta \tilde{P}_{i,t}^{\mathrm{FRD}}$ 为实时阶段 CHP 机组 i 在 t 时刻提供的上行 FRP/下行 FRP 产品的变化量(MW)。

（4）电锅炉的运行约束。

电锅炉在实时阶段的运行约束如下所示：

$$\Delta \tilde{H}_{m,t}^{\mathrm{EB}} = \eta_{\mathrm{eh}}^{\mathrm{EB}} \cdot \Delta \tilde{P}_{e,m,t}^{\mathrm{EB}} \tag{10-56}$$

$$-H_m^{\mathrm{EB,max}} \leqslant \Delta \tilde{H}_{m,t}^{\mathrm{EB}} \leqslant H_m^{\mathrm{EB,max}} \tag{10-57}$$

$$0 \leqslant H_{m,t}^{\mathrm{EB}} + \Delta \tilde{H}_{m,t}^{\mathrm{EB}} \leqslant H_m^{\mathrm{EB,max}} \tag{10-58}$$

其中，$\Delta \tilde{P}_{e,m,t}^{\mathrm{EB}}$ 为实时阶段电锅炉 m 在 t 时刻消耗电功率的变化量（MW），$\Delta \tilde{H}_{m,t}^{\mathrm{EB}}$ 为实时阶段电锅炉 m 在 t 时刻输出热功率的变化量（MW），$\eta_{\mathrm{eh}}^{\mathrm{EB}}$ 为电锅炉的电-热转换系数。

(5) 供需平衡约束。

实时阶段，园区 IES 的电能和热能的供需平衡约束如下：

$$P_{c,t}^{\mathrm{grid},A} + \Delta \tilde{P}_{c,t}^{\mathrm{grid}} + \sum_{i=1}^{N_C} (P_{c,i,t}^{\mathrm{CHP}} + \Delta \tilde{P}_{c,i,t}^{\mathrm{CHP}}) = \sum_{b=1}^{N_B} (P_{c,b,t}^{D,A} + \Delta \tilde{P}_{c,b,t}^{D}) + \sum_{m=1}^{N_M} (P_{c,t}^{\mathrm{EB}} + \Delta \tilde{P}_{c,t}^{\mathrm{EB}}) \tag{10-59}$$

$$\sum_{i=1}^{N_C} (H_{i,t}^{\mathrm{CHP}} + \Delta \tilde{H}_{i,t}^{\mathrm{CHP}}) + \sum_{m=1}^{N_M} (H_{m,t}^{\mathrm{EB}} + \Delta \tilde{H}_{m,t}^{\mathrm{EB}}) = \sum_{k=1}^{N_K} (H_{k,t}^{\mathrm{DA}} + \Delta \tilde{H}_{k,t}^{D}) + \sum_{l=1}^{N_L} (H_{l,t}^{\mathrm{ch}} + H_{l,t}^{\mathrm{dis}}) \tag{10-60}$$

为了方便表达，上述 Min-Max-Min 模型可以表达如下：

$$\min_{\varphi^{\mathrm{DA}} \in \Phi^{\mathrm{DA}}} \left\{ \boldsymbol{K}_0^{\mathrm{T}} \varphi^{\mathrm{DA}} + \max_{u \in U^{\mathrm{pv}}} \min_{\tilde{\varphi}^{\mathrm{RT}} \in \tilde{\Phi}^{\mathrm{RT}}} \boldsymbol{L}_0^{\mathrm{T}} u + \boldsymbol{W}_0^{\mathrm{T}} \tilde{\varphi}^{\mathrm{RT}} \right\} \tag{10-61}$$

其中，φ^{DA} 为第一阶段的决策变量；$\tilde{\varphi}^{\mathrm{RT}}$ 为第二阶段的决策变量；u 为不确定变量；Φ^{DA} 通过约束式(10-33)～约束式(10-43)进行定义；$\tilde{\Phi}^{\mathrm{RT}}$ 由约束式(10-44)～约束式(10-60)进行定义，且可通过 φ^{DA}、$\tilde{\varphi}^{\mathrm{RT}}$ 和 u 来描述：

$$\tilde{\Phi}^{\mathrm{RT}} = \left\{ \varphi^{\mathrm{RT}} : \boldsymbol{K}_1^{\mathrm{T}} \varphi^{\mathrm{DA}} + \boldsymbol{L}_1^{\mathrm{T}} u + \boldsymbol{W}_1^{\mathrm{T}} \tilde{\varphi}^{\mathrm{RT}} = r_1 \quad \boldsymbol{K}_2^{\mathrm{T}} \varphi^{\mathrm{DA}} + \boldsymbol{L}_2^{\mathrm{T}} u + \boldsymbol{W}_2^{\mathrm{T}} \tilde{\varphi}^{\mathrm{RT}} \leqslant r_2 \right\}$$

式中，$\boldsymbol{K}_1$、$\boldsymbol{K}_2$、$\boldsymbol{L}_1$、$\boldsymbol{L}_2$、$\boldsymbol{W}_1$ 和 $\boldsymbol{W}_2$ 分别为约束式(10-44)～约束式(10-60)的系数矩阵，r_1 和 r_2 分别为约束式(10-44)～约束式(10-60)中的参数矢量。

10.3.6　算例分析

1. 基础数据

本节以一个典型的园区 IES 为例进行算例分析。算例系统中的能量转换设备和能量储存设备的参数如表 10-3 所示。在本算例中，假设园区 IES 运营商与天然气供应商和能源需求用户之间签订了长期合同，因此园区运营商采购天然气的价格以及园区的能源零售价格都是提前已知的。24 小时的能源价格以及能源需求如图 10-6 和图 10-7 所示。

表 10-3　园区 IES 中设备的参数

设备	参数	数值
CHP 机组	$P_{e,j}^{\mathrm{CHP,max}}$	0.3MW
	$P_{e,j}^{\mathrm{CHP,min}}$	0.005MW
	$P_{u,i}^{\mathrm{CHP}}$	0.25MW/h
	$P_{d,i}^{\mathrm{CHP}}$	0.25MW/h
	$\eta_{\mathrm{ge}}^{\mathrm{CHP}}$	0.35
	$\eta_{\mathrm{gh}}^{\mathrm{CHP}}$	0.45
电锅炉	$P_{e,m}^{\mathrm{EB,max}}$	0.3MW
	$P_{e,m}^{\mathrm{EB,min}}$	0MW
	$\eta_{\mathrm{eh}}^{\mathrm{EB}}$	0.9
热储	$E_{h,l}^{S,\mathrm{max}}$	1MW·h
	$E_{h,l}^{S,\mathrm{min}}$	0MW·h
	$H_l^{\mathrm{ch,max}}$	0.3MW
	$H_l^{\mathrm{dis,max}}$	0.3MW

　　另外，本节采用美国中西部地区的电力市场的实时市场电价和负荷需求的历史数据来预测实时电价的不确定区间。历史数据的范围从 2018 年的 6 月 6 日到 2018 年的 10 月 7 日，共 124 天。数据样本中相邻数据的时间间隔为 1 个小时，总共有 74400 个数据点。

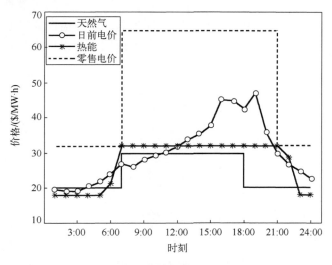

图 10-6　能源的价格数据图

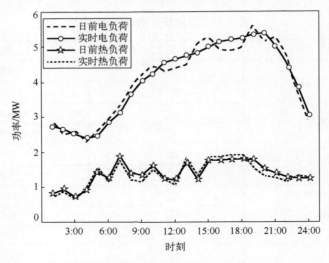

图 10-7　电能和热能负荷需求

2. 区间预测方法的有效性分析

为了评估区间预测方法的性能，本节采用了平均覆盖误差(average coverage error，ACE)和区间分数(interval score，IS)两个指标来评估不确定区间的可靠性和品质。

(1)平均覆盖误差。

可靠性是用来描述预测区间准确性的重要特征。区间的可靠性可以直接通过区间的覆盖概率来描述。预测区间的可靠性越高，其覆盖的概率越接近对应的标称概率。因此，覆盖概率和标称概率的差——ACE，可以用来量化预测区间的可靠性：

$$\text{ACE} = \hat{\beta}_{\text{ACE}} - \beta_{\text{ACE}} = \frac{1}{N}\sum_{t=1}^{N}\text{In}_t - \beta_{\text{ACE}}$$

其中，In_t 的计算如下：

$$\text{In}_t = \begin{cases} 1, & \lambda_{rt}^R \in \left[\underline{\lambda}_{e,t}^R, \overline{\lambda}_{e,t}^R\right] \\ 0, & \lambda_{rt}^R \notin \left[\underline{\lambda}_{e,t}^R, \overline{\lambda}_{e,t}^R\right] \end{cases}$$

式中，$\hat{\beta}_{\text{ACE}}$ 为预测区间的覆盖概率；β_{ACE} 为 $100(1-a)\%$ 置信区间的标称概率；N 为样本的数量，λ_{rt}^R 为实时电价在 t 时刻的实际值($/MW·h)。

(2) 区间分数。

区间的高度可靠性可以通过增加预测区间的宽度来实现，这对于实际应用是无意义的。因此仅通过 ACE 来判断区间的好坏是片面的。为此，提出区间分数指标来进一步评估区间的品质。IS 的计算方法如下：

$$\text{Score} = \frac{1}{N}\sum_{t=1}^{N}S_t$$

其中，S_t 的计算如下：

$$S_t = \begin{cases} -2\alpha(\overline{\lambda}_{e,t}^{R} - \underline{\lambda}_{e,t}^{R}) - 4(\underline{\lambda}_{e,t}^{R} - \lambda_{rt}^{R}), & \lambda_{rt}^{R} < \underline{\lambda}_{e,t}^{R} \\ -2\alpha(\overline{\lambda}_{e,t}^{R} - \underline{\lambda}_{e,t}^{R}), & \lambda_{rt}^{R} \in \left[\underline{\lambda}_{e,t}^{R}, \overline{\lambda}_{e,t}^{R}\right] \\ -2\alpha(\overline{\lambda}_{e,t}^{R} - \underline{\lambda}_{e,t}^{R}) - 4(\lambda_{rt}^{R} - \overline{\lambda}_{e,t}^{R}), & \lambda_{rt}^{R} > \overline{\lambda}_{e,t}^{R} \end{cases}$$

基于上述评估指标，本节对比分析了基于 LSTM-Bootstrapping 的区间和传统经验设定的鲁棒区间。在传统鲁棒优化模型中，预测不确定变量区间的方法是通过在不确定变量的期望值 $\lambda_t^{R,\exp}$ 上添加一个人为设定的对称偏差值 $\alpha\lambda_t^{R,\exp}$，数学表达如下：

$$U^{pr} = \left\{ \lambda_{e,t}^{R} : (1-\alpha)\lambda_t^{R,\exp} \leqslant \lambda_{e,t}^{R} \leqslant (1+\alpha)\lambda_t^{R,\exp}, \forall t \in N_T \right\}$$

采用 ACE 和 IS 指标评估，置信水平分别为 80%、90% 及 99% 以下，基于 LSTM-Bootstrap 方法的区间和传统鲁棒区间品质的结果如表 10-4 所示。

表 10-4　不同方法下区间品质的评估结果

置信水平/%	方法	覆盖面积/%	ACE/%	IS
80	LSTM-Bootstrap	81.57	1.57	−5.76
	经验设定	85.46	5.46	−6.26
90	LSTM-Bootstrap	89.33	−0.67	−2.78
	经验设定	92.37	2.37	−4.42
99	LSTM-Bootstrap	98.28	−0.72	−2.01
	经验设定	97.55	1.45	−2.53

由表 10-4 可知，在同一置信水平下，基于 LSTM-Bootstrap 方法预测的区间的 ACE 的绝对值小于传统鲁棒区间的 ACE 的绝对值。这说明，与传统鲁棒区间相比，基于所提方法预测得到的区间的覆盖概率更接近于标称概率。因为 LSTM-Bootstrap 方法在区间预测过程中，能够量化点预测的误差分布，所以基于较为贴合实际的点预测结果，LSTM-Bootstrap 方法能够估计出具有更高可靠性的不确定区间。此外，在同一置信水平下，基于 LSTM-Bootstrap 方法预测的

区间的 IS 值比传统鲁棒区间的 IS 值更高。这说明，不确定变量的实际值更多地落在 LSTM-Bootstrap 区间内，因此所提方法预测得到的区间的品质更高。这是因为，在所提的 LSTM-Bootstrap 预测方法中，Bootstrap 方法能够修正和量化基于 LSTM 的点预测误差。然而，在传统鲁棒区间设定过程中，一般是直接采用点预测值作为不确定变量的期望值，没有考虑点预测的误差。综上，本节所提的基于 LSTM-Bootstrap 的预测方法能够预测出可靠性高和品质优的不确定变量的区间。

为了进一步验证基于 LSTM-Bootstrap 方法预测出的区间的有效性，基于历史数据，采用 LSTM-Bootstrap 方法和传统鲁棒区间设定方法分别估计美国中西部电力市场 2018 年 10 月 1 日的 24 小时实时电价的不确定区间，且置信水平为 90%，预测结果如图 10-8 所示。

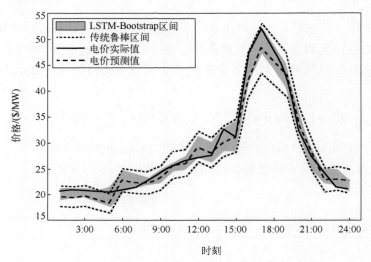

图 10-8　24 小时实时电价的预测结果

由图 10-8 可见，在同一置信水平下，LSTM-Bootstrap 方法预测的区间不仅几乎涵盖了全部 24 小时实时电价的实际值，而且区间面积小于传统鲁棒区间。尤其是在 8~11 点和 17~19 点时两者的区间面积差异最大。这说明了所提方法预测的区间具有更高的可靠性和精准性。另外，相较于传统鲁棒的对称区间，LSTM-Bootstrap 方法预测的区间上下界并不以点预测值为中线对称。这进一步体现了 Bootstrap 方法是通过近似误差的总体分布来量化点预测的误差值的，而传统鲁棒区间方法仅是粗略地设置一个绝对值恒定的正负波动值来量化误差。因此，考虑点预测误差分布的 LSTM-Bootstrap 方法能够估计出更加精确和符合实际情况的不确定区间。

3. 鲁棒优化模型的有效性分析

本节提出采用二阶段鲁棒优化方法来制定园区 IES 的最优运行策略。为了验证所构建的二阶段鲁棒优化模型的有效性，本节设置了三个场景，并基于三个场景对所提方法进行了比较分析。

三个场景的定义如表 10-5 所示。

表 10-5　场景设置

场景	是否考虑不确定性	不确定变量模型	优化方法
1	×	—	确定性优化
2	√	传统鲁棒区间	二阶段鲁棒优化
3	√	LSTM-Bootstrap 区间	二阶段鲁棒优化

具体来说，场景 1 为参考场景。在该场景中，不考虑不确定性因素的影响，且 24 小时的实时电价为已知量，基于此，构建了园区 IES 运行调度的确定性优化模型。而场景 2 和场景 3 考虑了实时电价的不确定性对园区 IES 运行调度的影响。分别采用传统鲁棒区间方法和 LSTM-Bootstrap 方法估计了 24 小时的实时电价的不确定区间。在此基础上，场景 2 和场景 3 均采用二阶段鲁棒优化方法制定了园区 IES 的最优调度方案。另外，场景 2 和场景 3 中的实时电价的不确定区间即为图 10-8 中所示的区间。

基于上述场景，可计算得出各个场景下园区 IES 运行的成本和利润，如表 10-6 所示。

表 10-6　不同场景下园区 IES 运行的成本和利润

场景	运行成本/$	净利润/$
1	4256.4	2080.91
2	4310.5	2026.78
3	4280.8	2056.53

由表 10-6 可得，考虑系统运行过程中不确定性变量的影响会使得园区 IES 的运行成本增大，净利润减小。产生这个结果的原因是，场景 2 和场景 3 均采用二阶段鲁棒优化方法来制定园区 IES 的最优运行策略，这个结果是在考虑不确定变量的最差情况下得到的。另外，与场景 2 的优化结果相比，场景 3 的优化结果(运行成本和净利润)更接近场景 1 的优化结果。这说明，场景 3 得到的优化方案的保守度较低。因此，这证明了可靠性及品质更高的不确定变量的区间能够降低鲁棒

优化方法的保守度。

另外，为了分析所提二阶段鲁棒优化方法对园区 IES 运行的影响，基于上述三个场景，分别计算了园区 IES 中电能和热能的最优调度量，如图 10-9～图 10-14 所示。

从图 10-9 可以看出，园区 IES 从主网中购买的电能大部分用于供应园区中的电锅炉机组以及园区电力用户的负荷需求。这是因为由于气-电转换效率的存在，通过 CHP 机组产生的电能成本较高。另外，当电价较低时(1～13 点以及 22～24 点)，电锅炉会从上级主网中购买更多的电能。并且 CHP 机组几乎不向终端电力用户提供任何电能。随着电能价格的升高，CHP 机组输出的电能增多，以此来向主网提供 FRP，同时满足一部分电力负荷的需求(16～21 点)。然而，此时，电锅炉减少电能消耗，甚至在电价尖峰期退出运行，以降低园区 IES 的运行成本。

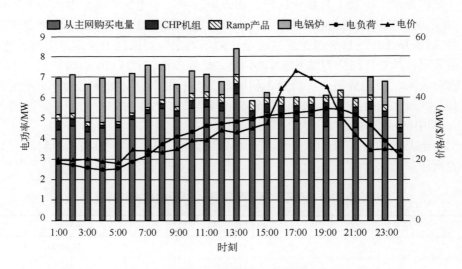

图 10-9　场景 1 的电能最优调度结果

场景 1 中热能的最优调度结果如图 10-10 所示。可以看出，在能源价格较低期间(1～8 点及 20 点)，电锅炉通过消耗较多的电能产生大量的热功率，并将多余的热功率储存在热储设备中。然后，在能源价格较高的期间(14～18 点)，通过热储释放热功率来满足终端用户的热能需求。另外，当电价低于天然气价格时(1～5 点以及 7～14 点)，热负荷主要通过电锅炉来提供。然而，当电价高于天然气价格时(16～21 点)，热负荷主要通过 CHP 机组和热储来供能。这说明，不同能源价格之间的差异会直接影响 CHP 机组和电锅炉的运行调度方案。此外，在 6 点及

22～24 点时，虽然电价高于天然气价格，园区 IES 仍调度电锅炉来产生热能，这是因为相较于 CHP 机组，电锅炉具有较高的能源转换效率。这进一步说明，园区 IES 的最优运行策略不仅会受到能源价格的影响，而且还会受到其他因素的影响，如供能设备的工作效率（能源转换效率）。

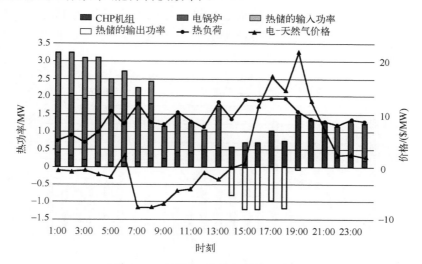

图 10-10　场景 1 的热能最优调度结果

由图 10-11 可以看出，场景 2 的电能最优调度策略与确定性的电能最优调度

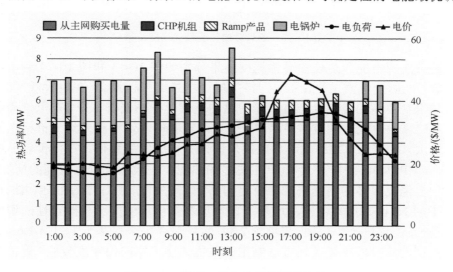

图 10-11　场景 2 的电能最优调度结果

策略类似。仅是在电价高峰期（17～19 点），相较于场景 1 来说，场景 2 的 CHP 机组会输出更多的电能来缓解负荷压力，这是因为在场景 2 中考虑了实时电价的最差实现情况。然而，如图 10-10 和图 10-12 所示，场景 2 的热能调度策略与确定性优化的热能调度策略不同。其中，场景 2 中的热储设备的放热时间和每个小时的输出热功率与场景 1 相比发生了很大的变化。这说明，由于电能和热能之间的耦合作用，电价的不确定性会对热能系统的运行产生很大的影响。

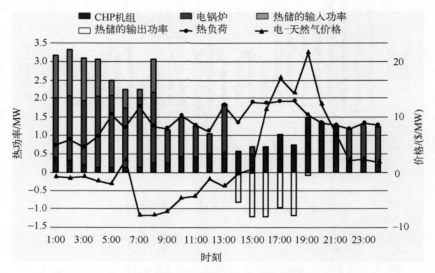

图 10-12　场景 2 的热能最优调度结果

场景 3 的电能和热能的最优调度结果分别如图 10-13 和图 10-14 所示。整体来说，能源的供需是平衡的。同样类似于场景 1 和场景 2，在电价低谷时期，电锅炉消耗更多的电能以产生大量的热功率储存在热储设备中。在电价高峰时期，热储释放电能以供应热能用户。另外，随着电能价格和天然气价格之间差异的增大，会导致 CHP 机组和电锅炉的出力情况发生变化。在电价较高的情况下，CHP 机组会消耗天然气产生更多的热能。在天然气价格较高的情况下，电锅炉会消耗更多的电能来产生充足的热能。此外，分别对比图 10-9、图 10-10 和图 10-13、图 10-14 可知，场景 3 的电能和热能调度方案与确定性的调度方案几乎一致。这进一步说明，与场景 2 相比，场景 3 中采用基于 LSTM-Bootstrap 区间预测的二阶段鲁棒优化方法制定的最优调度方案的保守度较低，更符合实际情况。

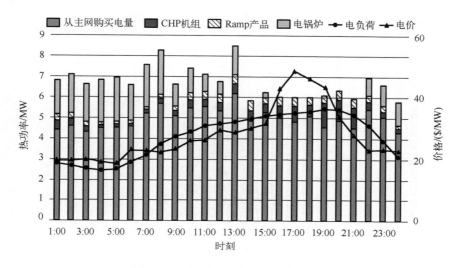

图 10-13　场景 3 的电能最优调度结果

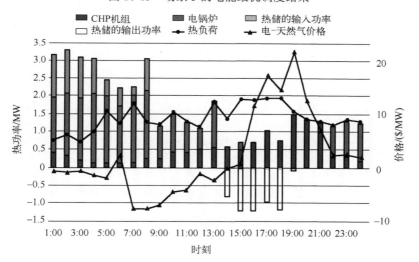

图 10-14　场景 3 的热能最优调度结果

4. 参与 FRP 市场的影响分析

为了分析 FRP 对园区 IES 运行的影响，本节分别对参与提供 FRP 的园区 IES 和不参与提供 FRP 的园区 IES 进行了优化建模。其中，参与提供 FRP 市场的园区 IES 的最优运行方案即为场景 3 的最优运行方案。不参与提供 FRP 的园区 IES 的运行优化结果如图 10-15 和图 10-16 所示。

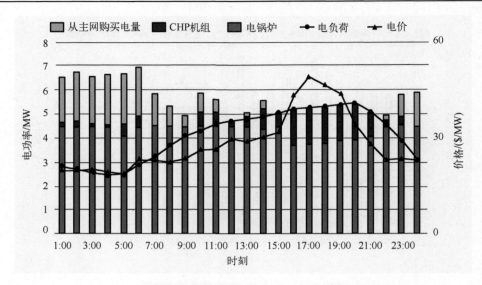

图 10-15　不参与提供 FRP 的园区 IES 的电能最优调度结果

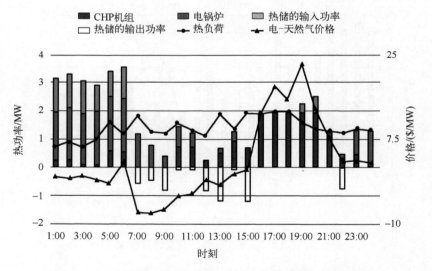

图 10-16　不参与提供 FRP 的园区 IES 的热能最优调度结果

　　对比图 10-13 和图 10-15 可知，在园区 IES 不参与提供 FRP 的场景下，电价高峰期间（16～20 点），CHP 机组消耗更多的天然气来产生大量的电能。另外，电锅炉工作的时间大多集中在电力负荷需求的低谷期（1～6 点和 23～24 点）。对于园区 IES 中的热能系统来说，是否提供 FRP 会对热能的供需情况产生很大的影响，如图 10-14 和图 10-16 所示。从图 10-16 中可以看出，当园区 IES 不参与提供 FRP 时，在天然气价格的高峰期间（14～18 点），CHP 机组仍然消耗大量的天然气来满足热能用户的需求，而热储中已无足够的能量储备来供应热能负荷。这是因为热储已经在其他时段把热能供应给了终端用户。这种运行方案难以利用能源价格差异来降低系统的运行成本。然而，当园区 IES 参与提供 FRP 时，这种不经济的运行方案得到了改善，如图 10-14 所示。综上，FRP 不仅可以为电力系统提供更多的运行灵活性，而且能够提高参与提供 FRP 的主体的运行效益。

10.4　面向储能等分散资源能量共享的需求侧激励设计

10.4.1　能量共享与 Peer-to-Peer 交易机制

1. 储能等分散资源能量共享概述

近年来，能量共享技术得到了大量的关注。能量共享是解决基站的可再生能源出力和移动通信能耗不完全匹配的关键技术，进一步提高了可再生能源的利用率。有学者通过部署额外的物理/专用电力线路基础设施，以适应能量共享的拓扑链路。但对于地理距离较远的大量基站，这种方法可能过于昂贵，无法在实际中应用。也有研究通过智能电网中的聚合器来协调一组基站之间共享的能量流，即一些基站向聚合器注入能量，而另一些基站从聚合器中获取能量，从而实现能量共享。然而，其参与共享的基站群未配置储能装置，可能会造成能量的浪费。学者们还利用可再生能源和基站的动态休眠来最小化能量消耗，并将 NP-hard 的混合整数线性规划问题分解为两个子问题求解，有效地降低了系统的能耗。

因此，未来的研究需要集中精力解决这一不确定性，以发展更为适应实际环境的基站能量共享策略。这可能包括对不同基站之间的能量流进行更灵活的调整，以适应随机变化的能源产出和基站需求。同时，针对地理距离较远的基站，需要寻找更经济实用的能量共享方案，避免过度投入。综合考虑实际情况的不确定性将有助于确保能量共享技术在真实场景中的有效性和可持续性。

2. Peer-to-Peer 交易机制

随着 DG、储能和电动汽车等 DER 在用户侧的逐渐普及，传统的被动消费者转变为产消者(prosumer)，可以有效地管理其内部资源并积极参与电力市场，提供电网支撑和各种辅助服务，这一新兴市场主体促进了 P2P 交易的进一步发展。P2P 架构的价值源于共享经济，使得小规模产消者除了从公共电网购买或出售电能之外，可以互相交易。研究表明，P2P 能源交易可以为配电系统带来诸多运营效益，包括调峰、降低损耗、最小化投资成本和多样化的辅助服务[6]。用户侧多主体交易可以集中式或分布式的组织形式。集中式交易机制类似于基于电力库的电力批发市场，由一个监管实体收集来自市场参与者的数据，并引导他们的用电行为，以集中式的方式实现市场均衡。而分布式交易机制则允许各主体根据自己的偏好进行能源交易，不受任何第三方实体的干预。随着市场主体的增加，电力市场机制正朝着更加分散和灵活的方向发展，以进一步激发配电系统的运营潜力。多主体间的分布式交易通常基于分布式优化算法，包括交替方向乘子法(alternating direction method of multipliers, ADMM)、目标级联法和对偶分解法等。相比于集中式的组织形式，分布式交易正成为促进众多市场主体之间灵活能源交易的一种有前景的交易形式，将在未来电力市场中发挥重要作用。

10.4.2　基于纳什议价的需求侧资源 P2P 交易模型

虽然产消者之间的合作可以有效降低配电系统总的运行成本，但不公平的收益分配可能会降低消费者的合作意愿，不利于 P2P 交易的可持续发展。因此，建立一种所有参与者都同意的公平的利益分配机制是有必要的。由于 Nash 谈判可以提供一个公平的 Pareto 最优解，因此我们采用 Nash 谈判理论来构建用户侧多主体 P2P 交易模型，并将其进一步分解为两个子问题：最优潮流(optimal power flaw, OPF)问题(P1)和支付议价问题(P2)。

1. 纳什谈判

首先对 Nash 谈判理论进行简要介绍。标准的 Nash 谈判模型如下所示：

$$\max \prod_{i=1}^{N}(u_i - d_i) \tag{10-62}$$

$$\text{s.t. } u_i \geq d_i, \forall i \tag{10-63}$$

式中，d_i 为每个主体单独运行时的收益，显然只当主体 i 参与合作后的收益 u_i 大于不合作时的收益，主体 i 才有动机参与合作，因此 d_i 又被称为谈判破裂点。Nash 谈判模型的目标函数为最大化所有主体与其谈判破裂点的偏离程度的乘积，该模型的解 $(u_1^*, \cdots, u_N^*)$ 即为 Nash 谈判解。Nash 谈判解满足以下性质。

(1)个体理性：所有参与者都能通过谈判来提高自己的效用，即合作后的收益大于谈判破裂点，否则其不会参与合作。

（2）可行性：对于 Nash 谈判模型，至少存在一个满足所有约束条件的可行解。

（3）帕累托最优：单个参与者无法找到使其自身效用严格大于 Nash 谈判解，且不损害其他参与者利益的解。

（4）不相关部分独立性：如果 Nash 可行解是在较小的可行域范围内找到的，那么可行域范围扩大后，该解仍为 Nash 可行解。

（5）线性不变性：对各参与者的效用函数和谈判破裂点进行线性变换缩放，Nash 可行解不变。

（6）对称性：如果参与者拥有相同的效用函数和谈判破裂点，那么他们在 Nash 谈判中获得的效用相同。

为了避免标准 Nash 谈判模型的非凸性带来的求解困难，可进一步将其转化为如下的模型进行求解：

$$\max \sum_{i=1}^{N} \ln(u_i - d_i) \tag{10-64}$$

$$\text{s.t. } u_i \geqslant d_i, \quad \forall i \tag{10-65}$$

Nash 谈判模型确定了一个清晰的合作利益分配机制，能够确保每个主体公平地分享合作所带来的利润。

2. 基于纳什谈判的 P2P 交易模型

定义 $e_{ij}(t)$ 为产消者 i 和产消者 j 两者间交易功率，若 $e_{ij}(t)$ 为正说明产消者 i 从产消者 j 处购买功率，反之亦然。$e_{ij}(t)$ 的约束为

$$e^{\min} \leqslant e_{ij}(t) \leqslant e^{\max}, \quad \forall t \tag{10-66}$$

式中，$e^{\max}$ 和 $e^{\min}$ 分别为交易功率的最大和最小限值。由于相邻节点交易的功率损失与交易电量相比是微不足道的，可以认为：

$$e_{ij}(t) + e_{ji}(t) = 0, \quad \forall t \tag{10-67}$$

将产消者 i 的相邻产消者集合定义为 $N_i := \{A_i\} \cup v(i)$。对产消者 i 而言，其通过 P2P 易获得的净功率 $e_i(t)$ 应该等于其从相邻产消者处购买的功率之和，即

$$e_i(t) = \sum_{j \in N_i} e_{ij}(t), \quad \forall t \tag{10-68}$$

令 $\pi_{ij}(t)$ 为 P2P 交易时产消者 i 给 j 的费用，则有

$$\pi_{ij}(t) + \pi_{ji}(t) = 0, \quad \forall t \tag{10-69}$$

$$C_{i,\mathrm{ex}}(t) = \sum_{j \in N_i} \pi_{ij}(t), \quad \forall t \tag{10-70}$$

式中，$C_{i,\mathrm{ex}}(t)$ 为产消者 i 与相邻产消者交易产生的费用之和。

考虑 P2P 电能交易之后，每个产消者的功率平衡约束变为

$$P_{i,d}(t) = P_{i,b}(t) - P_{i,s}(t) + P_{i,g}(t) + P_{i,\mathrm{pv}}(t) + \sum_{j \in N_i} e_{ij}(t), \quad \forall t \tag{10-71}$$

将 C_i^{man} 定义为产消者 i 不参与 P2P 交易时的成本，则

$$C_i^{\mathrm{non}} = \overline{C}_{i,\mathrm{grid}} + \overline{C}_{i,g} + \overline{C}_{i,\mathrm{loss}} + \overline{C}_{i,\mathrm{TL}} + \overline{C}_{i,\mathrm{pv}} \tag{10-72}$$

式中，$\overline{C}_{i,(\cdot)}$ 表示不参与 P2P 交易时产消者 i 对应的各成本项。基于 Nash 谈判理论，构建 P2P 电能交易模型如下：

$$\max \prod_{i=1}^{N} (C_i^{\mathrm{non}} - (C_{i,\mathrm{grid}} + C_{i,g} + C_{i,\mathrm{loss}} + C_{i,\mathrm{IL}} + C_{i,\mathrm{pv}} + C_{i,\mathrm{ex}})) \tag{10-73}$$

$$\text{over}\{P_{i,g}, Q_{i,g}, P_{i,\mathrm{pv}}, Q_{i,\mathrm{pv}}, P_{i,d}, P_{i,b}, P_{i,s}, u_{i,1}, u_{i,2}, V_i, P_i, Q_i, l_i, p_i, q_i, e_{ij}, \pi_{ij}, i \in \Phi_B, j \in w_i\}$$

$$\text{s.t.} \quad 式 (10\text{-}66) \sim 式 (10\text{-}71)$$

$$P_i = \sum_{j \in v(i)} (P_j - r_j l_j) + p_j, \quad i \in \Phi_B \tag{10-74}$$

$$Q_i = \sum_{j \in v(i)} (Q_j - x_j l_j) + q_j, \quad \forall i \in \Phi_B \tag{10-75}$$

$$V_i - V_{A_i} = 2(P_i r_i + Q_i x_i) - (r_i^2 + x_i^2) l_i, \quad \forall i - A_i \in \Phi_l \tag{10-76}$$

$$V^{\min} \leqslant V_i \leqslant V^{\max}, \quad \forall i \in \Phi_B \tag{10-77}$$

$$\sqrt{(2P_i)^2 + (2Q_i)^2 + (l_i - V_i)^2} \leqslant (l_i + V_i), \quad \forall i \in \Phi_B \tag{10-78}$$

$$C_{i,\mathrm{loss}} = \alpha r_i l_i, \quad \forall i \in \Phi_B \tag{10-79}$$

$$0 \leqslant P_{i,g}(t) \leqslant P_{i,g}^{\mathrm{r}}, \quad \forall t \tag{10-80}$$

$$C_{i,g}(t) = k_2 P_{i,g}(t)^2 + k_1 P_{i,g}(t) + k_0, \quad \forall t \tag{10-81}$$

$$0 \leqslant P_{i,\mathrm{pv}}(t) \leqslant P_{i,\mathrm{pv}}^{\max}(t), \quad \forall t \tag{10-82}$$

$$C_{i,\text{pv}} = \gamma(P_{i,\text{pv}}^{\max}(t) - P_{i,\text{pv}}(t)), \quad \forall t \tag{10-83}$$

$$(1-\eta_{i,\text{IL}})P_{i,d^{\cdot}}(t) \leqslant P_{i,d}(t) \leqslant P_{i,d^{\cdot}}(t), \quad \forall t \tag{10-84}$$

$$C_{i,\text{IL}}(t) = \beta(P_{i,d^{\cdot}}(t) - P_{i,d}(t)), \quad \forall t \tag{10-85}$$

$$0 \leqslant P_{i,b}(t) \leqslant u_{i,1}(t)P_{\text{ex}}^{\max}, u_{i,1}(t) \in \{0,1\}, \quad \forall t \tag{10-86}$$

$$0 \leqslant P_{i,s}(t) \leqslant u_{i,2}(t)P_{\text{ex}}^{\max}, u_{i,2}(t) \in \{0,1\}, \quad \forall t \tag{10-87}$$

$$u_{i,1}(t) + u_{i,2}(t) \leqslant 1, \quad \forall t \tag{10-88}$$

$$C_{i,\text{grid}}(t) = \mu_b(t)P_{i,b}(t) - \mu_s(t)P_{i,s}(t), \quad \forall t \tag{10-89}$$

$$(C_{i,\text{grid}} + C_{i,g} + C_{i,\text{loss}} + C_{i,\text{IL}} + C_{i,\text{pv}} + C_{i,\text{ex}}) \leqslant C_i^{\text{non}} \tag{10-90}$$

式中，$\overline{C}_{i,(\cdot)}$ 表示参与 P2P 交易后产消者 i 对应的各成本项。上述模型可以进一步分解为两个子问题，即考虑 P2P 交易的 OPF 问题 P1 和支付议价问题 P2，分别如下所示。

P1：OPF 问题：

$$\min \sum_{i \in \Phi_B} f_i(z_i) = \sum_{i \in \Phi_B}(C_{i,\text{grid}} + C_{i,g} + C_{i,\text{loss}} + C_{i,\text{IL}} + C_{i,\text{pv}}) \tag{10-91}$$

over　$z_i := [P_{i,g}, Q_{i,g}, P_{i,\text{pv}}, Q_{i,\text{pv}}, P_{i,d}, P_{i,b}, P_{i,s}, u_{i,1}, u_{i,2}, V_i, PQ_i, l_i, p_i, q_i, e_i, i \in \Phi_B]$

s.t. 式(10-74)～式(10-89),式(10-66)～式(10-68),式(10-71)

P2：支付议价问题：

$$\max \prod_{i=1}^{N}(\delta_i^* - C_{i,\text{ex}})$$

over　$\{\pi_{ij}, i \in \Phi_B, j \in w_i\}$ \tag{10-92}

s.t. 式(10-69)～式(10-70),式(10-90)

式中，$\delta_i^* = C_i^{\text{non}} - (C_{i,\text{grid}}^* + C_{i,g}^* + C_{i,\text{loss}}^* + C_{i,\text{IL}}^* + C_{i,\text{pv}}^*)$ 为产消者 i 参与 P2P 电能交易后节约的运行成本，$(C_{i,\text{grid}}^* + C_{i,g}^* + C_{i,\text{loss}}^* + C_{i,\text{IL}}^* + C_{i,\text{pv}}^*)$ 中各项由 OPF 问题求解得出。

10.4.3　去中心化求解与实现

针对上述构建的用户侧多主体 P2P 交易模型，首先介绍基于交替方向乘子法（alternating direction method of multipliers，ADMM）的 P1 问题的分布式求解。使用基于 ADMM 算法，每个产消者 i 可以求解内部子问题，并且只与相邻的产消者 N_i 交换信息以获得一致性约束。注意，考虑 P2P 交易后，从节点 j 观察到的关于节点 i 的变量值 y_{ij} 变为

$$\boldsymbol{y}_{ij} := \begin{cases} (V_{ij}^y, P_{ij}^y, Q_{ij}^y, l_{ii}^y, p_{ij}^y, q_{ij}^y, e_{ii}^y) & j = i \\ (P_{i,}^y, Q_{iu}^y, l_{iA}^y, e_{iA}^y) & j = A_i \\ (V_{ij}^y, e_{ij}^y) & j = v(i) \end{cases} \tag{10-93}$$

P1 的简写形式如下：

$$\min \sum_{i \in \Phi_k} f_i(z_i) \tag{10-94}$$

$$\text{over} \quad z_i = \{[\boldsymbol{w}_i, \boldsymbol{x}_i] | i \in \Phi_B\}, \boldsymbol{y}_i = \{\boldsymbol{y}_{ji} | j \in N_i, i \in \Phi_B\}$$

$$\text{s.t.} \quad \boldsymbol{A}z_i = 0, \quad i \in \Phi_B \tag{10-95}$$

$$\sum_{j \in N_i} \boldsymbol{B}\boldsymbol{y}_{ji} = 0, \quad i \in \Phi_B \tag{10-96}$$

$$\boldsymbol{x}_i = \boldsymbol{y}_{ij}, \quad j \in N_i, \quad i \in \Phi_B \tag{10-97}$$

式中，$\boldsymbol{w}_i = [P_{i,g}, Q_{i,g}, P_{i,\text{pv}}, Q_{i,\text{pv}}, P_{i,d}, P_{i,b}, P_{i,s}, u_{i,1}, u_{i,2}]$，$\boldsymbol{x}_i = [V_i, P_i, Q_i, l_i, p_i, q_i, e_i]$。

$\boldsymbol{w}_i$ 是产消者 i 的内部决策变量。式 (10-95) 表示与变量 z_i 相关的约束。即式 (10-67)、式 (10-77)、式 (10-79) 和式 (10-80)、式 (10-82)～式 (10-89)。$\boldsymbol{A}$ 和 $\boldsymbol{B}$ 为表示相关约束的系数矩阵。$\boldsymbol{x}_i$ 表示产消者 i 与相邻产消者耦合的决策变量。如果参与 P2P 交易后不能降低产消者的成本，则其不会参与 P2P 交易，此时求解 P1 得到相应的 e_i 为零。在求解支付议价问题 P2 时，这些不参与 P2P 交易的产消者可以被简单地排除在外，不会改变问题的求解。

每个产消者 i 求解的内部子问题可以表示为

$$\min f_i(z_i) + \boldsymbol{\mu}_i^{\mathrm{T}}(\boldsymbol{x}_i - \hat{\boldsymbol{y}}_{ij}) + \frac{\rho}{2} \left\| \boldsymbol{x}_i - \hat{\boldsymbol{y}}_{ij} \right\|^2$$

$$\boldsymbol{A}z_i = 0, \quad i \in \Phi_B \tag{10-98}$$

式中，$\hat{\boldsymbol{y}}_{ij}, j \in N_i$ 为产消者 j 传递给产消者 i 的信息，$\boldsymbol{\mu}_i$ 为相应的拉格朗日乘子，ρ 为

正的惩罚因子。在第 k 次迭代中，$\boldsymbol{\mu}_i$ 的更新公式为

$$\boldsymbol{\mu}_i^{k+1} = \boldsymbol{\mu}_i^k + \rho\left(\hat{\boldsymbol{x}}_i^{k+1} - \hat{\boldsymbol{y}}_{ij}^{k+1}\right) \tag{10-99}$$

在 $\boldsymbol{y}$ 更新中，每个产消者 i 求解的内部子问题可以表示为

$$\min \boldsymbol{\mu}_{ji}^{\mathrm{T}}(\boldsymbol{y}_{ji} - \hat{\boldsymbol{x}}_j) + \frac{\rho}{2}\|\boldsymbol{y}_{ji} - \hat{\boldsymbol{x}}_j\|^2$$

$$\text{over } \boldsymbol{y}_i = \{\boldsymbol{y}_{ij}|\ j \in N_i, i \in \Phi_B\}$$

$$\boldsymbol{x}_i \boldsymbol{y}_{ij}, \quad j \in N_i, i \in \Phi_B \tag{10-100}$$

$$\boldsymbol{A}\boldsymbol{x}_i = 0, \quad i \in \Phi_B \tag{10-101}$$

式中，$\hat{\boldsymbol{x}}_j, j \in N_i$ 代表产消者 i 接收到的来自相邻节点的信息，$\boldsymbol{\mu}_{ji}$ 为相应的拉格朗日乘子。在第 k 次迭代中，$\boldsymbol{\mu}_{ji}$ 的更新公式为

$$\boldsymbol{\mu}_{ji}^{k+1} = \boldsymbol{\mu}_{ji}^k + \rho(\hat{\boldsymbol{y}}_{ji}^{k+1} - \hat{\boldsymbol{x}}_j^{k+1}) \tag{10-102}$$

原对偶残差分别为

$$r_i^k := \|\boldsymbol{x}_i^k - \boldsymbol{y}_{ij}^k\|_2 \tag{10-103}$$

$$s_i^k := \rho\|\boldsymbol{y}_{ji}^k - \boldsymbol{y}_{ji}^{k-1}\|_2 \tag{10-104}$$

由于惩罚因子对 ADMM 算法的收敛性能有显著影响，采用自适应方法来选择惩罚因子：

$$\rho^{k+1} = \begin{cases} k^{\mathrm{inc}} \rho^k & r^k > 10 * s^k \\ \rho^k / k^{\mathrm{dec}} & s^k > 10 * r^k \\ \rho^k & \text{其他} \end{cases} \tag{10-105}$$

式中，k^{dec} 和 k^{inc} 取值为 2。

将 P2 转化为相应的 ln 形式，得到新的支付议价问题如下（P2-I）：

$$\min - \sum_{i=1}^N \ln(\delta_i^* - C_{i,\mathrm{ex}}(t))$$

$$\text{over} \quad \{\pi_{ij}, i \in \Phi_B, j \in w_i\} \tag{10-106}$$

s.t.　式（10-69）、式（10-70）、式（10-90）

用户侧多主体 P2P 交易示意图如图 10-17 所示。这里引入虚拟协调中心来

更新拉格朗日乘子和惩罚因子，并检查收敛判据。虚拟协调中心是一个非盈利的计算模块，通过智能电网通信技术与所有参与的产消者进行通信，如基于蜂窝的广域网和电力线通信等。同时，虚拟协调中心能够保护所有产消者的隐私。P1 的具体求解过程见算法 10-1，P2-I 的求解算法与求解 P1 的类似，此处不再赘述。

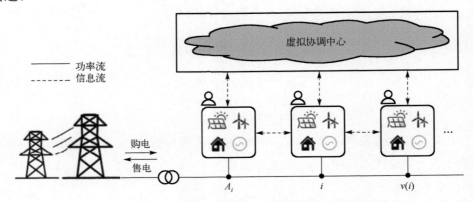

图 10-17　用户侧多主体 P2P 交易示意图

算法 10-1　基于 ADMM 的 P1 问题的分布式求解

1:	令 $k=1$，$\boldsymbol{\mu}_i^k=0$，$\boldsymbol{\mu}_{ji}^{k+1}=0$，$\rho=0$，定义收敛偏差 ε。
2:	**repeat**
3:	在第 k 次迭代时（各产消者并行计算）。
4:	$\boldsymbol{x}$-update：基于获得的 $\hat{y}_{ij}$、ρ^k 和 μ_i 的值，产消者 i 求解模型式(10-98)。
5:	$\boldsymbol{y}$-update：基于获得的 $\hat{x}_j$、ρ^k 和 μ_{ji} 的值，产消者 i 求解模型式(10-100)～式(10-101)。
6:	虚拟协调中心：根据式(10-99)和式(10-102)更新拉格朗日乘子，根据式(10-105)更新惩罚因子，将相关变量传递给对应的产消者。
7:	更新 $k=k+1$。
8:	直到满足收敛判据，即 $r_i^k \leqslant \varepsilon$，$s_i^k \leqslant \varepsilon$，$\forall i$。
9:	**end**

10.4.4　算例分析

本节基于 33 节点配电系统和我国南方某省实际配电系统，验证所提出的用户侧多主体分布式交易模型和求解方法的有效性。

不考虑 P2P 交易和考虑 P2P 能源交易两种情况下系统的总运行成本和功率损耗如表 10-7 所示。可以看出，通过 P2P 交易，系统运行成本降低了 23.66%，网损降低了 32.11%。考虑到节点 32 为线路末端节点，更容易发生电压越限，对其在考虑和不考虑 P2P 交易两种情况下的电压进行分析，如图 10-18 所示。在不考虑 P2P 能源交易的情况下，由于居民和商业负荷都处于较高水平，32 节点在第 16 小时和第 17 小时出现电压越限。而在 P2P 能源交易中，节点 32 的电压值始终保持在约束范围内，没有发生违反电压约束的情况。由此说明，考虑多个产消者相互合作的 P2P 能源交易可以有效降低系统的总体运行成本，降低网络损耗，同时增强系统电压的安全性。

表 10-7 考虑和不考虑 P2P 交易时系统总运行成本和功率损耗

	运行成本/$	网损/kW
不考虑 P2P 交易	47224.30	1266.26
考虑 P2P 交易	36050.96	859.65
降低百分比/%	23.66	32.11

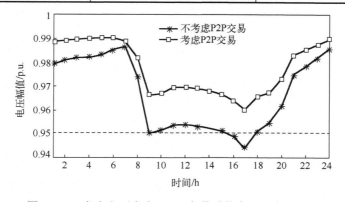

图 10-18 考虑和不考虑 P2P 交易时节点 32 电压曲线

以产消者 3 和 4 为例，对其参与 P2P 交易的策略和成本进行分析。产消者 3 和 4 均为居民负荷，且产消者 4 安装了光伏发电机组，而产消者 3 未安装。在考虑和不考虑 P2P 能源交易两种情况下，产消者 3 和 4 与上级电网的交易功率分别如图 10-19(a) 和图 10-19(b) 所示，正值表示产消者从上级电网购电，负值表示产消者向上级电网售电。从图 10-19 可以看出，对于产消者 3 来说，参与 P2P 能源交易后，其从上级电网购买的电量将显著减少。若不考虑 P2P 能源交易，产消者 4 将与电网进行交易，以减少其电力盈余或赤字。相比之下，参与 P2P 能源交易后，产消者 4 可以通过与其相邻产消者进行交易，从而获得更多的经济效益。因此，参与 P2P 交易后，产消者 4 在 $t=1\sim17$ 时与上级电网的功率交换为零。与直接从上级电网购买电量相比，P2P 能源交易为参与者提供了一个更经济的满足内部负荷用电需求的方案。

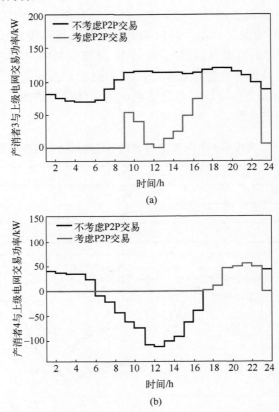

图 10-19　考虑和不考虑 P2P 交易产消者 3 和 4 与上级电网交易功率

求解支付议价问题 P2 得出的产消者 3 和 4 的 P2P 交易成本如图 10-20 所示。由图可知，$t=1\sim16$ 和 $23\sim24$ 时，产消者 3 从相邻的产消者处购买能量(其 P2P 能源交易成本为正)。产消者 4 在 $t=1\sim5$ 和 $23\sim24$ 时从相邻的产消者处购买电量(其 P2P 能源交易成本为正)，在 $t=6\sim16$ 时售电给相邻的产消者(其 P2P 能源交易成本为负)，即通过 P2P 交易获得收益。而产消者 3 和 4 在 $t=17\sim22$ 时均无法通过与相邻产消者交易降低运行成本，因此相应的 P2P 能源交易成本为 0。

考虑和不考虑 P2P 交易两种情况下，产消者 31 与上级电网交易功率以及 DG3 出力如图 10-21 所示。其中，两条实线分别表示在不考虑和考虑 P2P 能源交易的情况下产消者 31 与上级电网的功率交换，柱状图表示 DG3 在不考虑和考虑 P2P

能源交易两种情况下的出力。在不考虑 P2P 能源交易的情况下，产消者 31 的负荷由 DG3 提供，并将内部多余电量卖给上级电网。参与 P2P 交易后，产消者 31 与上级电网交易功率变为 0，且 DG3 以额定功率发电，说明产消者 31 可以通过将内部多余电量卖给其相邻的产消者来获得更高的收益，且功率的近距离传输有助于降低网络损耗。P2P 交易能够使参与的产消者更有效地利用其内部资源，使得整个系统运行灵活性得到提升。

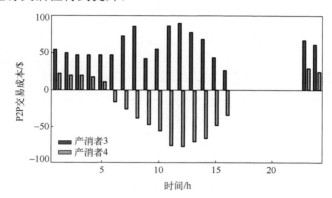

图 10-20　产消者 3 和 4 参与 P2P 交易成本

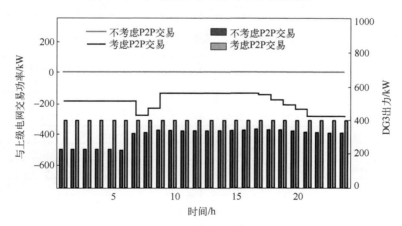

图 10-21　考虑和不考虑 P2P 交易产消者 31 与上级电网交易功率及 DG3 出力

分别以 $t=7$ 和 $t=14$ 为例，求解支付议价问题 P2 得出的各产消者参与 P2P 能源交易后的成本缩减、P2P 交易成本以及净收益如表 10-8 和表 10-9 所示。其中，i 为产消者代号，成本缩减表示各产消者参与 P2P 交易前后的成本差值，P2P 交易的成本是产消者 i 向其他产消者支付的总费用，各产消者参与 P2P 交易后的净利润等于成本缩减减去 P2P 交易成本。

表 10-8　P2P 交易后所有产消者的成本缩减、P2P 交易成本和净收益(t =7)　　（单位：$）

i	成本缩减	P2P 交易成本	净收益	i	成本缩减	P2P 交易成本	净收益
1	−359.07	−373.88	14.81	17	1.21	−13.60	14.81
2	−116.65	−131.46	14.81	18	64.64	49.83	14.81
3	88.29	73.48	14.81	19	0.79	−14.02	14.81
4	−10.55	−25.36	14.81	20	0.85	−13.96	14.81
5	44.14	29.33	14.81	21	0.90	−13.91	14.81
6	41.87	27.06	14.81	22	66.30	51.49	14.81
7	41.89	27.08	14.81	23	88.28	73.47	14.81
8	44.14	29.33	14.81	24	244.49	229.68	14.81
9	−10.39	−25.20	14.81	25	44.09	29.28	14.81
10	33.05	18.24	14.81	26	44.09	29.28	14.81
11	44.13	29.32	14.81	27	44.10	29.29	14.81
12	−10.24	−25.05	14.81	28	88.32	73.51	14.81
13	88.40	73.59	14.81	29	41.89	27.08	14.81
14	−10.32	−25.13	14.81	30	110.48	95.67	14.81
15	−10.30	−25.11	14.81	31	−181.24	−196.05	14.81
16	−127.71	−142.52	14.81	32	44.10	29.29	14.81

表 10-9　P2P 交易后所有产消者的成本缩减、P2P 交易成本和净收益(t =14)　　（单位：$）

i	成本缩减	P2P 交易成本	净收益	i	成本缩减	P2P 交易成本	净收益
1	−398.63	−420.68	22.05	17	−31.09	−53.14	22.05
2	−390.82	−412.87	22.05	18	85.33	63.28	22.05
3	91.25	69.20	22.05	19	−31.03	−53.08	22.05
4	−44.89	−66.94	22.05	20	−31.08	−53.13	22.05
5	5.96	−16.09	22.05	21	−31.09	−53.14	22.05
6	199.90	177.85	22.05	22	**0.74**	**0**	**0.74**
7	200.00	177.95	22.05	23	250.16	228.11	22.05
8	57.38	35.33	22.05	24	251.25	229.20	22.05
9	−44.64	−66.69	22.05	25	57.08	35.03	22.05
10	42.70	20.65	22.05	26	57.11	35.06	22.05
11	57.05	35.00	22.05	27	57.64	35.59	22.05
12	−44.32	−66.37	22.05	28	114.27	92.22	22.05
13	114.04	91.99	22.05	29	200.06	178.01	22.05
14	−44.89	−66.94	22.05	30	142.30	120.25	22.05
15	−44.96	−67.01	22.05	31	−98.10	−120.15	22.05
16	−121.20	−143.25	22.05	32	56.85	34.80	22.05

从表 10-8 中可以看出所有产消者参与 P2P 交易后的净利润相等,均为 14.81\$。而表 10-9 中产消者 22 参与 P2P 交易的成本为 0,说明 $t=14$ 时产消者 22 无法通过与相邻产消者交易降低运行成本,其成本缩减 0.74\$为受其他产消者交易引起的网损成本的减少。除了产消者 22 之外的其余产消者参与 P2P 交易后的净收益均为 22.05\$。上述算例结果验证了基于 Nash 谈判的支付议价模型的合理性。

10.5　需求侧灵活性资源容量补偿机制设计

10.5.1　储能等需求侧灵活性资源的容量补偿

根据能源局发布的《关于 2021 年风电、光伏发电开发建设有关事项的通知(征求意见稿)》,到 2025 年我国风电、光伏发电量占比总发电量将达到 16.5%左右。由于风、光电源出力不稳定的特点,大规模风、光装机接入电网需要配套储能或者辅助电源,在国家能源局印发的《2021 年能源工作指导意见》中就明确提出要加强电力应急调峰能力建设。风、光大规模的并网需要足够的配套储能或者辅助能源才能保障电网的稳定性。

随着我国新能源开发利用规模不断扩大,传统“源随荷动”的实时平衡调度方式已无法适应,因此近几年各地区开始积极探索挖掘需求侧可调节资源。步入 2023 年以来,多个省市先后发布了最新电力需求响应政策。当电力供应紧张或过剩时,需求侧响应电网的号召,有计划地暂时调整自己的用电情况(包括减少和增加两种情况),从而促进电力系统稳定的行为,用户参与需求响应还能够获得相应的补贴。

合理的容量补偿机制需要通过建立资源充足性评估过程来判断系统所需电力容量。一个设计合理的资源充足性评估过程将根据预期需求、现有资源组合,以及为合理管控停电风险所需的额外容量,以确定总的新增容量需求。一个设计先进、发送合理经济信号的容量补偿机制的关键在于容量电价水平的确定,其确定方法有以下特点。

(1)当容量(在规划周期内)明显过剩时,价格为零或接近于零,从而有助于阻止新的产能进入市场和/或鼓励现有的发电容量退出。

(2)当容量刚好或出现稀缺时采用正的容量价格(从而引导新产能进入市场和/或维持现有的发电设施)。

典型的容量补偿机制的设计要根据需求曲线来设定市场价格。需求曲线的设计应实现以下关键目标：当供应高于可靠性目标导致价格下降，或当供应低于可靠性目标导致价格上涨时，可实现自我纠正。

10.5.2　需求侧灵活性资源容量补偿分摊模型

为了实现电网的可靠运行，输电系统运营商(transmission system operators，TSO)必须确保发电和用电在任何时候都保持平衡。大多数电能通常都是在不同时间范围内进行远期交易，TSO 利用辅助服务(ancillary services，AS)市场来维持系统的稳定运行。辅助服务市场与能源市场相互作用，对辅助服务资源进行实时部署，用于生产或消耗能源。例如，在欧洲的电力市场上，平衡责任方(balance responsible parties，BRP)申报的交易必须与 AS 资源在不平衡结算过程中部署的能源相结合。BRP 负责在给定的时间范围内(即结算时间)保持自身投资组合的平衡。每个市场参与者都可自行决定是否成为 BRP 其中一员[7]。

图 10-22 为提出的不平衡结算机制。在不同的市场中定义了许多不同类型的辅助服务。为了说明清楚，本节将只考虑两种类型的 AS：非基于事件的 AS，其表示在正常条件下保持备用以平衡系统的容量，包括调节备用；基于事件的 AS，是为保护系统免受发电厂和互连中断而提供的能力，通常称为应急储备。能源以及基于事件和非基于事件的储备在前一天进行交易，这些辅助服务的价格都可以确定。在可选的日内市场关闭后，实时平衡市场决定短期平衡能量的价格。BRP参与这一过程，因为它们需要非基于事件的 AS 容量和平衡能量，以补偿其计划和实际性能之间的偏差。平衡服务方(balance service parties，BSP)向 TSO 提供平

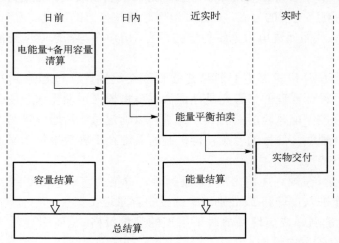

图 10-22　提出不平衡结算机制

衡能量和辅助服务。TSO 基于安全标准确定其所需的 AS 容量,并在单个买方拍卖中获得该 AS 容量和所需的平衡能量。非线性定价方案区分了基于事件和非基于事件的 AS 的成本,而 BRP 根据该方案收取 AS 容量的成本。每个 BRP 需要不同数量的平衡能量,这个数量部分取决于它可以集合的灵活资源的数量(如快速斜坡发电、存储和需求响应)。

1. 确定辅助服务容量成本

首先为了实现一套一致的能源、储备和相应数量的价格,能源和储备在这个框架中应该实现共同优化。然而,该框架也支持单独清算能源和 AS 能力。假设 BSP 使用分段线性成本曲线投标提供 AS:①基于事件的 AS 容量需求被建模为在给定时间的总发电容量的份额 p,作为一种替代方案,运行中的最大发电机组可以被视为非确定性规则;②使用机会约束来确定所需的向上和向下非基于事件的 AS 容量的概率。因此,正态分布的偏离时间表的高比例由准备金覆盖。由于储量成本会随着需求的增加而上升,这两个假设都会影响模型。然而,其他形式的确定准备金要求是可以想象的。主要问题是,TSO 被迫只采购必要数量的储备,以保持系统安全。本节将展示 TSO 如何接近这个系统安全成本。

2. 辅助服务容量成本的分摊

辅助服务容量成本的分摊应遵循实现激励兼容的容量收费。使用共同优化问题的原始市场结果,计算基于事件和非基于事件的 AS 的最优两部分容量收费,以确保作为垄断性服务提供商的 TSO 有足够的收入[8]。TSO 必须支付的成本包括基于事件的 AS 容量的采购成本、非基于事件的 AS 容量的成本以及额外的承诺成本。承诺成本的变化是由于能源和储备共同优化的承诺成本与纯能源单位承诺问题之间的差异。这在不灵活的发电组合的情况下产生了后果,其中额外的承诺成本可能非常高。为简洁起见,本节只陈述有关基于事件的 AS 容量(up-AS 容量)和非基于事件的 AS 容量(down-AS 容量)的问题公式。假设 BRP 愿意在表单的时候为非基于事件的 AS 容量付费:

$$B_{\text{cap}}^{j,t} = a^{j,t} + b^{j,t} Q_{\text{cap}}^{j,t} - c^{j,t} Q_{\text{cap}}^{j,t\,2} \tag{10-107}$$

当 $a^{j,t}$、$b^{j,t}$、$c^{j,t} > 0$ 时,$Q_{\text{cap}}^{j,t}$ 为 BRP 在某一时刻所需的非基于事件的 AS 容量的数量。由于这个函数是凹的,BRP 依赖于 TSO 提供的系统服务的收益降低了。换句话说,BRP 对外部提供的灵活性资源的需求正在减少,这可能是因为对可能的中断、灵活的需求过程的评估较低,或者是因为安装了现场备份能力。在式(10-107)中对 $Q_{\text{cap}}^{j,t}$ 求导:

$$\mathrm{MB}_{\mathrm{cap}}^{j,t-1}=\frac{\mathrm{d}B_{\mathrm{cap}}^{j,t}}{\mathrm{d}Q_{\mathrm{cap}}^{j,t}}=b^{j,t}-2c^{j,t}Q_{\mathrm{cap}}^{j,t} \tag{10-108}$$

式（10-108）的另一种表述为

$$\mathrm{MB}_{\mathrm{cap}}^{j,t}=Q_{\mathrm{cap}}^{j,t}=\frac{b^{j,t}}{2c^{j,t}}-\frac{\lambda_{\mathrm{cap}}^{t}}{2c^{j,t}} \tag{10-109}$$

式（10-108）表示为 AS 能力支付的逆边际意愿是需求量的函数，式（10-109）表示了边际支付能力意愿，$\lambda_{\mathrm{cap}}^{t}$ 为时间上储备能力价格的函数。

定义 $v=\{j,t\}, v'=\{j',t\}, w=\{j,t,k\}, w'=\{j',t,k\}$：

$$\max_{v_1}\cdot\sum_{t=1}^{N_T}\left\{(1-\beta)\left[\sum_{j=1}^{N_{\mathrm{BRP}}}\sum_{k=1}^{N_K}(p_{\mathrm{var}}^{w}-p_{\mathrm{var}}^{*\ w}-((\lambda_{\mathrm{cap}}^{t}M_{\mathrm{BRP}})'1^{K})\times u^{w})\times MB_{\mathrm{cap}}^{w}+p_{\mathrm{fix}}^{v}\right]+\beta\sum_{j=1}^{N_{\mathrm{BRP}}}\mathrm{SU}^{j,t}\right\} \tag{10-110}$$

TSO 须受"无亏损"的限制：

$$\sum_{t=1}^{N_T}\left\{\left[\sum_{j=1}^{N_{\mathrm{BRP}}}\sum_{k=1}^{N_K}((p_{\mathrm{var}}^{w}-p_{\mathrm{var}}^{*\ w})-((\lambda_{\mathrm{cap}}^{t}M_{\mathrm{MRP}})'1^{K})\times u^{w})\right]\times MB_{\mathrm{cap}}^{w}+p_{\mathrm{fix}}^{v}\right]-C_{\mathrm{fix}}^{t}\right\}\geqslant0 \tag{10-111}$$

$$\sum_{t=1}^{N_T}\sum_{k=1}^{N_K}\{B_{\mathrm{cap}}^{w}\times u^{w}-(p_{\mathrm{var}}^{w}-p_{\mathrm{var}}^{*\ w})\times MB_{\mathrm{cap}}^{w}\}-p_{\mathrm{fix}}^{v}\geqslant\mathrm{SU}^{j,t},\quad\forall j,s \tag{10-112}$$

此外，必须确保采购储备的数量与需求相匹配：

$$\sum_{j=1}^{N_{\mathrm{BRP}}}\sum_{k=1}^{N_K}MB_{\mathrm{cap}}^{w}\times u^{w}\geqslant R_{\mathrm{Req}}^{\mathrm{noevt},t},\quad\forall t \tag{10-113}$$

基于激励的支付是通过下式决定的：

$$\sum_{t=1}^{N_T}\sum_{k=1}^{N_K}\{B_{\mathrm{cap}}^{w}\times u^{w}-(p_{\mathrm{var}}^{w}-p_{\mathrm{var}}^{*\ w})\times MB_{\mathrm{cap}}^{w}\}-p_{\mathrm{fix}}^{v}$$
$$\geqslant\sum_{t=1}^{N_T}\sum_{k=1}^{N_K}\{B_{\mathrm{cap}}^{w'}\times u^{w'}-(p_{\mathrm{var}}^{w'}-p_{\mathrm{var}}^{*\ w'})\times MB_{\mathrm{cap}}^{w'}\}-p_{\mathrm{fix}}^{v'},\quad\forall j,k,t \tag{10-114}$$

约束式（10-115）～式（10-119）是在分段成本曲线上使用正确的分段所必需的：

$$\sum_{k=1}^{N_k}\mu^{\omega}\leqslant1,\quad\forall j,t$$

$$p_{\text{var}}^w - p_{\text{var}}^{*\,w} \leqslant \sum_k \text{MB}_{\text{cap}}^{-1\,w} \times u^w, \quad \forall j,t,k = [1, N_K - 1] \tag{10-115}$$

$$p_{\text{var}}^w - p_{\text{var}}^{*\,w} \geqslant \sum_k \text{MB}_{\text{cap}}^{-1\,w} \times u^w, \quad \forall j,t,k = [2, N_K] \tag{10-116}$$

$$0 \leqslant p_{\text{var}}^w - p_{\text{var}}^{*\,w} \leqslant u^w M, \quad \forall j,t,k \tag{10-117}$$

$$p_{\text{var}}^{*\,w} \leqslant (1 - u^w) M, \quad \forall j,t,k \tag{10-118}$$

$$v_1 = \{p_{\text{fix}}^v, u^w, p_{\text{var}}^w, p_{\text{var}}^{*\,w}\} \tag{10-119}$$

约束式(10-111)确保 TSO 有足够的收入来支付系统服务的所有采购成本。约束式(10-112)保证了 BRP 的个体合理性取决于其对基于事件和非基于事件的储备的支付意愿。约束式(10-113)确保 BRP 愿意支付的非基于事件的 AS 总容量至少等于系统运营商采购的数量。约束式(10-114)确保了激励的兼容性，因此 BRP 表明了其对非基于事件的系统服务的真实偏好。因此，通过陈述其对 AS 容量的真实估值，每个 BRP 都更佳。约束式(10-115)～式(10-117)只允许逐步线性支付意愿函数上的一个段处于活动状态。约束式(10-118)和式(10-119)确保确定的可变费用在非基于事件基础储备的规定需求曲线范围内。

3. 电力实时平衡的定价与成本分配

(1)实时能源市场的不平衡解决：实时能源平衡可以建模为时间 t 的重新调度：

$$\min_{v_2} \cdot \sum_{i=1}^{N_G} \sum_{m=1}^{N_M} MC_{\text{up/dn,en,seg}}^{i,m,t} G_{\text{up/dn,en,seg}}^{i,m,t} \tag{10-120}$$

$$h_2(x,u) = 0 \tag{10-121}$$

$$g_2(x,u) \leqslant 0 \tag{10-122}$$

其中，N_G 和 N_M 分别为发电机的数量和发电机提供的成本部分。决策变量集包括：

$$v_2 = \{G_{\text{up/dn,en,seg}}^{i,m,t}\}$$

(2)实时平衡能源市场中的不平衡结算：与基于能源市场信息的不平衡定价不同，下文提出了基于 BRP 对平衡能源的估值的补偿。系统操作员匹配平衡能源的需求和供应，并确定物理交付点的实时平衡能源的价格，它在市场操作和维护系统安全的操作之间有明确的区别，后者是 TSO 的职责。因此，就像目前大多数欧盟市场框架，该框架允许将这两个目标分开，并使用来自 BSP 的报价作为供给曲线，且 BSP 的平衡能源竞价块以前一天计划的自治系统容量为限，考虑 BRP 对平衡能源的预期需求。

假设单个 BRP 在时间上对上下平衡能量有需求，形式为

$$MB_{up/dn,en}^{j,t} = \left(\frac{Q_{up/dn,en}^{j,t}}{B_{up/dn}^{j,t}} \right)^{\gamma^{j,t}} \tag{10-123}$$

用 $\gamma^{j,t} = (1)/(\eta_{up/dn,en}^{j,t}) \cdot Q_{up/dn,en}^{j,t}$ 判断 BRP 与计划的实时偏差是否及时。式 (10-120)～式(10-122)可推广为

$$\min_{v_3} \cdot \sum_{i=1}^{N_G} \sum_{m=1}^{N_M} MC_{up/dn,en,seg}^{i,m,t} G_{up/dn,en,seg}^{i,m,t} - \sum_{n=1}^{N_N} \overline{MB}_{up/de,en,seg}^{n,t} D_{up/dn,en,seg}^{n,t} \tag{10-124}$$

$$h_3(x,u) = 0 \tag{10-125}$$

$$g_3(x,u) \leqslant 0 \tag{10-126}$$

$$v_3 = \{G_{up/de,en,seg}^{i,m,t}, D_{up/dn,en,seg}^{n,t}\}$$

参数 $\overline{MB}^{n,t}$ 表示各时刻所有 BRP 平衡能量需求曲线分段总和的一部分；$D_{up/dn,en,seg}^{n,t}$ 是市场出清需求；约束 $h_3(x,u) = 0,$ 和 $g_3(x,u) \leqslant 0$ 分别表示发电和需求的平衡，以及平衡能量的发电限制。上文的效益函数为已部署的能源提供了恒定的价格弹性。这意味着能源边际效益随能源使用量的变化百分比保持不变。

其他形式，如二次成本函数或线性成本函数是可以想象的。这些需求函数有不同的价格弹性取决于操作点。本节选择这个函数是因为它结合了二次效益函数的各个方面自由度参数较少，也就是两个。根据假设的平衡技术和市场环境来评估哪种成本函数最适合，这超出了本书的范围。

在这个框架下必须考虑：①平衡能量的需求是如何确定的；②物理上只有所有偏差的总和对部署的平衡能量有影响。Groves-Clarke 税表示一个参与者通过消费公共产品而对其他市场参与者施加的成本。面积表示 BRP 通过消费公共物品而获得的利益。如果 BRP 歪曲了它的偏好，即通过陈述消费公共物品的边际效益较低，它就失去了福利。

这种偏好揭示机制要求解优化问题，以确定每个 BRP 对能量清理的影响。Ar_A 的目的是确保有足够的收入足以支付平衡能源的成本。假设：

$$Ar_A = \sum_{j=1}^{N_{BRP}} p_{up/dn,en}^{j} D_{up/dn,en,min1}^{j,t} \tag{10-127}$$

$$p_{\text{up/dn,en}}^{j} \sim u(LB, UB), \quad \forall j \tag{10-128}$$

参数 $D_{\text{up/dn,en,min1}}^{j,t}$ 为移除 BRP 需求曲线时的清除率；权重因子 $p_{\text{up/dn,en}}^{j}$ 由均匀分布得出，其中，下界和上界由系统算子决定。由于收入充分性，这种偏好披露机制可能会向平衡责任方收取不必要的费用，以收回平衡能源的成本，从而降低了整体效率。

如果收取的支付金额不大于公共产品的总成本，则结果是帕累托最优的。

支付给系统运营者的超出成本报酬的额外报酬可能需要一个适当的再分配算法，这再次削弱了激励兼容性。只要 BRP 的偏好对市场结果有影响，Groves-Clarke 税就不为零。

10.5.3　测试系统和仿真框架

使用 IEEE 9 总线测试系统。假设在节点 5、7 和 9 处分别有三个 BRP，BSP 位于总线 1、2 和 3。BRP 对 AS 容量和平衡能量有预定义的偏好，进一步的数据载于附录，所有的方法都是在相同的不平衡情况下进行评估的。从正态分布函数中得出每个 BRP 在每小时内的几个物理不平衡：

$$Q_{\text{up/dn,en}}^{j,t} \sim N(\mu, \sigma^2) \tag{10-129}$$

将本章方法与单价和两价系统的程式化版本进行比较，如下所述。根据式 (10-129) 得出的不平衡，评估部署能源的预期支付总额。式 (10-124)～式 (10-126) 中所提出方法的需求函数的参数化很好地涵盖了式 (10-129) 中的出清量。所有基准机制都是事后定价机制，不向 BRP 提供实时价格信号。此外，与所提出的方法不同的是，它们在激励相容方面的有效性在理论上是无法证明的。

单价方案独立于系统的不平衡状态来分配部署平衡能源的成本。它们通常比两价方案更可取，后者根据系统的净电力平衡是正还是负，对不平衡进行不对称的惩罚。例如，瑞士实施了一种单一价格方案来解决失衡问题。

容量报酬对于鼓励长期提供足够的 AS 容量非常重要。这种形式的报酬可以通过统一的社会化和电网收费、定期收费或作为平衡能源支付的额外组成部分来实现。例如，奥地利和德国的失衡解决方案包含一个附加成分，该成分取决于实时偏差 b 的程度。然而，这些形式的报酬是不透明的，因为它们是根据启发式规则建立的，可能会造成向 TSO 支付过多的能力保留费用。

（1）对称沉降（Sym）：表 10-10 显示了根据 BRP 的净位置和整个系统计算不平衡电荷。例如，在左上角的方框中，TSO 为超额生产向 BRP 支付的费用。

表 10-10　一个没有额外惩罚因素的价格体系

BRP/系统	长期	短期
长期	$0.5\lambda_{En,DA}^{n,t}Q_{up,en}^{j,t}$	$0.5\lambda_{En,DA}^{n,t}Q_{up,en}^{j,t}$
短期	$-1.5\lambda_{En,DA}^{n,t}Q_{dn,en}^{j,t}$	$-1.5\lambda_{En,DA}^{n,t}Q_{dn,en}^{j,t}$

在左下方框中，BRP 必须为负的发电需求不匹配支付罚款。和解协议不包括额外的惩罚因素。

参数 $\lambda_{En,DA}^{n,t}$ 为交易能源在节点和时间的日前出清价格；$Q_{up/dn,en}^{j,t}$ 为实时涨跌不平衡，其中，$Q_{up/dn,en}^{j,t} \geq 0$。如前所述，Sym 方法具有单一价格系统的优点。然而，它包含了能源市场运作的组成部分，因此容易被博弈。

(2)非对称沉降(Asym)：表 10-11 说明了非对称沉降的情况。假设额外的惩罚因素取决于对整个系统平衡的贡献。如前所述，该方法具有双价格系统的特点。这种方法还包含了能源市场的组成部分，并且由于其加权因素，使得使用平衡市场作为规避能源市场交易高成本的机制产生了额外的激励。

表 10-11　两种价格体系区分支持和抵消平衡状态下的 BRP

BRP/系统	长期	短期
长期	$\dfrac{\lambda_{En,DA}^{n,t}}{(1+0.25)}Q_{up,en}^{j,t}$	$\lambda_{En,DA}^{n,t}Q_{up,en}^{j,t}$
短期	$-\lambda_{En,DA}^{n,t}Q_{dn,en}^{j,t}$	$-\lambda_{En,DA}^{n,t}(1+0.4)Q_{dn,en}^{j,t}$

(3)基于无/有容量组件的平衡能源价格结算(En/EnCap)：以前的结算方案不包括平衡价格而是使用前一天交易能源的价格和 AS 容量的报酬。在表 10-12 所示的不平衡解决方案考虑了上/下平衡能源的价格，并考虑了具有附加成分的 AS 容量成本。加性成分不依赖于 BRP 或控制区的净位置。在一个时间瞬间，每个 BRP 的附加组件包括提供储备的承诺成本、基于事件的 AS 容量成本和非基于事件的 AS 的成本。

$$\mathrm{cap}^{j,t} = \frac{1}{N_L}\frac{(C_{\Delta commit} + C_{cap}^{evt} + C_{cap}^{noevt})}{N_T} \tag{10-130}$$

表 10-12　附带额外能力报酬的不平衡结算

BRP/系统	长期
长期	$\lambda_{up/dn,En}^{t}Q_{up,en}^{j,t}(-\mathrm{cap}^{j,t})$
短期	$-\lambda_{up/dn,En}^{t}Q_{up,en}^{j,t}(-\mathrm{cap}^{j,t})$

然而，这种设置仍然不能满足容量成本按成本因果关系进行成本分配的经济要求。此外，式(10-110)～式(10-119)和式(10-124)～式(10-126)的设置不具有激励相容性。

(4)瑞士体系结算(Swiss)：表 10-13 使用了瑞士 TSO 失衡结算框架的简化版本。与之前的对称结算方案一样，不平衡收费独立于整个系统的净头寸，但它仍然包含交易的能源价格，并且在小市场中可能容易出现博弈：

$$A = \min(\lambda_{\text{En,DA}}^{n,t}, \lambda_{\text{up,cap}}^{n,t}) \tag{10-131}$$

$$B = \min(\lambda_{\text{En,DA}}^{n,t}, \lambda_{\text{dn,cap}}^{n,t}) \tag{10-132}$$

参数 $\lambda_{\text{up/dn,cap}}^{j,t}$ 为节点时刻的非事件上/下预留容量的前一天清算价格。参数值 P_1=100($)/(MW·h)，$P_2$=50($)/(MW·h)，a_1=1.1，a_2=0.9。

表 10-13　瑞士的简化失衡解决方案

BRP/系统	长期
长期	$(A+P_1)\alpha_1 Q_{up,en}^{j,t}$
短期	$(B-P_2)\alpha_2 Q_{dn,en}^{j,t}$

在采购 AS 容量和采购平衡能量的成本回收方面测试了方法。图 10-23 显示了对 BRP 征收的总费用与采购上/下 AS 容量的成本之间的比率，包括基于事件的储备、非基于事件的储备和额外承诺成本，取决于 TSO 利润和 BRP 盈余最大化问题中的权重因子 β。显示的场景包括：

①网络无拥塞；

②没有拥塞和激励兼容性约束；

③4～5 号线和 7～8 号线之间拥堵。

由于权重因子增加超过 0.5，所以实现了一个合理的 AS 容量成本回收机制。激励相容约束的存在降低了成本回收的效率。在市场解决方案中，真实信息交换的数量与效率之间存在一种直观的权衡关系。为了使市场参与者的系统运行成本最小化，在模拟中应该保持固定在 0.5 以上。否则，TSO 将获得超额支付。然而，与通过电网关税进行成本社会化相比，该算法提供了透明的成本回收，并激励高度重视 AS 能力的 BRP 支付更多费用。此外，网络拥塞的存在导致了所有研究方法的效率损失。因此，这些损失的程度取决于系统设置。

图 10-24 显示了平衡能源的总成本回收作为每个 BRP 平衡能源需求的个体弹性的函数。假设 BRP1 在每个时刻的需求弹性变化为 $\Delta\eta^{1,t}$=−0.035*(1−n)，其中，n 为控制变量。在失衡的情况下，Groves Clarke 激励支付通常会导致更高的

支付。然而，即使 BRP1 改变其偏好，总支付也保持不变。需要注意的是，由于网络拥塞已经在 AS 容量保留过程中定价了，上文没有假设一个节点定价方案来平衡能源。

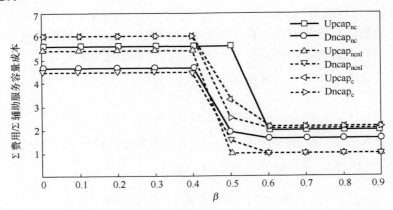

图 10-23　AS 能力的成本回收取决于 TSO 盈余和 BRP 盈余的加权。β 所示的场景包括上行和下行预留容量并且网络中没有拥塞（$Upcap_{nc}$ 和 $Dncap_{nc}$）、没有拥塞并且没有激励兼容性约束（$Upcap_{ncnI}$ 和 $Dncap_{ncnI}$）以及线路 4-5 和 7-8 之间的拥塞（$Upcap_c$ 和 $Dncap_c$）

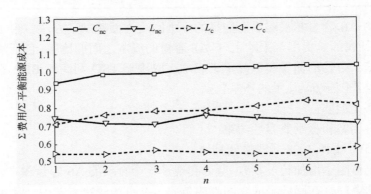

图 10-24　在林达尔清算框架中，TSO 为平衡能源支付的 BRP 与采购平衡能源的成本之比，在 Groves-Clarke 支付的情况下，取决于需求弹性的 BRP 1 变化。场景包括无拥塞（L_{nc} 和 C_{nc}）和拥塞（L_c 和 C_c）

表 10-14 列出了在无拥塞（nc）和拥塞（c）（节点定价框架）的情况下，基准方法中不平衡支付与平衡能源成本的比率。方法的成本还包括 AS 容量的成本（基于事件的储备、非基于事件的储备和额外的承诺成本）。然而，这些方法不能确保支付取决于 BRP 的个人偏好及其避免实时偏差的意愿。此外，基准方法的事后结算不包含任何实时价格成分。

表 10-14　BRPs 占平衡能量总成本的百分比

Sym_{nc}	84.48	Sym_c	73.07
$Asym_{nc}$	99.47	$Asym_c$	84.44
$Swiss_{nc}$	175.89	$Swiss_c$	167.75
En_{nc}	299.99	En_c	300
$EnCap_{nc}$	152.18*	$EnCap_c$	152.42*

注：*指还包括容量成本

图 10-25 显示了 BRP 1 改变其平衡能量偏好时 BRP 支付的变化。由于总支付保持不变，如图 10-25 所示，其他 BRP 的支付必须增加。这可能导致 BRP 试图避免在非合作环境中使用平衡能量的普遍趋势。

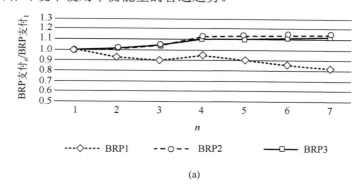

(a)

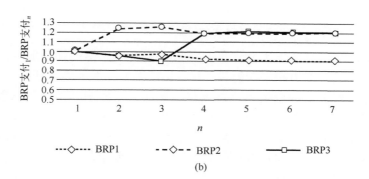

(b)

图 10-25　在 (a) Lindahl 清算和 (b) Clarke 付款的情况下，与 BRP 基础情况相比的
付款比率取决于 BRP 1 的价格弹性上升

图 10-26 中展示了在 BRP 支付没有激励兼容性约束和拥堵的情况下，与没有拥堵和激励兼容性约束的基本情况相比，BRP 在平衡能源和 AS 容量方面的支付

变化。我们发现，在如图 10-26(a) 所示的平衡能量支付情况下，拥塞导致支付减少，如图 10-24 所示。关于 AS 容量收费的变化，图 10-26(b) 显示了在无激励兼容性约束和无拥塞的情况下，基于事件和非基于事件的预留收费的下降。然而，拥堵和采购成本的上升导致收费的转移，这取决于 BRP 的位置。

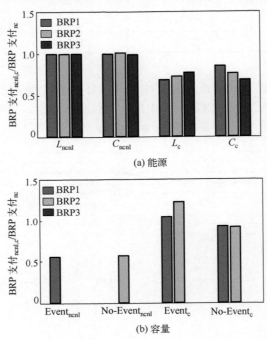

(a) 能源

(b) 容量

图 10-26　与基准相比，平衡能源和 AS 容量的 BRP 付款的变化取决于假设的模拟场景

　　本节提出了一种基于平衡责任方支付备用费用意愿的辅助服务容量和平衡能源成本分摊机制能力和平衡能量，并且提出了辅助服务容量成本的追讨机制，由于激励相容保证，超额费用可以支付。然而，平衡服务是根据储备的个别估价来支付报酬和提供的，所以拟议的办法提高了市场效率。市场框架可以由两个不同的实体(如市场运营商和系统运营商)运营，因此也适用于欧洲大陆的电力市场设置。然而，该机制与欧洲电力系统目前使用的机制不同，因为该机制还提供实时价格信号。因此，该机制可以被视为一种中央组织的市场与系统运营商的混合形式，就像美国的电力系统一样，为去中心化的不平衡净额结算提供了财政激励，所提出的方法能够处理定位问题价格信号，当涉及传输的稀缺性条件时这是一个重要的市场设计特征。

10.6　本　章　小　结

本章首先阐述了以储能为代表的灵活性资源在电力市场的重要性，并介绍了国内外灵活性资源参与辅助服务市场的发展现状。其次，针对灵活爬坡产品（FRP），建立了考虑参与能量-FRP市场和需求侧实时市场价格不确定性的园区综合能源系统（IES）优化调度模型。进一步，介绍了能量共享的概念，建立了基于纳什议价的需求侧资源P2P交易模型和基于去中心化的求解方法。最后，结合需求侧灵活性的容量成本，建立考虑平衡能量意愿的容量补偿分摊模型与需求侧容量补偿收益计算框架，据此提出了需求侧灵活性的容量补偿机制。

参 考 文 献

[1]　International Energy Agency. Status of power system transformation: Power system flexibility[R]. Paris, 2019.

[2]　International Renewable Energy Agency. Innovative ancillary services: Innovation landscape brief[R]. Abu Dhabi, 2019.

[3]　U.S. Department of Energy. U.S. Hydropower market report[R]. Virginia, 2021.

[4]　孙田,闵睿, 郭倬辰. 促进中国电力系统灵活性建设的市场机制探索[J].电力需求侧管理, 2023, 25（4）: 28-33.

[5]　Zhu X, Zeng B, Dong H, et al. An interval-prediction based robust optimization approach for energy-hub operation scheduling considering flexible raming products[J]. Energy, 2020, 194: 116821.

[6]　Zhang K, Troitzsch S, Hanif S, et al. Coordinated market design for peer-to-peer energy trade and ancillary services in distribution grids[J]. IEEE Transactions on Smart Grid, 2020, 11（4）: 2929-2941.

[7]　Hariny T W, Kirschen D, Andersson G. Incentive compatible imbalance settlement[J]. IEEE Transactions on Power Systems: A Publication of the Power Engineering Society, 2015,30（6）: 3338-3346.

[8]　Xing Y H, Zhang M L, Liu X R, et al. Research on European capacity cost recovery mechanism and its experience to China's power market construction[J]. IOP Conference Series: Earth and Environmental Science, 2021, 769（4）: 042106.

彩　　图

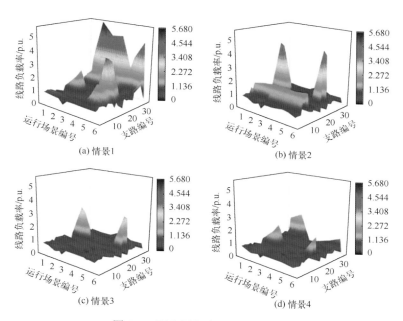

(a) 情景1

(b) 情景2

(c) 情景3

(d) 情景4

图 7-7　配电网各支路最大负载率

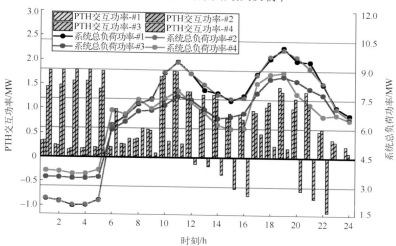

图 7-8　PTH 与配电网之间的交互功率和系统总负荷

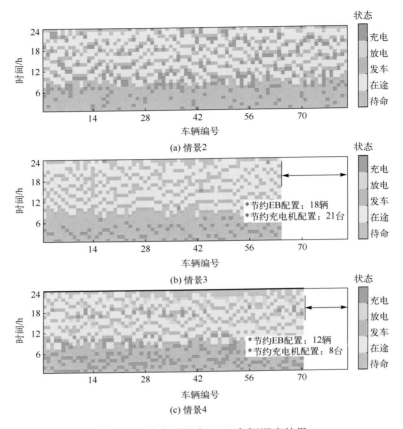

(a) 情景2

*节约EB配置：18辆
*节约充电机配置：21台

(b) 情景3

*节约EB配置：12辆
*节约充电机配置：8台

(c) 情景4

图 7-11　某典型日内 PTH 车辆调度结果

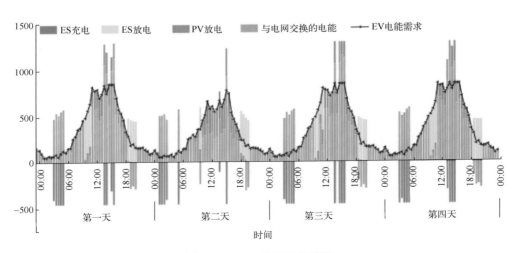

图 9-13　RCS 供需平衡情况

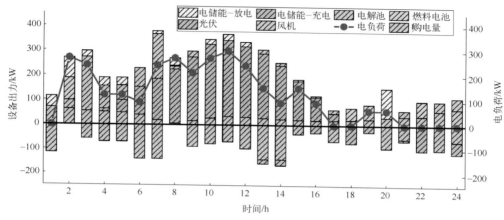

图 9-23　电功率平衡图

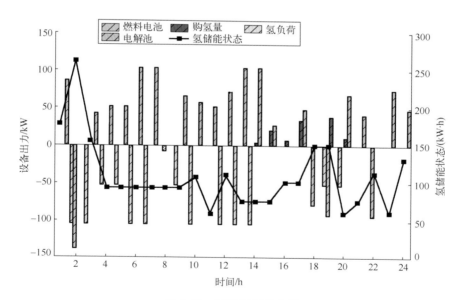

图 9-25　氢能运行状态图

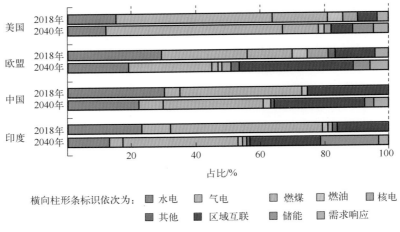

图 10-1 2018 年与 2040 年灵活性资源占比图